"十二五"普通高等教育本科国家级规划教材

普通高等教育计算机系列教材

多媒体技术应用教程

第 7 版

赵子江　编著

机械工业出版社

本书在多媒体技术的概念、发展趋势、美学基础、多媒体设计理念、制作手段等方面进行了系统阐述。

本书共 10 章，分别介绍了多媒体技术基础知识、多媒体个人计算机的基本设备与扩展设备、多媒体制作中的美学问题、多媒体数据描述、多媒体数据压缩技术、图像处理技术、动画与视频制作技术、数字音频处理技术、多媒体平台设计手段、多媒体光盘制作技术（其中包括自动识别文件制作技术、图标的设计制作技术等）。本书各章均配有习题。附录 A 提供参考答案；附录 B 是实验指导和实验习题；附录 C 列出了本书涉及的软件清单；附录 D 是本书配套光盘的内容清单和使用说明。本书配套光盘中提供电子教案和丰富的练习素材。

本书可作为高等院校计算机及相关专业的教材和参考书，也可作为多媒体技术爱好者的自学读物。

图书在版编目（CIP）数据

多媒体技术应用教程/赵子江编著. —7 版. —北京：机械工业出版社，2012.8（2024.8 重印）

"十二五"普通高等教育本科国家级规划教材

ISBN 978-7-111-39525-6

Ⅰ. ①多… Ⅱ. ①赵… Ⅲ. ①多媒体技术-高等学校-教材 Ⅳ. ①TP37

中国版本图书馆 CIP 数据核字（2012）第 197028 号

机械工业出版社（北京市百万庄大街 22 号　邮政编码 100037）
责任编辑：和庆娣　责任校对：杜雨霏
责任印制：邓　博
北京盛通数码印刷有限公司印刷
2024 年 8 月第 7 版第 20 次印刷
184mm×260mm・16.5 印张・430 千字
标准书号：ISBN 978-7-111-39525-6
　　　　　ISBN 978-7-89433-847-1（光盘）
定价：59.00 元（含 1CD）

电话服务　　　　　　　　　网络服务
客服电话：010-88361066　　机 工 官 网：www.cmpbook.com
　　　　　010-88379833　　机 工 官 博：weibo.com/cmp1952
　　　　　010-68326294　　金 书 网：www.golden-book.com
封底无防伪标均为盗版　　　机工教育服务网：www.cmpedu.com

出 版 说 明

信息技术是当今世界发展最快、渗透性最强、应用最广的关键技术，是推动经济增长和知识传播的重要引擎。在我国，随着国家信息化发展战略的贯彻实施，信息化建设已进入了全方位、多层次推进应用的新阶段。现在，掌握计算机技术已成为21世纪人才应具备的基础素质之一。

为了进一步推动计算机技术的发展，满足计算机学科教育的需求，机械工业出版社聘请了全国多所高等院校的一线教师，进行了充分的调研和讨论，针对计算机相关课程的特点，总结教学中的实践经验，组织出版了这套"普通高等教育计算机系列教材"。

本套教材具有以下特点：

1）反映计算机技术领域的新发展和新应用。

2）为了体现建设"立体化"精品教材的宗旨，本套教材为主干课程配备了电子教案、学习与上机指导、习题解答、多媒体光盘、课程设计和毕业设计指导等内容。

3）针对多数学生的学习特点，采用通俗易懂的方法讲解知识，逻辑性强、层次分明、叙述准确而精炼、图文并茂，使学生可以快速掌握，学以致用。

4）符合高等院校各专业人才的培养目标及课程体系的设置，注重培养学生的应用能力，强调知识、能力与素质的综合训练。

5）注重教材的实用性、通用性，适合各类高等院校、高等职业学校及相关院校的教学，也可作为各类培训班和自学用书。

希望计算机教育界的专家和老师能提出宝贵的意见和建议。衷心感谢计算机教育工作者和广大读者的支持与帮助！

机械工业出版社

前　　言

百年大计，教育为本。习近平总书记在党的二十大报告中强调"教育、科技、人才是全面建设社会主义现代化国家的基础性、战略性支撑"，首次将教育、科技、人才一体安排部署，赋予教育新的战略地位、历史使命和发展格局。

多媒体技术是一项应用前景十分广阔的计算机应用技术，在多个领域正在发挥着重要的作用。使读者了解多媒体技术的由来，熟悉多媒体技术的理论，掌握多媒体制作技术，进而独立进行多媒体产品的设计和开发，是本书要达到的主要目的。其中包括：

1）建立多媒体技术的基本理念，了解多媒体技术的发展。
2）熟悉实用的美学常识和界面设计理念。
3）熟悉多媒体数据的描述与压缩技术。
4）掌握各种媒体对象的制作技能，如动画、图像、音频等的创作与制作技巧。
5）掌握多媒体平台的设计技巧。
6）掌握光盘制作技术，包括整理数据、设计制作自动启动功能、刻录光盘等。

随着计算机应用技术的飞速发展，新技术、新观念不断涌现，对专业基础课教学提出了新的要求。因此，作者对本书进行了改版。与第 6 版相比，进行了如下修订：

1）更新了部分概念和信息。
2）更新了应用软件的版本与界面图。
3）配套光盘中的电子教案进行了同步的改动。
4）订正了第 6 版中存在的各类错误。

本书此次修订，仍然按照"多媒体技术"课程的教学大纲、教学进度和实验内容编写，教学和实验各占总学时的二分之一。教学和实验的学时比例对等，大大强化了教学效果和应用水平，对学生综合素质的提高将起到重要的作用。教学学时和实验学时分配见下表。

课堂教学			实　验			学时小计
章　目		学时	名　称		学时	
第 1 章	多媒体技术基础知识	2	实验 1	多媒体技术基础实践	2	4
第 2 章	多媒体个人计算机	2	实验 2	多媒体个人计算机实践	2	4
第 3 章	美学基础	2	实验 3	美学基础实践	2	4
第 4 章	多媒体数据描述	1	实验 4	多媒体数据描述实践	1	2
第 5 章	多媒体数据压缩技术	1	实验 5	多媒体数据压缩实践	1	2
第 6 章	图像处理技术	2	实验 6	图像处理实践	2	4
	图像处理技术(续)	2		图像处理实践(续)	2	4
第 7 章	动画与视频制作技术	2	实验 7	动画与视频制作实践	2	4
第 8 章	数字音频处理技术	2	实验 8	数字音频处理实践	2	4
第 9 章	多媒体平台设计	2	实验 9	多媒体平台设计实践	2	4
第 10 章	多媒体光盘制作技术	2	实验 10	多媒体光盘制作实践	2	4
总学时		20			20	40

本书配套光盘运行在 PowerPoint 2010 环境中。有关配套光盘的使用说明在附录 D 中。

多媒体教案和练习素材均取自本书的配套光盘，使教学系统化、规范化，便于课堂教学和精品课程的建设，亦可根据实际课时增减教学内容。

本书适用于计算机专业及相关专业的教师、学生、普通读者和从事多媒体软件开发的技术人员。

本书第 4 版曾于 2004 年被评为"北京高等教育精品教材"，2007 年的第 5 版被纳入"普通高等教育'十一五'国家级规划教材"，第 6 版于 2012 年被纳入"'十二五'普通高等教育本科国家级规划教材"。在此感谢广大读者对本书前几个版次提出的大量建议、意见和鼎力支持！

对于本书存在的一些不足和错误，敬请读者给予指正。

作　者

目 录

出版说明
前言
第1章 多媒体技术基础知识 …… 1
1.1 概述 …… 1
1.1.1 多媒体技术的社会需求 …… 1
1.1.2 多媒体的技术背景 …… 2
1.2 多媒体技术的发展 …… 2
1.3 基本概念 …… 4
1.3.1 什么是多媒体 …… 4
1.3.2 什么是流媒体 …… 6
1.4 多媒体软件 …… 6
1.4.1 素材制作软件 …… 7
1.4.2 多媒体平台软件 …… 8
1.5 多媒体技术的应用领域 …… 9
1.5.1 教育领域 …… 9
1.5.2 过程模拟领域 …… 10
1.5.3 商业广告 …… 10
1.5.4 影视娱乐业 …… 11
1.5.5 旅游业 …… 11
1.5.6 国际互联网 …… 11
1.6 多媒体产品及其制作过程 …… 12
1.6.1 多媒体产品的特点 …… 12
1.6.2 多媒体产品的基本模式 …… 12
1.6.3 多媒体产品的制作过程 …… 13
1.7 多媒体创意设计 …… 15
1.7.1 创意设计的作用 …… 15
1.7.2 创意设计的具体体现 …… 15
1.7.3 创意设计的实施 …… 16
习题一 …… 16
第2章 多媒体个人计算机 …… 17
2.1 基本概念 …… 17
2.1.1 多媒体关键技术 …… 17
2.1.2 什么是MPC …… 18
2.1.3 MPC的基本结构 …… 18
2.1.4 MPC对环境的考虑 …… 18
2.1.5 MPC的主要特征 …… 20
2.1.6 MPC的数据处理模式 …… 21
2.1.7 MPC的硬件标准 …… 22
2.2 基本设备 …… 24
2.2.1 CD-ROM激光存储器 …… 25
2.2.2 显示适配器与显示器 …… 26
2.2.3 声音适配器与声音还原 …… 30
2.3 存储设备 …… 33
2.3.1 半导体存储器 …… 33
2.3.2 CD-R和CD-RW激光存储器 …… 35
2.3.3 DVD数字光盘 …… 36
2.3.4 移动硬盘存储器 …… 36
2.3.5 数码伴侣存储器 …… 36
2.4 触摸屏 …… 37
2.4.1 触摸屏的导电层 …… 37
2.4.2 触摸屏的种类及其技术特点 …… 38
2.5 视频卡 …… 42
2.5.1 视频卡的种类及其功能 …… 42
2.5.2 视频卡的结构原理 …… 42
2.6 扫描仪 …… 44
2.6.1 扫描仪概述 …… 44
2.6.2 基本工作原理 …… 45
2.7 数码照相机 …… 48
2.7.1 种类 …… 48
2.7.2 结构特点 …… 48
2.7.3 技术指标 …… 49
2.8 彩色打印机 …… 50
2.8.1 彩色激光打印机 …… 50
2.8.2 彩色喷墨打印机 …… 51
2.8.3 彩色热升华打印机 …… 53
2.9 彩色投影机 …… 54
2.9.1 投影机分类 …… 54
2.9.2 基本原理 …… 55
2.9.3 主要技术指标 …… 55
习题二 …… 56
第3章 美学基础 …… 57
3.1 美学基本概念 …… 57
3.1.1 什么是美学 …… 57
3.1.2 美学的作用 …… 57
3.1.3 美学的表现手段 …… 58
3.2 平面构图 …… 58
3.2.1 构图规则 …… 58
3.2.2 构图应用 …… 62
3.3 色彩构成与视觉效果 …… 64
3.3.1 色彩构成概念 …… 64
3.3.2 三原色 …… 65
3.3.3 色彩三要素 …… 65

3.3.4	颜色的关系	66
3.3.5	颜色搭配要点	66
3.3.6	色彩的象征意义	68
3.4	多种数字信息的美学基础	68
3.4.1	图像美学	68
3.4.2	动画美学	70
3.4.3	声音美学	71
习题三		71

第4章 多媒体数据描述 72

- 4.1 静态图像文件 72
  - 4.1.1 数据格式 72
  - 4.1.2 单色图像描述 76
  - 4.1.3 彩色图像描述 77
- 4.2 动态图像文件 78
  - 4.2.1 视频模拟描述 79
  - 4.2.2 视频数字描述 79
  - 4.2.3 AVI 文件描述 80
- 4.3 声音文件 81
  - 4.3.1 WAV 文件描述 81
  - 4.3.2 MIDI 文件描述 83
- 习题四 84

第5章 多媒体数据压缩技术 85

- 5.1 数据压缩基本原理 85
  - 5.1.1 信息、数据与编码 85
  - 5.1.2 数据压缩的条件 87
  - 5.1.3 数据冗余 87
- 5.2 数据压缩算法 89
  - 5.2.1 数据压缩算法分类 90
  - 5.2.2 预测编码原理 91
  - 5.2.3 变换编码原理 93
  - 5.2.4 统计编码原理 93
  - 5.2.5 霍夫曼编码原理 93
  - 5.2.6 行程编码原理 94
  - 5.2.7 算术编码原理 95
  - 5.2.8 LZW 压缩编码 95
- 5.3 静态图像 JPEG 压缩编码技术 97
  - 5.3.1 JPEG 标准的由来 97
  - 5.3.2 JPEG 压缩算法 97
  - 5.3.3 无失真预测编码 98
  - 5.3.4 有失真 DCT 压缩编码 98
- 5.4 动态图像 MPEG 压缩编码技术 100
  - 5.4.1 基本原理 100
  - 5.4.2 MPEG 技术标准 102
- 习题五 103

第6章 图像处理技术 104

- 6.1 图像原理 104
  - 6.1.1 图像与图形 104
  - 6.1.2 图像分辨率 105
  - 6.1.3 图像颜色与颜色深度 106
- 6.2 图像文件 106
  - 6.2.1 图像文件格式 107
  - 6.2.2 图像文件的体积与保存 107
- 6.3 图像的获取 108
  - 6.3.1 获取途径 108
  - 6.3.2 图像扫描技术 108
  - 6.3.3 数码拍摄技术 109
- 6.4 图像的浏览 113
  - 6.4.1 图像浏览软件简介 113
  - 6.4.2 图片浏览界面基本功能 114
  - 6.4.3 图像文件格式 114
- 6.5 图像处理软件 Photoshop CS 114
  - 6.5.1 软件简介 115
  - 6.5.2 图像选区 116
  - 6.5.3 图像色调处理技术 118
  - 6.5.4 图像几何形状处理技术 119
  - 6.5.5 图像修补技术 120
  - 6.5.6 图像剪裁与旋转技术 121
  - 6.5.7 图层控制技术 122
  - 6.5.8 图像的组合技术 126
  - 6.5.9 滤镜应用技术 127
  - 6.5.10 数码照片处理技术 130
  - 6.5.11 文字编辑 132
  - 6.5.12 打印图像 134
  - 6.5.13 保存图像 134
- 习题六 136

第7章 动画与视频制作技术 137

- 7.1 动画基本概念 137
  - 7.1.1 什么是动画 137
  - 7.1.2 动画的历史 137
  - 7.1.3 动画规则 138
  - 7.1.4 全动画与半动画 138
  - 7.1.5 动画制作过程 139
- 7.2 电脑动画 140
  - 7.2.1 电脑动画的基本概念 140
  - 7.2.2 制作动画的条件 140
  - 7.2.3 动画制作软件 141
- 7.3 网页动画制作技术 141
  - 7.3.1 基本概念 141
  - 7.3.2 GIFCON 工具软件 141
  - 7.3.3 动画生成流程 143
  - 7.3.4 Flash 动画制作软件 144
  - 7.3.5 动画绘制技术 146
  - 7.3.6 自动动画制作 148
  - 7.3.7 为动画添加声音 150
  - 7.3.8 保存动画 151
- 7.4 变形动画制作技术 151

VII

7.4.1 基本概念 …… 151
7.4.2 前期工作 …… 152
7.4.3 变形制作流程 …… 152
7.5 三维动画制作技术 …… 154
7.5.1 软件概述 …… 154
7.5.2 界面特点与基本功能 …… 155
7.5.3 三维造型及其编辑原理 …… 156
7.5.4 动画与关键帧 …… 157
7.5.5 文件的输入与输出 …… 158
7.6 视频处理技术 …… 158
7.6.1 基本概念 …… 158
7.6.2 视频处理软件 …… 160
7.6.3 视频剪辑 …… 161
7.6.4 为视频配音 …… 163
7.6.5 保存视频文件 …… 163
7.6.6 视频格式转换 …… 164
习题七 …… 166

第8章 数字音频处理技术 …… 167
8.1 基本概念 …… 167
8.1.1 声音的基本特点 …… 167
8.1.2 数字音频文件 …… 168
8.1.3 音质与数据量 …… 168
8.2 数字音频采样 …… 168
8.2.1 基本概念 …… 169
8.2.2 CD 音乐采样 …… 169
8.2.3 自然声采样 …… 171
8.3 一般音频编辑技术 …… 171
8.3.1 GoldWave 软件简介 …… 171
8.3.2 编辑区域 …… 173
8.3.3 简单音频编辑 …… 174
8.4 高级音频编辑技术 …… 176
8.4.1 设置播放控制工具 …… 176
8.4.2 淡入淡出 …… 177
8.4.3 混响时间 …… 177
8.4.4 频率均衡控制 …… 178
8.4.5 时间调整 …… 178
8.4.6 音量自由控制与合成 …… 179
8.4.7 声道编辑 …… 180
8.4.8 多格式保存 …… 181
习题八 …… 182

第9章 多媒体平台设计 …… 184
9.1 Authorware 创作工具 …… 184
9.1.1 工具概述 …… 185
9.1.2 文字设计 …… 187
9.1.3 图形设计 …… 188
9.1.4 声音设计 …… 188
9.1.5 视频设计 …… 189
9.1.6 移动模式设计 …… 189
9.1.7 交互设计 …… 191
9.2 PowerPoint 创作工具 …… 192
9.2.1 背景设计 …… 192
9.2.2 素材设计 …… 194
9.2.3 动作动画设计 …… 197
9.2.4 翻页与时间控制技术 …… 198
9.2.5 交互设计 …… 199
9.2.6 播放模式 …… 201
习题九 …… 201

第10章 多媒体光盘制作技术 …… 203
10.1 基本概念 …… 203
10.1.1 什么是多媒体光盘 …… 203
10.1.2 多媒体光盘的元素 …… 203
10.2 光盘自动启动系统 …… 205
10.2.1 自动启动原理 …… 205
10.2.2 工具软件简介 …… 206
10.2.3 启动与状态设置 …… 206
10.2.4 对象设置 …… 209
10.2.5 控制功能设置 …… 211
10.2.6 多页面设计 …… 216
10.2.7 保存源文件 …… 217
10.2.8 生成自动启动文件 …… 218
10.3 图标的设计与制作技术 …… 218
10.3.1 软件与界面特点 …… 218
10.3.2 图标编辑技术 …… 219
10.3.3 文件格式与保存 …… 221
10.4 说明书与包装设计 …… 223
10.4.1 说明书编写规范 …… 223
10.4.2 包装设计 …… 224
习题十 …… 226

附录 …… 227
附录 A 习题与参考答案 …… 227
附录 B 实验指导 …… 234
实验 1 多媒体技术基础实践 …… 235
实验 2 多媒体个人计算机实践 …… 237
实验 3 美学基础实践 …… 240
实验 4 多媒体数据描述实践 …… 242
实验 5 多媒体数据压缩实践 …… 243
实验 6 图像处理实践 …… 245
实验 7 动画与视频制作实践 …… 248
实验 8 数字音频处理实践 …… 250
实验 9 多媒体平台设计实践 …… 251
实验 10 多媒体光盘制作实践 …… 252
实验习题清单 …… 254
附录 C 本书涉及的软件清单 …… 255
附录 D 配套光盘使用说明 …… 255

参考文献 …… 256

第1章 多媒体技术基础知识

1.1 概述

多媒体技术是计算机技术和社会需求的综合产物。在计算机发展的早期阶段，人们利用计算机从事军事和工业生产，所解决的全部是数值计算问题。随着计算机技术的发展，尤其是硬件设备的发展，人们开始用计算机表现和处理图形、图像，使计算机更形象逼真地反映自然事物和运算结果。

随着计算机软、硬件技术的进一步发展，计算机的处理能力越来越强，计算机的应用领域得到了进一步拓展，应用需求也大幅度增加，在很大程度上促进了多媒体技术的发展和完善。多媒体技术由当初的单一媒体形式逐渐发展到目前的动画、文字、声音、活动视频图像等多种媒体形式。

1.1.1 多媒体技术的社会需求

社会需求是促进多媒体技术产生和发展的重要因素。可以说，包括计算机本身在内，一切科学技术的发展都离不开社会需求这一重要条件。社会需求随着人类文明的发展而不断增长，刺激着各个领域中科学技术的不断进步和发展。

早在20世纪80年代初期，人们开始不满足于计算机对文字进行单一形式的处理和进行数学运算，希望计算机能做更多的事情，要求计算机在多领域、多学科处理多种信息。这种越来越迫切的需求，造就了一门全新的技术——多媒体技术。

多媒体技术的核心是利用计算机技术对多种媒体进行处理，并可通过人机对话方式对处理的过程和方式进行控制，使计算机在更广泛的应用领域发挥作用。

多媒体技术的社会需求主要体现在以下几个方面：

1) 图形和图像处理的需要。图形和图像是人们辨识事物最直接和最形象的形式，很多难以理解和描述的问题用图形或图像表示，就能获得一目了然的效果。计算机多媒体技术首先要解决的问题就是图形和图像的处理问题。

2) 大容量数据存储的需要。随着计算机处理能力的扩展，被处理的媒体种类不断增加，信息量加大，如何保存和处理大量的信息，成为多媒体技术需要解决的又一个问题。于是，CD-ROM存储方式和存储介质应运而生。

3) 音频信号和视频信号处理的需要。使用计算机处理并重放音频信号和视频信号，是人们对计算机技术提出的新要求。经过多年的发展，计算机能够对音频信号和视频信号进行采集、数字化处理和重放，并能对重放的过程和模式进行控制。

4) 界面设计的需要。计算机与使用者之间的操作层面叫做界面。它是计算机与人类沟通的重要渠道。在计算机发展的早期阶段，人们忽略了界面设计问题，这使得没有相当经验和技术的人无法使用计算机。随着计算机应用的拓展和普及，界面采用了图形、声音、动画等多种形式，并安排了交互性控制按钮，使操作变得容易和亲切。

5) 信息交换的需要。在现代社会中，信息是至关重要的。为了满足人们对信息流动和交换的渴求，计算机被连接在一起，形成网络，互相之间进行信息传递和交换。"信息高速公路"计划由此应运而生。1991年，美国提出信息高速公路法案，促使联邦政府要求工业界和企业界建立现代计算机网络，采用光缆连接网络，形成了横跨北美的大容量、高速度的信息交换网络。今天，国际互联网络的发展，促进了多媒体技术在网络中的广泛应用。

6）高科技研究的需要。在高科技研究领域中，航空、航天技术首屈一指，这一技术与计算机技术密切相关。正是借助了计算机技术，人类才能走入太空进行探索。利用多媒体技术，人们在飞往太空之前能够模拟太空状况和条件进行训练和调试，在计算航天器运行轨道、模拟星际旅行、星系的演变等各个方面能够建立虚拟实境。

7）娱乐与社会活动的需要。人类不仅要从事科学研究与技术工作，还要参加各种娱乐或其他社会活动。在影视娱乐业，噱头几乎由电脑特技所囊括，而电脑特技实际上就是计算机多媒体技术的一个分支。在社会活动方面，人们为了使更多的人了解自己，创造了人类独有的广告业。广告业的兴起，带动了更为兴旺的商业活动。

除了上述主要的社会需求外，多媒体技术在医学、交通、工业产品制造，以及农业等多方面也都构成了社会需求。全方位的社会需求使多媒体技术的应用领域更为广泛，其发展将永无止境。

1.1.2 多媒体的技术背景

多媒体技术是建立在计算机技术基础上的，其技术背景无疑是针对计算机技术而言的，所以计算机技术是实现多媒体技术的必要条件和保证。

以下几个方面是多媒体的主要技术背景：

1）多媒体计算机的硬件条件。要实现多媒体技术，计算机不仅需要大容量存储器、处理速度快的CPU（中央处理器）、CD-ROM、高效声音适配器，以及视频处理适配器等多种硬件设备，而且需要相关的外围设备，例如用于获取数字图像的数码照相机、扫描仪和视频头，以及用于输出的打印机、投影机、自动控制设备等。

2）数据压缩技术。在多媒体技术的发展过程中，数据压缩技术是关键技术，它解决了大量多媒体信息数据压缩存储的问题，CD-ROM的应用、VCD和DVD光盘的使用都是数据压缩技术具体应用的成果。正是由于对于图像文件、音乐文件、视频文件的数据压缩，才使这些原本数据量非常大的文件得以轻松地保存和进行网络间传送。

3）多媒体的软件条件。多媒体技术的应用离不开计算机软件。在广泛的应用领域中，人们编制了内容广泛、使用方便的软件。借助计算机软件，人们才能在多领域、多学科中使用计算机，从而充分地利用多媒体技术解决相关问题。今天，计算机软件的发展速度远高于计算机硬件的发展速度，并且有软件功能部分地取代硬件功能的趋势。

4）相关技术的支持。在多媒体技术中，没有相关技术的支持也是不行的。在多媒体技术所涉及的广泛领域中，每一种应用领域都有其独特的技术特点和条件。将相关技术融合进计算机多媒体技术中，或者与之建立某种有机的联系，是多媒体技术能否成功应用的关键。

1.2 多媒体技术的发展

多媒体技术的发展是社会需求和社会推动的结果，是计算机技术不断成熟和扩展的结果。在多媒体技术的整个发展进程中，有以下几个具有代表性的阶段：

1）1984年，美国Apple（苹果）公司开创了计算机处理图像的先河，在世界上首次使用

Bitmap（位图）概念对图像进行描述，从而实现了对图像进行简单的处理、存储，以及相互之间的传送等。苹果公司对图像进行处理的计算机是该公司自行研制和开发的"Apple"（苹果）牌计算机，其操作系统名为 Macintosh，也有人把"苹果"计算机直接叫做 Macintosh 计算机。在当时，Macintosh 操作系统首次采用了先进的图形用户界面，体现了全新的 Window（窗口）概念和 Icon（图标）程序设计理念，并且建立了新型的图形化人机接口标准。

2）1985 年，美国 Commodore 公司将世界上首台多媒体计算机系统展现在世人面前，该计算机系统被命名为 Amiga。并在随后的 Comdex'89 展示会上，展示了该公司研制的多媒体计算机系统 Amiga 的完整系列。

同年，计算机硬件技术有了较大的突破，为解决大容量存储的问题，激光只读存储器 CD-ROM 问世，为多媒体数据的存储和处理提供了理想的条件，并对计算机多媒体技术的发展起到了决定性的推动作用。在这一时期，CDDA 技术（Compact Disk Digital Audio）也已经趋于成熟，使计算机具备了处理和播放高质量数字音响的能力。这样，在计算机的应用领域中又多了一种媒体形式，即音乐处理。

3）1986 年 3 月，荷兰 PHILIPS（飞利浦）公司和日本 SONY（索尼）公司共同制定了 CD-I（Compact Disc Interactive）交互式激光盘系统标准，使多媒体信息的存储规范化和标准化。CD-I 标准允许一片直径 5in（英寸）的激光盘上存储 650MB 的数字信息量。

4）1987 年 3 月，RCA 公司制定了 DVI（Digital Video Interactive）技术标准。该技术标准在交互式视频技术方面进行了规范化和标准化，使计算机能够利用激光盘以 DVI 标准存储静止图像和活动图像，并能存储声音等多种信息模式。DVI 标准的问世，使计算机处理多媒体信息具备了统一的技术标准。

同年，美国 Apple（苹果）公司开发了 Hyper Card（超级卡）。该卡安装在苹果计算机中，使其具备了快速、稳定处理多媒体信息的能力。

5）1990 年 11 月，美国 Microsoft（微软）公司和包括荷兰 PHILIPS（飞利浦）公司在内的一些计算机技术公司共同成立了"多媒体个人计算机市场协会（Multimedia PC Maketing Council）"。该协会的主要任务是对计算机的多媒体技术进行规范化管理和制定相应的标准。该协会制定了多媒体计算机的 MPC 标准。该标准对计算机增加多媒体功能所需的软硬件规定了最低标准的规范、量化指标，以及多媒体的升级规范等。

6）1991 年，多媒体个人计算机市场协会提出 MPC1 标准。从此，全球计算机业界共同遵守该标准所规定的各项内容，促进了 MPC 的标准化和生产销售，使多媒体个人计算机成为一种新的流行趋势。

7）1993 年 5 月，多媒体个人计算机市场协会公布了 MPC2 标准。该标准根据硬件和软件的迅猛发展状况做了较大的调整和修改，尤其对声音、图像、视频和动画的播放、Photo CD 做了新的规定。此后，多媒体个人计算机市场协会演变成多媒体个人计算机工作组（Multimedia PC Working Group）。

8）1995 年 6 月，多媒体个人计算机工作组公布了 MPC3 标准。该标准为适合多媒体个人计算机的发展，进一步提高了软件、硬件的技术指标。更为重要的是，MPC3 标准规定了视频压缩技术 MPEG 的技术指标，使视频播放技术更加成熟和规范化，并且指定了采用全屏幕播放、使用软件进行视频数据解压缩等技术标准。

同年，由美国 Microsoft（微软）公司开发的 Windows 95 操作系统问世，使多媒体计算机更容易操作，功能更为强劲。随着视频音频压缩技术日趋成熟，高速的奔腾系列 CPU 开始武装个人计算机，个人计算机市场开始占据主导地位，多媒体技术得到了蓬勃发展。另外，国际互联网络的兴起，也促进了多媒体技术的发展，更新更高的 MPC 标准相继问世。

1.3 基本概念

在多媒体技术发展的早期，人们把存储信息的实体叫做"媒体"，例如磁盘、磁带、纸张、光盘等；而用于传播信息的电缆、电磁波则被叫做"媒介"。多媒体技术所涉及的实际上是媒介和媒体两种形式。在现代多媒体技术领域中，人们侧重于谈论光盘、磁盘等承载信息的媒体形式，而把传输信息的媒介作为必要的硬件条件。

多媒体一词来自于英文"Multimedia"，这是复合词。它由"multiple"和"medium"的复数形式"media"组合而成。"multiple"有"多重、复合"之意；"media"则是指"介质、媒介和媒体"。按照字面理解，多媒体就是"多重媒体"或"多重媒介"的意思。

现代多媒体技术所涉及的媒体对象主要是计算机技术的产物，其他领域的单纯事物不属于多媒体范畴，例如电影、电视、音响等。

1.3.1 什么是多媒体

1. 多媒体技术的概念

多媒体技术是利用计算机对文字、图像、图形、动画、音频、视频等多种信息进行综合处理、建立逻辑关系和人机交互作用的产物。

以上有关多媒体的定义，是基于人们目前对多媒体的认识而总结归纳出来的。然而，随着多媒体技术的发展，计算机所能处理的媒体种类会不断地增加，功能也会不断地完善，有关多媒体的定义也会更加趋于准确和完整。

2. 媒体类型

从严格意义上讲，媒体是承载信息的载体，是信息的表现形式。媒体客观地表现了自然界和人类活动中的原始信息。利用计算机技术对媒体进行处理和重现，并对媒体进行交互性控制，就构成了多媒体技术的核心内容。

按照国际上某些标准化组织制定的媒体分类标准，媒体有 6 种类型，见表 1-1。

表 1-1 媒体类型

媒体类别	作 用	表 现	内 容
感觉媒体	用于人类感知客观环境	听觉、视觉、触觉	文字、图形、图像、动画、语言、声音、音乐等
表示媒体	用于定义信息的表达特征	计算机数据格式	ASCII 编码、图像编码、声音编码、视频信号等
显示媒体	用于表达信息	输入、输出信息	键盘、鼠标、光笔、话筒、扫描仪、屏幕、打印机等
存储媒体	用于存储信息	保存、取出信息	软盘、硬盘、移动硬盘、光盘、优盘、磁带等
传输媒体	用于连续数据信息的传输	信息传输的网络介质	电缆、光缆、微波无线链路、红外线无线链路等
信息交换媒体	用于存储和传输全部媒体形式	异地信息交换介质	内存、网络、电子邮件系统、互联网 WWW 浏览器等

多媒体技术的主要处理对象有：

1) 文字。采用文字编辑软件生成文本文件，或者使用图像处理软件形成图形方式的文字。

2) 图像。主要指具有 $2^3 \sim 2^{32}$ 彩色数量的 GIF、BMP、TGA、TIF、JPG 格式的静态图像。图像采用位图方式，并可对其压缩，实现图像的存储和传输。

3）图形。图形是采用算法语言或某些应用软件生成的矢量化图形，具有体积小、线条圆滑变化的特点。

4）动画。动画有矢量动画和帧动画之分。矢量动画在单画面中展示动作的全过程；而帧动画则使用多画面来描述动作。帧动画与传统动画的原理一致。具有代表性的帧动画文件是FLC动画文件。

5）音频信号。音频通常采用WAV或MID格式，是数字化音频文件。还有MP3压缩格式的音频文件。

6）视频信号。视频信号是动态的图像。具有代表性的有AVI格式的电影文件和压缩格式的MPG视频文件。

以上各种媒体都有对应的数字文件格式，使用的存储介质有优盘、光盘、硬盘、磁光盘、半导体存储卡等。为了使计算机系统能够处理各种媒体文件，国际上制定了相应的软件工业标准，规定了各个媒体文件的数据格式、采样标准，以及各种相关指标。在计算机硬件方面，也正致力于硬件标准的统一，使网络上的不同计算机能够使用多媒体软件。

3. 基本特性

多媒体技术所涉及的对象是媒体，而媒体又是承载信息的载体，因而又被称为"信息载体"。所谓多媒体的基本特性，也就是指信息载体的多样性、交互性和集成性3个方面。

（1）信息载体的多样性

多媒体技术所涉及的是多样化的信息，而信息载体也随之多样化。信息载体主要应用于计算机的信息输入和信息输出，多样化信息载体的调动使计算机具有拟人化的特征，使其更容易操作和控制，更具有亲和力。常见的信息载体包括：

1）磁盘介质、磁光盘介质和光盘介质。

2）调动人类听觉的语音。

3）调动人类视觉的静止图像和动态图像。

（2）信息载体的交互性

交互性是指用户与计算机之间进行数据交换、媒体交换和控制权交换的一种特性。多媒体信息载体如果具有交互性，将能够提供用户与计算机间进行信息交换的机会。事实上，信息载体的交互性是由需求决定的，多媒体技术必须实现这种交互性。

信息交互具有不同的层次，简单的低层次信息交互的对象是数据流，数据具有单一性，交互过程较为简单。较复杂的高层次信息交互的对象是多样化信息，包括文字、图像、图形、动画、视频信号，以及作为听觉信息的语音、音响等。多样化信息的交互模式比较复杂，可在同一属性的信息之间进行交互动作，也可在不同属性的信息之间交叉进行交互动作。

（3）信息载体的集成性

信息载体的集成性是指处理多种信息载体集合的能力。而硬件应具备与集成信息处理能力相匹配的设备和配置，软件应具备处理集成信息的操作系统和应用程序。

信息载体的集成性主要体现在以下两方面：

1）多种信息的集成处理。在众多的信息中，每一种信息都有自己的特性，同时又具有共性。多种信息集成处理的关键是把信息看成一个有机的整体，采用多途径获取信息、统一格式存储信息、组织与合成信息等手段，对信息进行集成化处理。

2）处理设备的集成。把不同功能、不同种类的设备集成在一起完成信息处理工作，是处理设备的集成所面临的问题。信息处理设备的集成化带来了信息量急剧增加，输入输出通道单一、网络通信带宽不足等问题。为了解决这些问题，必须提高设备的配置、协调性和稳定性，如采用高速并行 CPU、增加存储容量、增加输入输出的通道数目、增加网络带宽等措施。

1.3.2 什么是流媒体

1. 流媒体的概念

流媒体是指网络间的视频、音频和相关媒体数据流从数据源（发送端）同时向目的地（接收端）传输的方式，具有连续、实时的特性。其中，数据源是指网络服务器端，目的地是指网络客户端。

值得指出的是，流媒体技术是解决媒体信息流如何进行实时传送的技术，而多媒体技术则是针对媒体信息本身进行处理，并进行交互性控制的技术。二者针对的对象截然不同，不能混为一谈。

2. 流媒体的特性

流媒体的重要特性是实时性。对时间的高度敏感性，促使流媒体对网络协议、网络硬件环境、网络带宽和压缩算法等提出了很高的要求。

就压缩算法而言，目前有多种压缩技术，有些已标准化，有些还未标准化。常用的标准化压缩技术有 MPEG-1、MPEG-2、H.261/H.263 等，正在发展的有 MPEG-4 等。MPEG-1、MPEG-2 适用于高带宽、高质量低延迟的视频和音频传输，H.261、H.263 以及正在发展的 MPEG-4 则适用于低带宽、对图像延迟要求不高的信息传输。

3. 流媒体的传输

流媒体主要有 3 种传输方式：点对点（Unicast）、多址广播（Multicast）和广播（Broadcast）。其中的多址广播又称为"组播"。

点对点传输是指：数据源和目的地一一对应，流媒体从一个数据源发送出去，只能到达一个目的地。这种传输方式需要足够的网络带宽，因为流媒体数据必须向所有目的地同时传输，所需的网络带宽与目的地的数目成正比。

多址广播传输是指：一个数据源对应多个目的地，但这种关系只限于同一个组。也就是说，流媒体从数据源发出后，任何一个同组的客户端均可收到，而该组以外的客户端收不到。

广播传输是指：一个数据源对应多个目的地，但不局限于组内。这就是说，流媒体从一个数据源发出后，同一网段上的所有客户端均可收到，可被看做多址广播的一个特例。

多址广播和广播相对于点对点传输，占用的网络带宽大大降低，流媒体数据只需从数据源传输一份，组内或同一网段上的所有客户端均能收到，节省了网络资源，提高了效率。

在实际应用中，流媒体数据先在数据源进行压缩，然后经由有 QoS 保证的 ATM 网络传输到目的地，经解压缩后显示出来。如果在没有 QoS 保证的 IP 网络上传输，则至少也得采用实时传输协议（RTP）进行传输。

1.4 多媒体软件

多媒体软件主要用于制作多媒体产品。由于多媒体软件的集成度不高，几乎没有一种集成软件能够独立完成多媒体制作的全过程，因而选择软件的余地比较大。对于同一个多媒体素材，可以使用多种软件进行制作。

在多媒体制作的后期阶段，需要另外一些软件把图像、图形、动画、声音等素材有机地结合在一起，并产生交互作用。这些软件起到支撑平台的作用。在支撑平台上，所有多媒体素材、媒体和信息载体之间建立起联系，构成完整的多媒体系统。具有这种支撑平台功能的软件也不少，可根据需要进行选择。

1.4.1 素材制作软件

素材制作软件是一个大家族，能够制作素材的软件很多，分别有文字编辑软件、图像处理软件、动画制作软件、音频处理软件、视频处理软件等。由于素材制作软件各自的局限性，因此在制作和处理稍微复杂一些的素材时，往往要使用几个软件来完成。

1. 图像处理软件

图像处理软件专门用于获取、处理和输出图像，主要进行平面设计、制作多媒体产品和广告设计等。图像处理软件的基本功能如下：

1）获取图像功能。利用扫描仪、数码照相机、使用 Photo CD 光盘等，以此获得图像素材。

2）输入与输出功能。图像打印也是输出形式的一种。

3）加工处理图像。这是图像处理软件的核心功能。

4）图像文件格式转换。

图像处理软件的主要作用是：对构成图像的数字进行运算、处理和重新编码，形成新的数字组合和描述，从而改变图像的视觉效果。

2. 动画制作软件

动画是表现力最强、承载信息量最大、内容最为丰富、最具趣味性的媒体形式。人们总是习惯接受视觉信息，尤其是动态信息。动画所表达的内容虽然丰富、吸引人，但动画的制作却不是件易事。按照传统做法，人们要花费大量的时间和精力创作动画，有些动画片需要几年才能完成。随着计算机技术的发展，在商业广告、多媒体教学、影视娱乐业、航空航天技术和工业模拟等领域，开始使用电脑制作动画。

动画制作软件分 2 类：

1）绘制和编辑动画软件。这类软件具有丰富的图形绘制和上色功能，并具备自动动画生成功能，是原创动画的重要工具。具有代表性的软件有：

- Animator Pro——早期的平面动画制作软件。
- 3D Studio MAX——三维造型与动画制作软件。
- Flash——平面动画、网页动画制作软件。
- Maya——三维动画设计软件。
- Cool 3D——三维文字动画制作软件。
- Poser——人体三维动画制作软件。

2）动画处理软件。这类软件对动画素材进行后期合成、加工、剪辑和整理，甚至添加特殊效果，对动画具有强大的加工处理能力。典型的软件有：

- Animator Studio——动画加工、处理软件。
- Premiere——电影影像、动画处理软件。
- GIF Construction Set——网页动画处理软件。
- Animation GIF——网页动画处理软件。
- After Effects——电影影像、动画后期合成软件。

3. 声音处理软件

声音是一种人们非常熟悉的媒体形式。专门用于加工和处理声音的软件通常叫做声音处理软件。它的作用是把声音数字化，并对其进行编辑加工、合成多个声音素材、制作某种声音效果，以及保存声音文件等。

常见的声音处理软件主要有：

1) Easy CD-DA Extractor——把光盘音轨转换成 WAV 格式的数字化音频文件。
2) GoldWave——带有数字录音、编辑、合成等多种编辑功能的声音处理软件。
3) Cool Edit Pro——编辑功能丰富的声音处理软件。

声音编辑处理软件是一个大家族，虽然功能种类各异，但主要编辑手段差别不大。处理过的音频信号能够以文件形式保存到磁盘或光盘上，依据使用场合的不同，可采用不同的文件格式进行保存。

值得指出的是，声音的处理不仅与软件有关，而且与硬件环境有关。高性能的声音处理软件必须在高速的中央处理器、大容量的内存储器、高性能的声音适配器等硬件条件下使用，才能真正发挥作用。

1.4.2 多媒体平台软件

在制作多媒体产品的过程中，通常先利用专门软件对各种媒体进行加工和制作。当媒体素材制作完成之后，再使用某种软件系统把它们结合在一起，形成一个互相关联的整体。该软件系统还提供操作界面的生成、添加交互控制、数据管理等功能。完成上述功能的软件系统叫做多媒体平台软件。所谓"平台"，是指把多种媒体形式置于一个平台上，进而对其进行协调控制和各种操作。

1. 软件种类

完成多媒体平台功能的软件有很多种，高级程序设计语言、专门用于多媒体素材连接的专用软件，还有既能运算、又能处理多媒体素材的综合类软件等都能实现平台的作用。比较常见的多媒体平台软件有：

1) PowerPoint——办公系列软件。它由微软公司开发，运行在 Windows 环境中。人们通常把用 PowerPoint 制作的多媒体演示成品简称为 PPT。设计和制作 PPT 多媒体演示成品无需专业的程序设计思想和手段，具有一般计算机使用知识的人就能很容易地掌握它。使用该软件开发的多媒体产品具有一定的灵活性、丰富的演示功能和良好的视觉效果。但是，优秀的 PPT 也需要建立在深入地熟悉和掌握该软件的基础上。

2) Visual Basic——高级程序设计语言。它由 Basic 语言发展而来，运行在 Windows 环境中。人们通常把 Visual Basic 简称为 VB。该程序语言通过一组叫做控件的程序模块完成多媒体素材的连接、调用和交互性程序的制作。使用该语言开发多媒体产品的主要工作量是编制程序。程序使多媒体产品具有明显的灵活性。但是，没有编程经验的人要在短时间内驾驭 VB 并不容易。

3) Authorware——专用多媒体制作软件。该软件使用简单，交互性功能多而强。它具有大量的系统函数和变量，对于实现程序跳转、重新定向游刃有余。多媒体程序的整个开发过程均可在该软件的可视化平台上进行，程序模块结构清晰、简捷，采用鼠标拖拽就可以轻松地组织和管理各模块，并对模块之间的调用关系和逻辑结构进行设计。

2. 软件作用

多媒体平台软件是多媒体产品开发进程中最重要的系统，它是多媒体产品是否成功的关键。其主要作用有：

1) 控制各种媒体的启动、运行与停止。
2) 协调媒体之间发生的时间顺序，进行时序控制与同步控制。

3）生成面向使用者的操作界面，设置控制按钮和功能菜单，以实现对媒体的控制。
4）生成数据库，提供数据库管理功能。
5）对多媒体程序的运行进行监控，其中包括计数、计时、统计事件发生的次数等。
6）对输入和输出方式进行精确的控制。
7）对多媒体目标程序打包，设置安装文件、卸载文件，并对环境资源以及多媒体系统资源进行监测和管理。

1.5 多媒体技术的应用领域

多媒体技术的应用领域非常广泛，几乎遍布各行各业以及人们生活的各个方面。由于多媒体技术具有直观、信息量大、易于接受和传播迅速等显著的特点，因此多媒体应用领域的拓展十分迅速。近年来，随着国际互联网的兴起，多媒体技术也随着互联网络的发展和延伸而不断地成熟和进步。

1.5.1 教育领域

教育领域是应用多媒体技术最早的领域，也是进展最快的领域。多媒体技术的各种特点最适合教育。以最自然、最容易接受的多媒体形式使人们接受教育，不但扩展了信息量、提高了知识的趣味性，还增加了学习的主动性。

1. 计算机辅助教学

计算机辅助教学（Computer Assisted Instruction，CAI）是多媒体技术在教育领域中应用的典型范例，它是新型的教育技术和计算机应用技术相结合的产物，其核心内容是指以计算机多媒体技术为教学媒介而进行的教学活动。

CAI 的表现形式是：

1）利用数字化的声音、文字、图片以及动态画面，展现物理、化学、数学等学科中的可视化内容，意在强化形象思维模式，使抽象的概念更易被接受。
2）在学校教育中，以"示教型"课堂教学为基本出发点，展示形象、逼真的自然现象、自然规律、科普知识，以及各个领域里的尖端技术等。
3）利用 CAI 软件本身具备的互动性，提供自学机会。以传授知识、提供范例、上机练习、自动识别概念和答案等手段展开教学，使受教育者在自学中掌握知识。

2. 计算机辅助学习

计算机辅助学习（Computer Assisted Learning，CAL）也是多媒体技术应用的一个方面。它着重体现在学习信息的供求关系方面。CAL 向受教育者提供有关学习的帮助信息，例如，检索与某个科学领域相关的教学内容，查阅自然科学、社会科学，以及其他领域中的信息，征求疑难问题的解决办法，寻求各个学科之间的关系和探讨共同关心的问题等。

3. 计算机化教学

计算机化教学（Computer Based Instruction，CBI）是近年来发展起来的多媒体技术。它代表了多媒体技术应用的最高境界，并将使计算机教学手段从"辅助"位置走到前台来，成为主角。CBI 必将成为教育方式的主流和方向。

CBI 的主要特点是：

1）充分运用计算机技术，将全部教学内容包容到计算机所做的工作中，为受教育者提供海量信息。这就是所谓"全程多媒体教学"的概念。

2）教学手段彻底更新，计算机教学手段从辅助变为主导，教师的作用发生转移，从宣讲方式转移到解答疑难问题和深化知识点。

3）强化教师与学生之间的互动关系，通过 CBI 方式，在教育者与被教育者之间建立学术和观念的交流界面，在共同的计算机平台上实现平等交流。

4）强化素质教育，提高主动参与意识，强化实际动手能力，提高计算机应用技巧。

4．计算机化学习

计算机化学习（Computer Based Learning，CBL）是充分利用多媒体技术提供学习机会和手段的事物。在计算机技术的支持下，受教育者可在计算机上自主学习多学科、多领域的知识。实施 CBL 的关键，是在全新的教育理念指导下，充分发挥计算机技术的作用，以多媒体的形式展现学习的内容和相关信息。

5．计算机辅助训练

计算机辅助训练（Computer Assisted Training，CAT）是一种教学辅助手段。它通过计算机提供多种训练科目和练习，使受教育者加速消化所学知识，充分理解与掌握重点和难点。

CAT 的作用主要有：

1）提出训练科目和训练要求。

2）对受教育者提供自主练习的机会和题目。

3）利用自动识别功能，对受教育者所接受的训练作出评价。

4）提供训练题目的最佳方案，激发受教育者的主动思维和识别能力。

5）通过综合练习，提高受教育者的综合能力。

6．计算机管理教学

计算机管理教学（Computer Managed Instruction，CMI）主要是利用计算机技术解决多方位、多层次教学管理的问题。CMI 的主要管理对象包括：

1）监测教学活动是否符合教学大纲以及相关教学规定。

2）监督教学进度，反馈教学信息，为教学决策提供参考意见。

3）指导和规范受教育者的学习，评价学习效果。

4）教学材料、教学计划、受教育者的学习成绩等的保存和管理。

在实施 CMI 时，计算机技术的应用强度是一个关键问题。计算机介入管理越多，效率越高，同时还可减少人为因素造成的纰漏和疏忽。

1.5.2 过程模拟领域

在设备运行、化学反应、火山喷发、海洋洋流、天气预报、天体演化、生物进化等自然现象的诸多方面，采用多媒体技术模拟其发生的过程，可以使人们能够轻松、形象地了解事物变化的原理和关键环节，并且能够建立必要的感性认识，使复杂、难以用语言准确描述的变化过程变得形象而具体。

除了过程模拟，多媒体技术还可以进行智能模拟。把专家们的智慧和思维方式融入计算机软件中，人们利用这种具有"专家指导"意义的软件，就能获得最佳的工作成果和最理想的过程。例如，某些多媒体软件把特级大师的棋艺编制在其中，与人们对弈。

1.5.3 商业广告

多媒体技术已广泛用于商业广告。从影视广告、招贴广告，到市场广告、企业广告，其绚丽的色彩、变化多端的形态、特殊的创意效果，不但使人们了解了广告的意图，而且得到了艺术享受。

多媒体广告不同于平面广告，它使人们的视觉、听觉和感觉全部被调动起来。国际互联网络中的广告涉及范围更大，表现手段更为多媒体化，人们接受的信息量也更大。

多媒体技术在商业广告领域中的作用有：
1) 提供最直观、最易于接受的宣传方式，在视觉、听觉、感觉等方面宣扬广告意图。
2) 提供交互功能，使消费者能够了解商业信息、服务信息，以及其他相关信息。
3) 提供消费者的反馈信息，促使商家及时改变营销手段和促销方式。
4) 提供商业法规咨询、消费者权益咨询、问题解答等服务。

1.5.4 影视娱乐业

作为关键手段，多媒体技术在影视娱乐业作品的制作和处理上已被广泛采用。

例如，动画片的制作，就能充分说明计算机技术在影视娱乐业中的作用。动画片经历了从手工绘画到时髦的计算机绘画的过程，动画模式也从经典的平面动画发展到体现高科技的三维动画。由于计算机的介入，使动画的表现内容更加丰富多彩，更加离奇和更具有刺激性。

随着多媒体技术的发展逐步趋于成熟，在影视娱乐业中，使用先进的计算机技术已经成为一种趋势，大量的计算机制作效果被应用到影视作品中，从而增加了艺术效果和商业价值。

多媒体技术在影视娱乐业中的应用，体现在以下几个方面：
1) 特殊视觉和听觉效果的制作与合成。
2) 影视作品数字化，便于加工、传播和保存。
3) 影视作品网络化，可以充分利用网络资源和网络特点。
4) 向业外人士提供参与制作影视作品的机会，使其不仅可以观赏影视作品，还能自主创意和制作影视作品。

1.5.5 旅游业

旅游是人们享受生活的一种重要方式，多媒体技术用于旅游业，充分体现了信息社会的特点。通过多媒体展示，人们可以全方位了解各地的旅游信息。

多媒体技术应用于旅游业，为旅游业带来很多明显的变革：
1) 带动了宣传介质的革命。从介绍旅游景点的印刷品，过渡到新型数字化载体——光盘。大量的信息、逼真的图片、动听的解说，犹如身临其境一般，在很大程度上强化了宣传效果和力度。
2) 通过多媒体技术，真实地反映地方的风土人情、文化背景，全方位地展现自然、生活与社会活动。
3) 提供检索、咨询等互动信息，搭起旅游者与旅游公司的桥梁，提高服务质量。
4) 数字化的信息便于加工、整理、保存、更新，从而提高旅游业顺应市场变化的能力，以及增加对市场反馈信息的敏感度。
5) 扩大宣传范围和力度。便于携带的数字化光盘，使旅游信息通过Internet、航空和电信，以前所未有的速度传达到世界的各个角落。

1.5.6 国际互联网

国际互联网的兴起与发展，在很大程度上对多媒体技术的进一步发展起到了促进的作用。

人们在网络上传递多媒体信息，以多种形式互相交流，为多媒体技术的发展创造了合适的土壤和条件。

多媒体技术在国际互联网上的应用，有许多独特之处：

1）网络信息多元化，其中包括视觉信息和听觉信息等多媒体信息。

2）在时间和空间上没有限制。任何时间、任何地点都能以多媒体形式接收和发送信息，从而便于人们接受远程教育、函授教育，以及其他形式的教育。

3）发挥人、机各自的优势，充分利用网络资源进行教学，集网络上众家之长，补己之短。利用网络的多媒体功能，还可以从事复杂而丰富的经济活动和社会活动。

4）建立网络上的虚拟世界，使网络用户在多媒体平台上享受虚拟世界带来的高等教育、教学实践、图书、音乐、绘画、实验、经验等。

5）为我们提供展示自己实力和能力的机会和条件。在国际互联网上，以多媒体形式向全世界展示自己，使人们从各个角度了解自身的能力等。

1.6 多媒体产品及其制作过程

多媒体技术的广泛应用要依靠多媒体产品的应用和传播，而实施多媒体技术的最终媒介亦是多媒体产品。

1.6.1 多媒体产品的特点

多媒体产品是多媒体技术实际应用的产物，其特点如下：

1）信息多元化。多媒体产品所提供的信息种类众多，媒体形式多样。

2）调动视觉、听觉感官，提供大量直观信息。

3）具备人机交互控制功能。使用者可有意识地选择产品提供的信息种类、有效地控制运行模式。

4）通用性强。产品通常采用通用性强、技术成熟的平台软件进行开发，因此产品基本适用于目前大多数计算机硬件系统和软件系统。

5）数据量大。由于多媒体产品的信息量大、信息形式众多、功能强大，因而数据量也不可避免地增大。

6）创作周期长。多媒体产品从创意到具体实施，直到成为产品，需要大量的媒体制作和编制程序工作，通常需要若干个月，甚至更长时间。

7）光盘是首选载体。几乎所有的多媒体产品均采用光盘保存，其原因是：光盘成本低，承载信息量大，携带方便。

1.6.2 多媒体产品的基本模式

多媒体产品不论应用在什么领域，不外乎3种基本模式。

1. 示教型模式

示教型模式的多媒体产品主要用于教学、会议、商业宣传、影视广告和旅游指南等场合。该模式具有如下特点：

1）具有外向性，以展示、演播、阐述、宣讲等形式向使用者、观众或听众展开。

2）具有很强的专业性和行业特点。例如，用于教学的产品注重概念的解答、现象的阐述、定义和定理的强调等内容；而会议演讲则侧重于会议内容简介、观点的阐述和论证等。

3）具有简单而有效的操控性。使用者不需进行专门培训，就可轻松运用多媒体产品。

4）适合大屏幕投影。产品界面色彩的设计与搭配充分考虑银幕投影的特点，其输出分辨率符合投影机的技术指标。

5）产品通常配有教材或广告印刷品。

2. 交互型模式

交互型模式的多媒体产品主要用于自学，产品安装到计算机中以后，使用者与计算机以对话形式进行交互式操作。该产品具有如下特点：

1）产品具有双向性，一方面产品向使用者展示多媒体信息；另一方面由使用者向产品提问或进行控制，即产品与使用者之间互相作用。

2）产品具有众多而有效的操作形式，使用者需简单地学习有关使用方法。

3）产品多采用自学类型，使用者在家中即可使用产品。

4）产品显示模式适合计算机显示器，以标准模式（640×480像素、800×600像素、1024×768像素或更高分辨率）显示多媒体信息。

5）界面色彩的设计与搭配比较自由，以清晰、美观为主。

6）产品配有大量习题或提问，使用者可有选择地进行解答。若回答有误，产品将识别错误并公布答案和得分。

7）产品具有很强的通用性，通常采用商品化包装，并附有使用说明书。

3. 混合型模式

混合型模式介于示教型模式和交互型模式之间，兼备二者特点。事实上，混合型模式的产品远多于单一类型的产品。混合型模式的显著特征是功能齐全、数据量大，有些产品甚至拥有5~10片光盘或更多。

混合型模式的产品在制作上也有其特点，主要表现在以下几个方面：

1）按照主题划分存储单元。例如，一片光盘一个主题，尽管光盘装载的信息量并未饱和。

2）产品可根据需要装配不同的功能模块，以实现不同的功能。

3）根据使用环境的不同，定制不同版本的产品。

1.6.3 多媒体产品的制作过程

多媒体产品的制作分几个阶段，每个阶段完成一个或几个特定的任务。下面将按照多媒体产品开发的顺序简要介绍各个阶段的工作。

1. 产品创意

多媒体产品的创意设计是非常重要的工作，从时间、内容、素材，到各个具体制作环节、程序结构等，都要事先周密筹划。产品创意主要有以下各项工作：

1）确定产品在时间轴上的分配比例、进展速度和总长度。

2）撰写和编辑信息内容，包括教案、讲课内容、解说词等。

3）规划用何种媒体形式表现何种内容，包括界面设计、色彩设计、功能设计等。

4）界面功能设计，包括按钮和菜单的设置、互锁关系的确定、视窗尺寸与相互之间的关系等。

5）统一规划并确定媒体素材的文件格式、数据类型、显示模式等。

6）确定使用何种软件制作媒体素材。

7）确定使用何种平台软件。如果采用计算机高级语言编程，则要考虑程序结构、数据结构、函数命名及其调用等问题。

8）确定光盘载体的目录结构、安装文件，以及必要的工具软件。

9）将全部创意、进度安排和实施方案形成文字资料，并制作脚本。

在产品创意阶段，工作的特点是细腻、严谨。切记：任何小的疏忽，都有可能使后续的开发工作陷入困境，有时甚至要从头开始。

2. 素材加工与媒体制作

多媒体素材的加工与制作，是最为艰苦的开发阶段，非常费时。在此阶段，要和各种软件打交道，要制作图像、动画、声音及文字素材。

在素材加工与媒体制作阶段，要严格按照脚本的要求进行工作。其主要工作如下：

1）录入文字，并生成纯文本格式的文件，如".txt"格式。

2）扫描或绘制图片，并根据需要进行加工和修饰，然后形成脚本要求的图像文件。

3）按照脚本要求，制作规定长度的动画或视频文件。在制作动画过程中，要考虑声音与动画的同步、画外音区段内的动画节奏、动画衔接等问题。

4）制作解说和背景音乐。按照脚本要求，将解说词进行录音，可直接从光盘上经数据变换得到背景音乐。在进行解说音和背景音混频处理时，要保证恰当的音强比例和准确的时间长度。

5）利用工具软件，对所有素材进行检测。对于文字内容，主要检查用词是否准确、有无纰漏、概念描述是否严谨等；对于图片，则侧重于画面分辨率、显示尺寸、彩色数量、文件格式等方面的检查；对于动画和音乐，主要检查二者时间长度是否匹配、数字音频信号是否有爆音、动画的画面调度是否合理等项内容。

6）数据优化。这是针对媒体素材进行的，其目的有三：其一，减少各种媒体素材的数据量；其二，提高多媒体产品的运行效率；其三，降低光盘数据存储的负荷。

7）制作素材备份。此项工作十分重要。素材的制作要花费很多心血和时间，应多复制几份保存，否则会因一时疏忽而导致文件损坏或丢失。

3. 编制程序

在多媒体产品制作的后期阶段，要使用高级语言进行编程，以便把各种媒体进行组合、连接与合成。与此同时，通过程序实现全部控制功能，其中包括：

1）设置菜单结构。主要确定菜单功能分类、鼠标点击菜单模式等。

2）确定按钮操作方式。

3）建立数据库。

4）界面制作，包括窗体尺寸设置、按钮设置与互锁、媒体显示位置、状态提示等。

5）添加附加功能。例如，趣味习题、课间音乐欣赏、简单小工具、文件操作功能等。

6）打印输出重要信息。

7）帮助信息的显示与联机打印。

程序在编制过程中，通常要反复进行调试，修改不合理的程序结构，改正错误的数据定义和传递方式，检查并修正逻辑错误等。

4. 成品制作及包装

无论是多媒体程序，还是多媒体模块，最终都要成为成品。成品是指具备实际使用价值、功能完善而可靠、文字资料齐全、具有数据载体的产品。

成品的制作大致包括以下内容：

1）确认各种媒体文件的格式、名字及其属性。

2）进行程序标准化工作，包括确认程序运行的可靠性、系统安装路径自动识别、运行环境自动识别、打印接口识别等内容。

3）系统打包。打包是指把全部系统文件进行捆绑，形成若干个集成文件，并生成系统安装文件和卸载文件。

4）设计光盘目录的结构，规划光盘的存储空间分配比例。如果采用文件压缩工具压缩系统数据，还要规划释放的路径和考虑密码的设置问题。

5）制作光盘。需要低成本制作时，可采用5in的CD-R激光盘片；CD-RW可读写激光盘片的成本略高于CD-R盘片，但由于CD-RW盘片可重新写入数据，因此为修改程序或数据提供了方便。

6）设计包装。任何产品都需要包装，它是所谓"眼球效应"的产物。当今社会越来越重视包装的作用，包装对产品的形象有直接影响，甚至对产品的使用价值也起到不可低估的作用。设计优秀的包装并非易事，需要专业知识和技巧。

7）编写技术说明书和使用说明书。技术说明书主要说明软件系统的各种技术参数，包括媒体文件的格式与属性、系统对软件环境的要求、对计算机硬件配置的要求、系统的显示模式等；使用说明书主要介绍系统的安装方法、寻求帮助的方法、操作步骤、疑难解答、作者信息，以及联系方法等。

1.7 多媒体创意设计

多媒体技术是一门科学，多媒体制作是一种计算机专业知识，多媒体创意则是一个涉及美学、实用工程学和心理学的问题。在经济不发达的年代，人们往往注重解决最基本、最现实的问题，对创意设计并不重视。但随着经济的发展、科学技术的进步和人们对美、对功能的追求，创意设计的作用和影响已经不可忽视，所谓"七分创意、三分做"，就形象地说明了这个道理。

1.7.1 创意设计的作用

多媒体创意设计是制作多媒体产品最重要的一环，是一门综合学科。其主要作用是：

1）产品更趋合理化——程序运行速度快、可靠，界面设计合理，操作简便而舒适。

2）表现手段多样化——多媒体信息的显示富于变化，不同媒体间的关系协调而错落有致。

3）风格个性化——产品不落俗套，具有强烈的个性。

4）表现内容科学化——多媒体产品提供的信息要符合科学规律，阐述要准确、明了，概念要清晰、严谨。

5）产品商品化——产品开发的目的是为了应用，在创意设计中，商品化设计的比重很大。没有完美的商品化设计，就得不到消费者应有的重视。

1.7.2 创意设计的具体体现

多媒体创意设计工作繁多而细致，主要表现在以下几个方面：

1）在平面设计理念的指导下，加工和修饰所有平面素材，例如图片、文字、界面等。

2）文字措辞具有感染力和说服力，语言流畅、准确。

3）动画造型逼真、动作流畅、色彩丰富、画面调度专业化。

4) 声音具有个性，音乐风格幽雅，编辑和加工符合乐理规律。
5) 界面亲切、友好，画面背景和前景色彩庄重、大方，搭配协调。
6) 提示语言礼貌、生动，文字的字体、字号与颜色适宜。
7) 操作模式尽量符合人们的习惯。

1.7.3 创意设计的实施

在进行创意设计时，主要完成以下3个方面的工作：

1) 技术设计是指利用计算机技术实现多媒体功能的设计。其内容包括：规划技术细节，设计实施方法，对技术难点提出解决方案。
2) 功能设计是指利用多媒体技术规划和实现面向对象的控制手段。主要内容包括：规划多媒体产品的功能类型和数量，完成菜单结构设计和按钮功能设计，实现系统功能调用和数据共享，避免功能重叠和交叉调用，处理系统错误，增加附加功能，改善产品形象。
3) 美学设计是指利用美学观念和人体工程学观念设计产品。主要解决的问题是：界面布局与色调，界面的视觉冲击力和易操作性，媒体个性的表现形式，设计媒体之间的最佳搭配方式和空间显示位置，产品光盘装潢设计和外包装设计，使用说明书和技术说明书的封面设计、版式设计。

以上3项设计涉及的专业知识比较广泛，需要设计群体的共同努力才能完成。在设计过程中，应广泛征求使用者各方面的意见，不断修改和完善设计方案，使多媒体产品更具有科学性，更贴近使用者的要求。

习题一

1.1 多媒体技术有哪些社会需求？
1.2 多媒体技术的定义说明了哪几个问题？
1.3 什么是流媒体？
1.4 媒体的类型有哪些？各自具有什么特点？
1.5 多媒体技术有哪些基本特性？
1.6 素材制作软件和平台软件有什么区别？
1.7 动画的种类有哪些？哪些软件用于制作和处理动画？
1.8 在进行多媒体产品制作时，需要考虑哪些重要问题？

第 2 章 多媒体个人计算机

2.1 基本概念

一般而言，如果一台计算机具备了多媒体的硬件条件和适当的软件系统，那么，这台计算机就具备了多媒体功能。具有多媒体功能的计算机有大、中型计算机系统、小型计算机系统和微型计算机系统之分。其中，人们最为熟识的、使用最广泛的是微型计算机系统。具有多媒体功能的微型计算机系统被称为多媒体个人计算机，如图 2-1 所示。

2.1.1 多媒体关键技术

多媒体个人计算机采用了很多高新技术，主要包括以下几项：

1）数据压缩技术。在多媒体信息中，数字化图片和数字化音频信息的数据量非常大，尤其是

图 2-1 多媒体个人计算机

要求较高的场合，数据量会更大。在多媒体技术发展的整个历程中，如何有效地保存和处理如此大量的数据一直是人们重点研究的课题。为了快速传输数据、提高运算处理速度和节省更多的存储空间，数据压缩成了关键技术之一。

人们对数据压缩技术的研究和探讨已经有 70 多年的历史了，从早期的 PCM（脉冲编码调制）技术，到今天被广泛采用的 JPEG 静态图像压缩技术、MPEG 动态图像压缩技术和 PX64kbit/s 电视电话会议图像压缩技术，人们一直在进行不懈的努力。近年来，基于知识的编码技术、分形编码技术、小波编码技术等压缩技术也有很好的应用前景。

目前，一些相对成熟的压缩算法和压缩手段已经标准化和模块化，并被制作成软件或写入大规模集成电路中，使用起来极为方便。

2）集成电路制作技术。解决数据压缩问题的关键，是压缩算法的大量计算问题。计算机在进行繁重而大量的计算时，将会占用中央处理器的全部资源，甚至需要使用中型计算机或大型计算机才能完成。而集成电路制作技术的发展，使具有强大数据压缩运算功能的专用大规模集成电路问世。这种集成电路能够以一条指令完成以往需要多条指令才能完成的处理，为多媒体技术的进一步发展创造了有利条件。

3）存储技术。一方面，多媒体信息的保存依赖数据压缩技术；另一方面，则要仰仗存储技术。存储设备的变革一直没有停滞，人们先后使用的存储介质和设备有：纸带穿孔、磁心、磁带、磁盘、光盘、磁光盘等。随着多媒体技术的发展，光盘存储技术也逐步走向成熟，光盘存储器也从单一的 CD-ROM 存储器发展到 CD-R、CD-RW、DVD-R、DVD-RW 存储器等。激光存储技术的进步，使多媒体信息的保存问题得到解决。与此同时，低成本、大容量的存储介质也对多媒体技术的发展起到了促进作用。

4）操作系统软件技术。要具备多媒体数据的处理能力，就必须有优良的操作系统。操作系统的工作模式必须是实时的、多任务的，这样才能处理声音、动态图像等实时信息。其中，操作系统在处理声音信号时，以 86KB/s 的速率进行实时处理；而在处理动态图像信号时，则以 25 帧/s 或 30 帧/s 的速率进行实时处理。目前还在使用的中文版 Windows XP、Windows 7、Windows 8 就是这样的操作系统。这些系统运行稳定、支持多媒体的各项功能。

2.1.2 什么是 MPC

MPC 是 Multimedia Personal Computer 的缩写，意思是"多媒体个人计算机"。MPC 不仅含有"多媒体个人计算机"之意，而且还代表 MPC 的工业标准。因此，严格地说，多媒体个人计算机是指符合 MPC 标准的、具有多媒体功能的个人计算机。

MPC 工业标准始于 1990 年 11 月，由美国微软公司和一些计算机技术公司组成的多媒体个人计算机市场协会为对个人计算机的多媒体技术进行规范化管理而制定的相应标准，该协会后来与全球数千家计算机厂商共同组建了多媒体个人计算机工作组（Multimedia PC Working Group）。

MPC 标准的具体内容包括：

1）对个人计算机增加多媒体功能所需的软硬件进行最低标准的规范。
2）规定多媒体个人计算机硬件设备和操作系统等的量化指标。
3）制定高于 MPC 标准的计算机部件的升级规范。
4）确定 MPC 的三级标准，即：
- MPC Level 1——多媒体个人计算机 1 级标准，标记为 MPC1。
- MPC Level 2——多媒体个人计算机 2 级标准，标记为 MPC2。
- MPC Level 3——多媒体个人计算机 3 级标准，标记为 MPC3。

计算机制造商在生产销售符合 MPC 标准的软硬件时，通常把写有"MPC1、MPC2 或 MPC3"字样的标签贴在设备或软件包装上，以此标明符合 MPC 标准。

2.1.3 MPC 的基本结构

在 20 世纪 80 年代末期，CD-ROM 激光存储器、数据压缩技术、大规模集成电路制作技术以及实时多任务系统取得突破性的进展，多媒体技术随之进入实用性阶段。以后经过多年的研究与发展，形成了现在的 MPC，其基本结构如图 2-2 所示。

MPC 的输入端，可接入音频信号、视频信号，以及能够提供该两种信号的设备，如 CD-ROM、激光视盘、录像机等；MPC 的输出端，可连接各种通信网络、视频设备、音频设备，以及 CD-ROM 等。

所有媒体的输入输出有其技术保证，它来自于计算机中安装的视频适配卡、音频适配卡、图形卡等适配卡，以及相应的支持软件和多媒体软件系统。

随着多媒体技术的发展，MPC 能够处理的媒体种类在不断地增加，处理手段和方法也不断地更新。在输入信号方面，出现了很多新的形式，如语音输入、手写输入、文字自动识别输入等；在输出方面，有语音输出、影像实时输出、投影输出、网络数据输出等。

2.1.4 MPC 对环境的考虑

1. 对总线结构的考虑

个人计算机有两种总线形式，即 VL 总线和 PCI 总线。它们有共同之处，也有区别。其

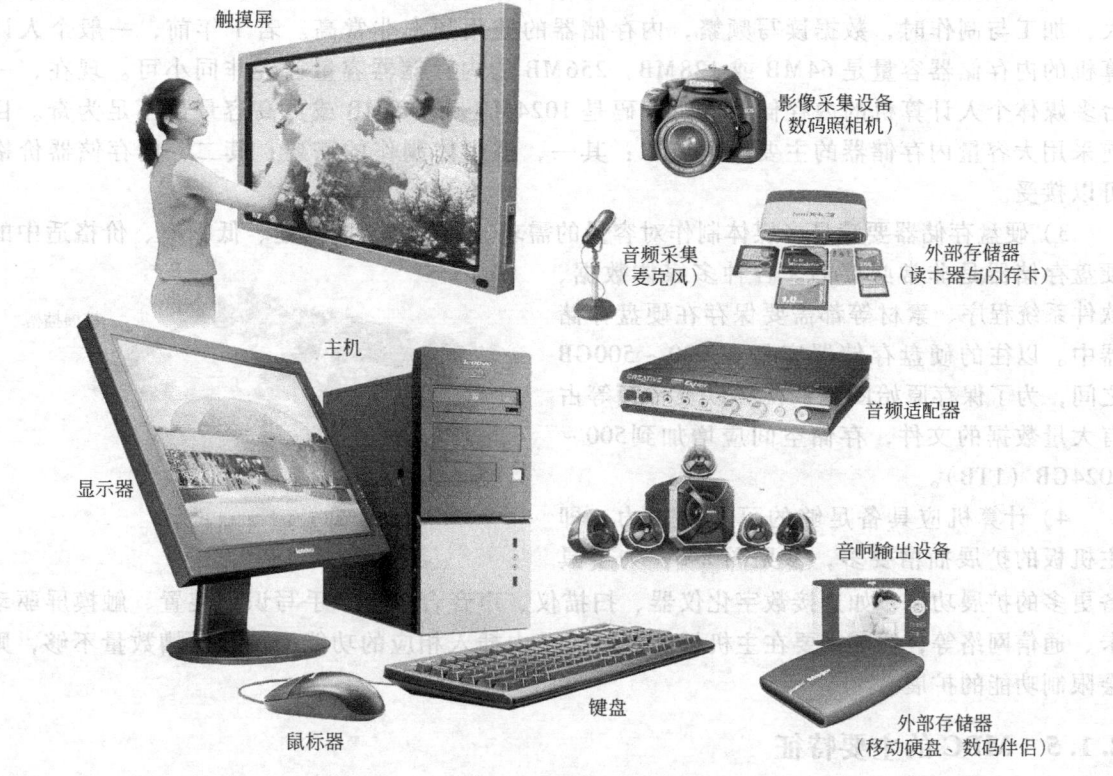

图 2-2 多媒体个人计算机的基本组成

共同点是：

1）VL 总线和 PCI 总线均采用 32bit 传输数据。

2）VL 总线和 PCI 总线均支持现存的 ISA 外围设备。

VL 总线和 PCI 总线的区别在于：

1）在结构上，VL 总线是 CPU 内局部总线的延伸，而 PCI 总线则由控制器和加速芯片构成，形成 CPU 以外的管理层，与 CPU 相对独立。

2）与 VL 相比，PCI 支持几种数据的加速传输。其原理是：PCI 总线在处理顺序结构的数据时，可在读当前数据的同时，确定下一个数据的地址。而在读非顺序结构的数据时，仍采用先寻址后读出的模式。这样，部分地节省了时间，从而提高了传输速率。

3）PCI 总线可以经多路开关分路传输顺序数据，使数据通过率成倍增加。

4）由于 PCI 总线与 CPU 内部总线分离，因此，支持的外围设备增加至 6 个。

鉴于 PCI 总线形式在数据传输方面和设备支持方面的特点，多媒体计算机应优先考虑采用 PCI 总线形式的主机板和插卡。

2. 对硬件的考虑

硬件环境是决定 MPC 性能的重要因素，应从以下几方面考虑：

1）显示适配器（图形显示卡）应采用数据传输速率高的 PCI 形式。图形加速卡则更有利于复杂模式的图形显示，例如 3D 效果、视频显示效果等。图形显示卡上带有缓冲存储器，该存储器的容量对视窗系统的显示属性（颜色数量和画面分辨率）和图像显示质量有直接影响。早期图形显示卡的缓存容量低，使可显示的颜色数量和画面分辨率受到制约，今天的显示卡缓存容量非常高，显示图像精细、速度快。

2）内存储器的容量要足够大，并且要求存取速度快、工作可靠。多媒体信息的数据量大，加工与制作时，数据读写频繁，内存储器的使用频率非常高。若干年前，一般个人计算机的内存储器容量是64MB或128MB，256MB的内存储器容量已经非同小可。现在，一台多媒体个人计算机的内存储器容量起码是1024MB，2048MB或更高容量也不足为奇。目前采用大容量内存储器的主要原因有二：其一，多媒体制作的需要；其二，内存储器价格可以接受。

3）硬盘存储器要满足多媒体制作对容量的需求，大容量、高转速、低噪声、价格适中的硬盘存储器是非常必要的。各种多媒体数据、软件系统程序、素材等都需要保存在硬盘存储器中。以往的硬盘存储器容量在120～500GB之间，为了保存原始图像、视频以及音频等占有大量数据的文件，存储空间应增加到500～1024GB（1TB）。

图2-3 主机板

4）计算机应具备足够的可扩展能力，即主机板的扩展插槽要多，参见图2-3。为了具备更多的扩展功能，如连接数字化仪器、扫描仪、声音合成器、手写识别装置、触摸屏驱动卡、通信网络等，往往需要在主机板的扩展插槽内插入相应的功能卡，若插槽数量不够，则会限制功能的扩展。

2.1.5 MPC的主要特征

MPC的主要特征，一般可归纳为以下几点：

1）具有激光驱动器CD-ROM。CD-ROM是多媒体技术的基础，也是最经济、最实用的数据载体。

2）输入手段丰富。多媒体计算机具备很多用于输入各种媒体内容的手段。除了常用的键盘和鼠标以外，一般还具备扫描输入、手写输入和文字识别输入等设备。

3）输出种类多、质量高。多媒体计算机可通过多种形式输出多媒体信息，例如音频输出、投影输出、视频输出，以及帧频输出等。

4）显示质量高。由于多媒体计算机通常配备先进的高性能图形显示卡和质量优良的显示器，因此图像的显示质量比较高。高质量的显示品质为图像、视频信号、多种媒体的加工和处理提供了不失真的参照基准。

5）具有丰富的软件资源。多媒体计算机的软件资源必须非常丰富，才能满足多媒体素材的处理及其程序的编制需求。图2-4展示了多媒体计算机软件资源的情况。

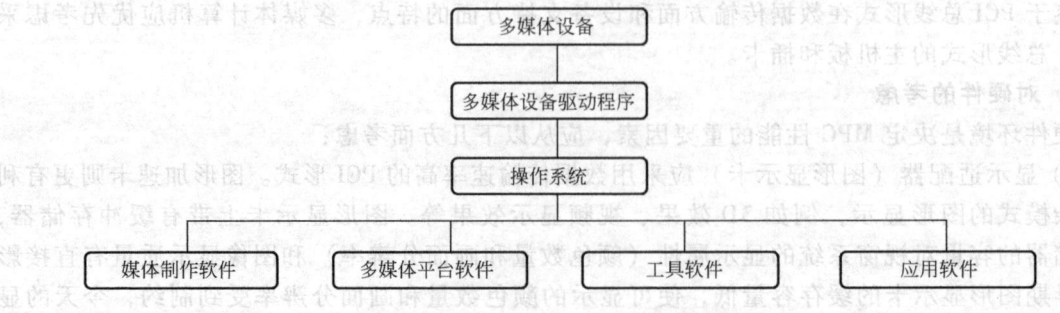

图2-4 多媒体计算机的软件资源

- 多媒体设备驱动程序。多媒体设备驱动程序是直接和多媒体硬件设备打交道的软件，在启动操作系统时，多媒体设备驱动程序把设备的状态、型号、工作模式等信息提供给操作系统，并驻留在内存储器，供系统调用。
- 操作系统。操作系统是一个实时多任务的软件系统，例如 Windows/XP/7/8。操作系统是多媒体计算机的控制中枢，控制所有设备和软件的协调动作、处理输入输出方式和信息、提供软件维护工具等。
- 媒体制作软件。这是一个庞大的家族，常见的媒体制作软件分 3 大类：第 1 类，平面图像处理软件，主要进行平面图像的加工与处理；第 2 类，活动图像制作软件，主要进行视频信号的处理、动画制作与加工、活动影像的合成等；第 3 类，音频处理软件，主要对音乐进行模数转换、数字音频信号的处理与合成、声音还原等。
- 多媒体平台软件。多媒体平台软件是一种大型的软件系统，用于多媒体素材的组合与处理、控制手段的实施、交互功能的实现、输入输出控制、界面生成等。多媒体平台软件有专用软件，也有附带多媒体控制功能的高级算法语言。
- 工具软件。工具软件种类繁多，主要用于加工和处理数据。例如，用于压缩/解压缩数据的软件、用于文件格式转换的工具软件、用于文件加密的工具软件等。
- 应用软件。应用软件包括 Windows 系统提供的多媒体软件、动画播放软件、声音播放软件、光盘刻录软件等。

2.1.6　MPC 的数据处理模式

1. 图像处理模式

多媒体计算机对图像的处理包括：
- 通过扫描仪扫描、数码照相机拍摄、软件绘图等方式，获取数字化图像。
- 利用图像处理软件对图像进行各种编辑和处理。
- 进行图像文件的格式转换。
- 保存与管理图像文件。

2. 动画处理模式

动画与视频信号是活动的图像，多媒体计算机通过动画制作软件和视频处理软件对动画与视频信号进行加工和处理。

计算机动画分矢量动画和帧动画两种类型。矢量动画经过运算，在单一画面中，改变主体的几何形状、运动轨迹、显示颜色等，形成变化的视觉效果；帧动画则类似传统动画的模式，采用多幅画面构成，每幅画面中，主体的形状、大小、颜色和位置都有所不同，当连续观看画面时，由于人类视觉的滞留效应而产生动感。

动画的播放可使用 Windows 提供的媒体播放器进行，若遇到媒体播放器不支持的视频或动画，可另外安装其他类型的播放软件进行播放。

3. 声音处理模式

多媒体计算机对声音的处理包括以下内容：

1）获取数字化声音。获取数字化声音的途径很多。例如，将音乐激光盘的音轨信号进行采样，进而转换成数字声音；将收音机、话筒，以及一切声源信号接入多媒体计算机的声音适配卡，利用软件进行录音，也可得到数字化声音。

2）声音转换文字。利用软件对语音进行识别并转换成文字，可代替文字输入。

3）利用 MIDI 技术（MIDI 乐器数字接口），使用 MIDI 键盘进行作曲，并可加工、处理和播放 MIDI 音乐文件，或控制 MIDI 乐器进行演奏。

4）使用声音处理软件，对数字化声音进行多种形式的处理，例如，渐强与渐弱处理、静音处理、声音片段的剪辑与合成、音调处理、音色处理、特殊音效处理等。

5）声音还原。数字化声音经过加工和处理，由声音适配卡的音频线路输出端（LINE OUT）输出，再经音频放大器进行功率放大，通过扬声器发出声音。

4. 数据存储模式

多媒体数据量大，存储问题比较突出。必须寻求存储容量大、速度快、经济的存储介质。当然，理想的存储介质只能是在三者之间取得最佳平衡点的介质。适合的介质主要有：

1）硬盘存储器。硬盘存储器的优点是速度快、容量大、单位数据的存储成本较低。容量在 500~4096GB 之间。对于图像文件、动画文件和声音文件众多的多媒体系统，硬盘是最理想的开发场地。

2）光盘存储器。光盘存储器由光盘驱动器和光盘组成。光盘容量大、便于携带、价格低廉，是比较理想的存储介质。一片 CD-R 光盘的标准容量是 650MB，价格 1 元左右。还有容量更大的光盘，如 4.7GB 的 DVD-R 光盘等。兼具读和写的光盘有 CD-RW 盘片、DVD-RW 盘片等。

3）硬盘移动存储器。这是一种采用 USB 接口，可方便携带的硬盘存储器，容量通常在 80GB~4TB 之间（1TB = 1024GB）。移动硬盘适用于大量数据的随时存储和转移，如网络电影、音乐、数码照片的存储等。

4）半导体固态存储器。这是一种半导体大容量存储器，可替代硬盘存储器，又名"闪存硬盘"。此类存储器无噪声，无机械动作，数据高速存取，可靠，发展十分迅速。目前，某些品牌的笔记本电脑和台式机已经开始采用。

5. 数据共享模式

多媒体数据不仅可以存储，而且还可以通过以下几种途径进行信息传递：

- 使用可移动的存储设备，例如，外置硬盘、优盘、光盘等。
- 通过网络进行数据传输，例如，国际互联网、局域网、远程网等。
- 把若干台计算机的串行通信接口连接起来，实现在机器间互相传递数据。

数据的互相传递，使多媒体信息成为共享数据，为多方协作开发多媒体产品提供了方便的条件，也使异地开发和分段开发多媒体产品成为可能。

2.1.7 MPC 的硬件标准

在多媒体技术发展的早期和中期，多媒体计算机的硬件性能和参数有严格的工业标准，以使多媒体计算机保持良好的兼容性和一致性，这就是 MPC 标准。该标准分为 MPC1、MPC2、MPC3 三级。

1. MPC1 标准

MPC1 标准公布于 1991 年，由多媒体个人计算机市场协会提出。从此，全球计算机业界共同遵守该标准所规定的各项内容，促进了 MPC 的标准化和生产销售，使多媒体个人计算机成为一种新的流行趋势。

MPC1 标准对硬件、软件的部分规定见表 2-1。表 2-1 中 MPC1 标准对计算机硬件进行了详尽的规定，并且表 2-1 中的推荐配置为计算机的进一步发展留有余地。

今天，MPC1 标准尽管已经过时，但是，它作为多媒体个人计算机的第 1 个标准，具有划时代的意义，它使全球多媒体个人计算机走上有秩序的发展轨道，为多媒体技术的发展奠定了坚实的基础。

表 2-1 MPC1 标准

设备与软件	配置标准	推荐配置
中央处理器	CPU 386 SX	386DX 或 486SX
系统时钟	16MHz	
内存储器	2MB	4MB
硬盘	30MB	80MB
鼠标器	2 键	
键盘	101 键	
接口种类	串行接口、并行接口、游戏棒接口	
MIDI 接口	具备 MIDI 合成与混音功能的 MIDI 输入输出接口	
显示模式	VGA 或更高等级显示模式,分辨率为 640×480 像素,16 色	256 色
激光驱动器	单速 CD-ROM,数据传输速率 150KB/s 平均访问时间 <1s	
声音输入	麦克风 mV 级灵敏度	
声音重放	耳机、扬声器	
声卡模式	8bit 采样,11.025kHz 和 22.05kHz 输出	
操作系统	DOS 3.1 版本或以上,Windows 3.0 带多媒体扩展模块	Windows 3.1

2. MPC2 标准

1993 年 5 月,MPC2 标准由多媒体个人计算机市场协会公布。该标准根据硬件和软件的迅猛发展状况作了较大的调整和修改,尤其对声音、图像、视频和动画的播放,以及 Photo CD 作了新的规定。MPC2 标准的部分内容见表 2-2。

表 2-2 MPC2 标准

设备与软件	配置标准	推荐配置
中央处理器	CPU 486 SX 或兼容 CPU	486DX 或 DX2
系统时钟	25MHz	
内存储器	4MB	8MB
硬盘	160MB	400MB
鼠标器	2 键	
键盘	101 键	
接口种类	串行接口、并行接口、游戏杆接口	
MIDI 接口	具备 MIDI 合成与混音功能的 MIDI 输入输出接口	
显示模式	VGA 或更高等级显示模式,分辨率 640×480 像素,256 色	65 536 种色
激光驱动器	倍速 CD-ROM,数据传输速率 300KB/s,平均访问时间 <0.4s 150KB/s 传输时,CPU 占用量 ≤40%	
声音输入	麦克风 mV 级灵敏度	
声音重放	耳机、扬声器	
声卡模式	16bit 采样,11.025kHz、22.05kHz、44.1kHz 输出	
操作系统	DOS 3.1 版本以上,Windows 3.1	

MPC2 标准一经公布,尽管将推荐配置的内容留出较大余地,但由于计算机多媒体技术的发展非常迅速,某些内容很快就过时了。然而,由于 MPC2 标准比较全面地规范了多媒体技术所涉及的多种软件和硬件指标,现在只要提及 MPC 的原始标准,通常都是指 MPC2 标准。

3. MPC3 标准

1995 年 6 月,MPC3 标准由多媒体个人计算机工作组公布。该标准为适合多媒体个人计算机的发展,进一步提高了软件、硬件的技术指标。更为重要的是,MPC3 标准制定了视频压缩技术 MPEG 的技术指标,使视频播放技术更加成熟和规范化,并且指定了采用全屏幕播放、使用软件进行视频数据解压缩等项技术标准。MPC3 标准的部分内容见表 2-3。

表 2-3 MPC3 标准

设备与软件	配 置 标 准
中央处理器	Pentium(奔腾)CPU 或兼容 CPU
系统时钟	75MHz
内存储器	8MB
硬盘	540MB
鼠标器	2 键
键盘	101 键
接口种类	串行接口、并行接口、游戏杆接口
MIDI 接口	具备 MIDI 合成与混音功能的 MIDI 输入输出接口
显示模式	VGA 或更高等级显示模式,分辨率 640×480 像素,65536 种色
激光驱动器	4 倍速 CD-ROM,数据传输速率 600KB/s,平均访问时间 <0.25s 600KB/s 传输时,CPU 占用量≤40%;300KB/s 传输时,CPU 占用量≤20%
声音输入	麦克风 mV 级灵敏度
声音重放	耳机、扬声器
声卡模式	16bit 采样,输入输出均为 11.025kHz、22.05kHz、44.1kHz 在 11.025kHz 和 22.05kHz 工作时,CPU 占用量≤10% 在 44.1kHz 工作时,CPU 占用量≤15%
视频播放	NTSC 制式:30 帧/s,分辨率 352×240 像素 PAL 制式:24 帧/s,分辨率 352×288 像素 数据格式:MPEG-1 压缩模式
操作系统	Windows 3.1

在 MPC3 标准实行的时期,Windows 95 操作系统问世,视频、音频压缩技术日趋成熟,高速奔腾系列 CPU 开始武装个人计算机,个人计算机市场已经占据主导地位,多媒体技术得到了蓬勃发展。目前,新型多媒体计算机的标准已经远远高于 MPC3 标准,硬件的种类也大大增加,软件更是发展迅速,功能更为强大。某些硬件的功能已经由软件取代,硬件和软件的界限已经模糊不清。

2.2 基本设备

多媒体计算机的硬件设备很多,但有些设备是必不可少的,这就是基本硬件设备。基本硬件设备包括各种类型的激光存储器、显示适配器、显示器、声音适配器与声音还原设备。

2.2.1 CD-ROM 激光存储器

CD-ROM（Compact Disc-Read Only Memory）是只读光盘存储器，激光盘片简称为光盘，由于其价廉、容量大、便于携带，而备受人们的青睐。CD-ROM 在多媒体技术方面，为文字、声音、图像、视频信息和动画的数据存储提供了条件。

1. CD-ROM 的性质

1）CD-ROM 是只读光盘。光盘中的信息采用专用设备一次性装入，随后可在多媒体计算机上无数次地读取信息。

2）CD-ROM 的片基采用聚碳酸酯塑料制成。这种材料强度高、耐冲击、不易龟裂变形。在塑料表面采用特殊工艺附着一层铝反射层，用于记录数据。光盘的结构原理见图 2-5。

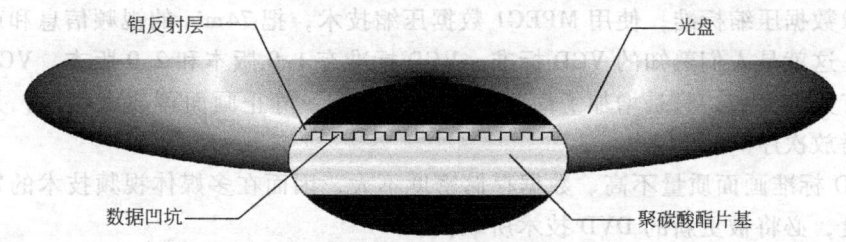

图 2-5　CD-ROM 光盘结构原理

3）CD-ROM 采用光学存储原理。激光束照射到光盘铝反射层的微小区域，使局部烧出凹坑，有、无凹坑代表了二进制信息的两种状态，从而把数据记录在光盘上。

2. CD-ROM 与 CD-DA 标准

CD-DA（Compact Disc Digital Audio）标准由荷兰 PHILIPS（飞利浦）公司和日本 SONY（索尼）公司共同提出，后来 CD-ROM 问世，继续沿用并发展了 CD-DA 标准。CD-DA 标准的主要内容有：

1）容量标准。单片光盘的容量为 74min 数字音乐，该数字音乐的采样频率为 44.1kHz，16bit 立体声。如果 CD 盘用于存储数据，最多可存储的数据量为：

74×60s×44100（采样频率）×2（双声道）×2（数据基本单位）= 783 216 000B

按照 1MB = 1024KB，1KB = 1024B 计算，存储数据量约为 746.9MB。

2）数据存储格式。光盘以扇区为存储单位，1s 的信息占据 75 个扇区。每个扇区所容纳的最大数据量为：44100（采样频率）/75（扇区）×2（双声道）×2（数据基本单位）= 2352B。那么，一片 CD 光盘上的最大扇区数是：74×60s×75（扇区）= 333 000。

3）数据传输速率。光盘每秒传输 75 个扇区的信息，每个扇区的最大数据量是 2352B，则光盘的数据传输速率为：75（扇区）×2352B = 176 400B/s。

3. CD-ROM 标准

1986 年 5 月，荷兰飞利浦公司和日本索尼公司共同制定了 CD-ROM 标准，并于 1988 年 4 月由 ISO（国际标准化组织）正式公布，名为《ISO 9660 标准》。该标准的大致内容如下：

1）规定了 CD-ROM 的扇区格式。CD-ROM 共有 3 种扇区格式，即 Mode 0、Mode1、Mode2。3 种扇区格式的结构不同，纠错能力也不同。

2）确定了 CD-ROM 的基本数据传输速率。该基本数据传输速率是这样计算的：每个扇区 2048B，共有 75 个扇区，则数据传输速率为：75（扇区）×2 048B = 153 600B/s，折合为

150KB/s。现在的 24 倍速光驱、50 倍速光驱就是以最初的 150KB/s 为基本计量单位而称谓的，写做：CD-ROM 24x（24 倍速光驱）、CD-ROM 50x（50 倍速光驱）。

4. CD-I 标准

CD-I（CD Interactive）是交互式标准，是荷兰飞利浦公司和日本索尼公司为家用电器使用 CD-ROM 而制定的标准。由于此标准的设备功能单一、价格昂贵、流行时间短暂，因此很快过渡到新一代的 CD-ROM XA 标准。

5. CD-ROM XA 标准

CD-ROM XA 是面向计算机的标准。荷兰飞利浦公司和日本索尼公司制定的 CD-ROM XA 是 CD-ROM 扩展结构标准，其突出特点是：把原先声音、图像、文字等不同类别的信息各自存放在不同轨道的标准发展成记录在同一条轨道上。

6. Video CD 标准

这是图像数据压缩标准，使用 MPEG1 数据压缩技术，把 74min 的视频信息和声音同时记录在轨道上，这就是人们熟知的 VCD 标准。VCD 标准有 1.0 版本和 2.0 版本。VCD 2.0 版本在技术上没有大的突破，只是增加了简单的交互性功能，静止画面可放大显示，并可通过简单菜单选择播放次序。

由于 VCD 标准画面质量不高、数据存储密度不大，因而在多媒体视频技术的发展过程中只是一个过渡，必将被更新的 DVD 技术所取代。

7. Photo CD 标准

Photo CD 标准是 Kodak（柯达）公司为使用光盘记录数字化照片而制定的标准。该标准具有如下特点：用于数字化照片的保存；照片的显示分辨率非常高；可多次追加写入数字照片，但不能删除。

8. DVD 标准

1995 年 12 月，利用 MPEG 2.0 数据压缩技术的 DVD（Digital Versatile Disk）标准诞生。使用 DVD 标准的激光盘可容纳 133~488min 的影片，如果用于记录数据，可保存 4.7~17GB。如此大容量的激光盘无疑为多媒体的保存提供了更为理想的介质。DVD 标准向下兼容，可以读取 VCD 标准的光盘数据；但 VCD 标准的设备不能使用 DVD 标准的光盘。

2.2.2 显示适配器与显示器

显示适配器与显示器是多媒体计算机的重要设备，也是最基本的设备。显示适配器与显示器的性能好坏、质量优劣，会影响对信息的理解和把握，从而影响操作的准确性，这一点在图像处理和动画制作时显得格外突出。

1. 显示适配器

显示适配器简称显示卡，插在主机板的扩展插槽上，其输出通过电缆与显示器相连。

显示卡有两种安装形式，一种是独立的显示卡，它的外观如图 2-6 所示；另一种是把显示卡集成在主机板上，目的是为了降低成本、缩小体积、简化安装。

（1）显示卡的组成

显示卡由 4 部分组成：

1）ROM BIOS——固化在存储器芯片中的只读驱动程序，显示卡的特征参数、基本操作等保存在其中。

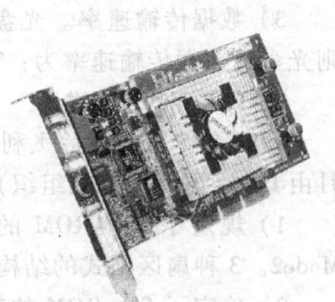

图 2-6 显示卡外观

2) RAM——显示缓冲存储器，其容量大小决定了显示颜色数量的多少和分辨率的高低。

3) 控制电路——控制显示状态、进行显示指令的处理等。

4) 信号输出端子——将显示信息和控制信号送至显示器。该信号有模拟、数字之分，目前的主流显示卡都具有这两种信号方式。数字信号稳定、清晰度高，但显示器也应支持数字显示方式。

(2) 显示卡的模式

显示卡按照图形显示模式可分为 3 种：VL 模式、PCI 模式和 AGP 模式。其中，VL 模式和 PCI 模式的图形显示速度比早期的显示卡快得多，而 AGP 模式的图形显示速度则更快。一般的 AGP 显示卡均带有图形加速器，可对图形显示进行优化计算。

(3) 显示卡的种类

显示卡通常按照功能进行分类，主要有以下几类：

1) 普通显示卡——完成显示基本功能，显示性能的优劣主要由品牌、工艺质量、缓冲存储器容量等因素确定。

2) 3D 图形卡——专为带有 3D 图形的高档游戏开发的显示卡，三维坐标变换速度快，图形动态显示反应灵敏、清晰。

3) 显示/TV 集成卡——在显示卡上集成了 TV（电视）高频头和视频处理电路，使用该显示卡既可显示正常多媒体信息，又可收看电视节目。

4) 显示/视频输出集成卡——在显示卡上集成了视频处理部件，把正常信号送至显示器，视频信号送到视频输出端子，供电视和录像机接收、录制和播放。

2. 显示器

显示器主要用于显示计算机主机送出的各种信息，是人类与计算机沟通的主要媒介。按照结构原理分，显示器主要有两种：传统的 CRT 显示器和新型的 LCD 显示器。

(1) CRT（阴极射线管）显示器

CRT 显示器采用的阴极射线管就是人们常说的显像管。这种显示器体积较大，品种繁多，是早期的显示器，其外观如图 2-7 所示。

1) 显示屏结构的变迁。CRT 显示器用于显示的外表面受到制造工艺条件的制约，经历了以下几个阶段：

- 球面——早期的形式。球面上的显示信息变形严重，正前方观看变形最小。
- 柱面——横向呈弧形、纵向呈平面的形式。左右观看仍有变形，俯仰观看变形消失。
- 物理纯平——显示屏的内外表面均呈平面的形式，又称平面

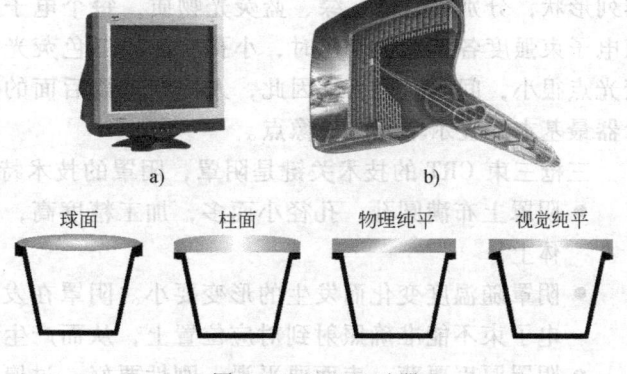

图 2-7 CRT 显示器
a) CRT 显示器外观 b) CRT 结构示意图

直角形式。物理纯平是指显像管内外部达到真正的完全平面，视角达 180°，使用者不用转动头部，用眼睛余光就可看到整个屏幕。由于内表面是平面，电子束到达各点的距离不等，光线发生折射的程度不等，因而正面观看有内凹感。

- 视觉纯平——显示屏的外表面呈平面，内表面呈弧线的形式。显像管的曲面内壁使电

子束到达屏幕各点的距离接近一致，补偿了光线折射效应，使影像的内凹感消失。另外，采用先进的电子枪和聚焦技术，使屏幕边缘的聚焦得到改善，视觉上呈现真正的平面，达到了所谓的"视觉纯平"效果。

除了显示屏结构的差异，在显示器的发展过程中，色彩还原、亮度调节、控制方式、扫描速度、清晰度，以及外观等方面都得到了发展，使其更趋完善和成熟。

2）彩色显示器原理。彩色显示器由阴极射线管 CRT 和控制电路组成。阴极射线管用于显示，其中有发射电子束的电子枪、阴罩以及荧光体；控制电路则控制阴极射线管中电子枪的扫描和相关动作。

按结构原理划分，彩色显示器中的阴极射线管有两种类型：三枪三束 CRT 和单枪三束 CRT。图 2-8 是两种 CRT 的结构示意图。

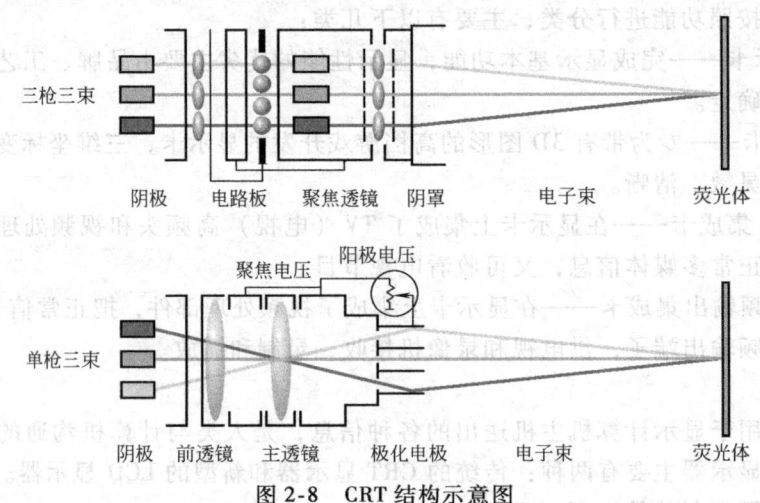

图 2-8　CRT 结构示意图

三枪三束 CRT 有三个独立的电子枪，分别透过阴罩向荧光体发射电子束。阴罩上有很多小孔，每个小孔对应一个像点，三束电子束穿过小孔照射到荧光体上。荧光体按照电子枪的排列形状，分别涂有红、绿、蓝荧光物质，每个电子束对应一种颜色。当穿过阴罩小孔的三束电子束强度各自发生变化时，小孔后面的三色荧光物质将产生不同强度的光线。由于三色荧光点很小，间距又很密，因此，人们在小孔后面的那一区域中看到的是混合色，这就是显示器最基本的显示单元——像点。

三枪三束 CRT 的技术关键是阴罩，阴罩的技术特点有：
- 阴罩上布满圆孔，孔径小而多，加工精度高，以确保电子束准确地照射到对应的荧光体上。
- 阴罩随温度变化而发生的形变要小。阴罩在发生形变时，孔径和间距会发生改变，使电子束不能准确照射到对应位置上，从而产生显示质量下降、聚焦不准等不良现象。
- 阴罩厚度要薄，表面要平滑，刚性要好。过厚、表面不平会造成阴罩振动，使电子束穿过阴罩时受到干扰，不能准确聚焦。

单枪三束 CRT 是先进的电子扫描技术，其图像的亮度、色彩和聚焦均达到很高的水平。CRT 中的电子枪呈水平排列，其发射的电子束透过纵向格栅照射到荧光物质表面。这里的纵向格栅代替了三枪三束 CRT 中的阴罩，由于电子束透过率增加了，因而提高了亮度和对比度。

采用单枪三束 CRT 电子扫描新技术，显示器的格栅间距最小达 0.24mm，加之采用了多透镜聚焦技术，使显示器的清晰度大幅度提高，屏幕四角的聚焦得到了改善。

格栅是单枪三束 CRT 的技术关键，均匀、精确的纵向缝隙，保证了电子束的高通过率。这样即使是细微的强度差别也能体现出来，丰富了色彩的层次感，提高了亮度和对比度。格栅还能有效地抑制光扰动，避免"云纹"和屏幕抖动，从而提高了显示品质，减轻眼睛疲劳。

3）屏幕尺寸。屏幕尺寸是指显像管尺寸（Tube size）、可视尺寸（Viewable size）和光栅尺寸（Raster size）。其中，显像管尺寸是指显像管正面对角线的长度，一般以 in 为单位；可视尺寸指的是显示器可显示区域对角线的长度，该尺寸小于显像管尺寸，一般以 mm 为单位；光栅尺寸是指显像管最大扫描区域的尺寸，用横向数值和纵向数值分别表示区域的大小。

4）点距。显示器上最小的发光单位是像点，像点是电子束穿过荧光屏内侧钢板上的阴罩孔激发荧光物质而形成的，同色像点之间的距离称为点距，单位为 mm。点距是衡量显示器质量好坏的重要指标之一，其数值越小，清晰度越高，显示器质量越好，但技术难度越大。图 2-9 说明了点距的概念。

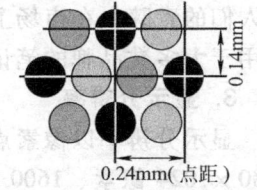

图 2-9 显示器的点距

显示器的发展与点距逐步缩小说明了技术的更新和进步，如早期显示器的点距为 0.39mm，后来 0.31mm 点距的显示器问世。20 世纪 90 年代中期，显示器的点距缩小到 0.28mm。20 世纪 90 年代末，0.25mm 点距的显示器占领市场。

5）扫描频率。显示器的显示器件是显像管，显像管在工作时，电子束按顺序高速扫描整个屏幕，使人们看到近似连续的显示信息。就理论而言，扫描频率越高，显示质量越好，图像越稳定。

扫描频率有水平扫描频率（Horizontal Scan Rate）和垂直刷新频率（Vertical Refresh Rate）之分。水平扫描频率是指电子束逐点横向扫描的频率，以 kHz 为计量单位。例如，某台显示器的水平扫描频率是 85kHz，那么该显示器 1s 横向扫描 85000 个像点。

垂直刷新频率是指整个屏幕重写的频率，单位为 Hz。如果该频率过低，显示屏会闪烁，很容易疲劳。垂直刷新频率受显示分辨率的制约，显示分辨率越高，则垂直刷新频率越低。若在高显示分辨率下能保持很高的垂直刷新频率，那么就可获得很好的显示效果。

（2）LCD（液晶）显示器

LCD 显示器以液晶作为显示元件，可视面积大，外壳薄，节能，外观如图 2-10 所示。

目前，液晶显示器有两种类型，一种采用较老的 TN 技术，亮度稍暗，色彩稍差；另一种采用 TFT 技术，该技术把非晶硅薄膜晶体管（TFT）作为显示元件，使显示亮度、色彩和视角远好于采用 TN 技术的液晶显示器。

图 2-10 LCD 显示器

近来低温多晶硅技术得到了发展，使显示器的色彩更加艳丽，辐射更低，并且进一步降低了产品的价格。

屏幕的长宽比例有两种主流形式，一种采用传统的黄金分割比例的屏幕，也称作标准屏幕，如图 2-11a 所示；另一种采用 16/9 比例，具有"宽银幕"的视觉效果，习惯上叫做"宽屏"，如图 2-11b 所示。

由于宽屏采用了更为舒适的显示比例，观看主流的宽银幕电影具有最佳效果，因此得到

图 2-11 显示器屏幕比例
a) 黄金分割比例的传统屏幕 b) 16/9 比例的宽屏幕

了人们的青睐,在市场上占有很大的比例。这种宽屏不仅在台式机上被广泛地使用,而且还被用于大多数品牌的笔记本电脑上,甚至家用电视上。

3. 显示分辨率

显示分辨率以像素点(Pixels)为基本单位。通常有 1024×768 像素、1152×864 像素、1280×1024 像素、1600×1200 像素、1680×1050 像素等规格。前一数字是横向像素点总数,后面的数字是纵向像素点总数。显示分辨率与显示适配器上缓冲存储器的容量有关,容量越大,显示分辨率越高。如果显示器已经具备了高分辨率显示能力,其最大分辨率完全取决于显示适配器的缓冲存储器容量。

4. 颜色数量

颜色数量是指显示器同屏显示的颜色数量,它主要由显示适配器决定。当显示适配器上的缓冲存储器容量足够大时,其显示的颜色数也足够多。另外,颜色数量的多寡与显示分辨率有关。在显示适配器上的缓冲存储器容量固定不变的前提下,显示分辨率越高,颜色数量越少。颜色数量可以直接表示,如 256 色;也可以表示成 8bit 颜色,即 2^8($2^8=256$)颜色。

5. 显示器的环保概念

在衡量显示器的性能时,显示器是否符合环保标准,已经是人们普遍关注的问题。所谓"环保",是指显示器应具有防辐射、省电、不产生有害物质、防火等特点,保护人类健康。

"能源之星"标准(Energy Star)和 MPR-Ⅱ是常见的环保标准。该标准对电源管理、辐射强度等作了规定。但随着人们健康概念的强化,更为严格的 TCO 标准已用于显示器。到目前为止,TCO 标准包括 TCO'92、TCO'95 和 TCO'99。

TCO'92 标准致力于降低电磁辐射、节省电力、防火、防电,并对显示器的交流电场进行限制,但对显示器制作材料是否对环境有害未作规定。

TCO'95 标准在 TCO'92 和 MPR-Ⅱ的基础上,提出了具体的环保要求,并对显示器零部件的再生利用、显示器的设计是否符合人体工程学等项内容作了具体的规定。

TCO'99 标准发展了 TCO'95 标准,对显示器的要求更为严格。其宗旨是最大限度地保持舒适度、保护健康和保护环境。该标准在对键盘以及便携式计算机的设计提出了具体意见,并在其他方面制定了具体的规定。

2.2.3 声音适配器与声音还原

声音适配器又称声频卡、声卡,主要用于处理声音,是多媒体计算机的基本配置。不过,有些主机板上集成了声卡的功能,声卡不单独存在。与单独的声卡相比,集成在主机板上的"声卡"不论从抗干扰能力上,还是从声音处理效果和功能种类上,都略逊一筹。

1. **声卡的基本功能**

声卡的基本功能有：

1）进行 A/D（模/数）转换——将作为模拟量的自然声音或保存在介质中的声音经过变换，转化成数字化的声音，这就是模/数转换（Analog to Digital Converter）。经过模/数转换的数字化声音以文件形式保存在计算机中，可以利用声音处理软件对其进行加工和处理。

2）完成 D/A（数/模）转换——把数字化声音转换成作为模拟量的自然声音，这就是所谓"数/模转换（Digital to Analog Converter）"。转换后的声音通过声卡的输出端，送到声音还原设备，例如耳机、有源音箱、音响放大器等，就可以聆听到声音了。

3）实时、动态地处理数字化声音信号——利用声卡上的数字信号处理器（DSP）对数字化声音进行处理，它可减轻 CPU 的负担。该处理器可以通过编程来完成高质量声音的处理，并可加快音频处理速度。该处理器还可用于音乐合成、制作特殊的数字音响效果等。

4）立体声合成——经过数/模转换的数字化声音保持原有的声道模式，即 STEREO 模式或 NOMO 模式。声卡具备两种模式的合成运算功能，并可将两种模式互相变换。

5）输入、输出——利用声卡的输入端子和输出端子，可以将模拟信号引入声卡，然后转换成数字量；还可以将数字信号转换成模拟信号送到输出端子，驱动音响设备发出声音。

2. **声卡的结构原理**

声卡由数据总线驱动器、总线接口和控制器、数字声音处理器、混合信号处理器、接口电路，以及多个音乐合成器等部件构成，各部件之间的关系和信号传递方式见图 2-12。

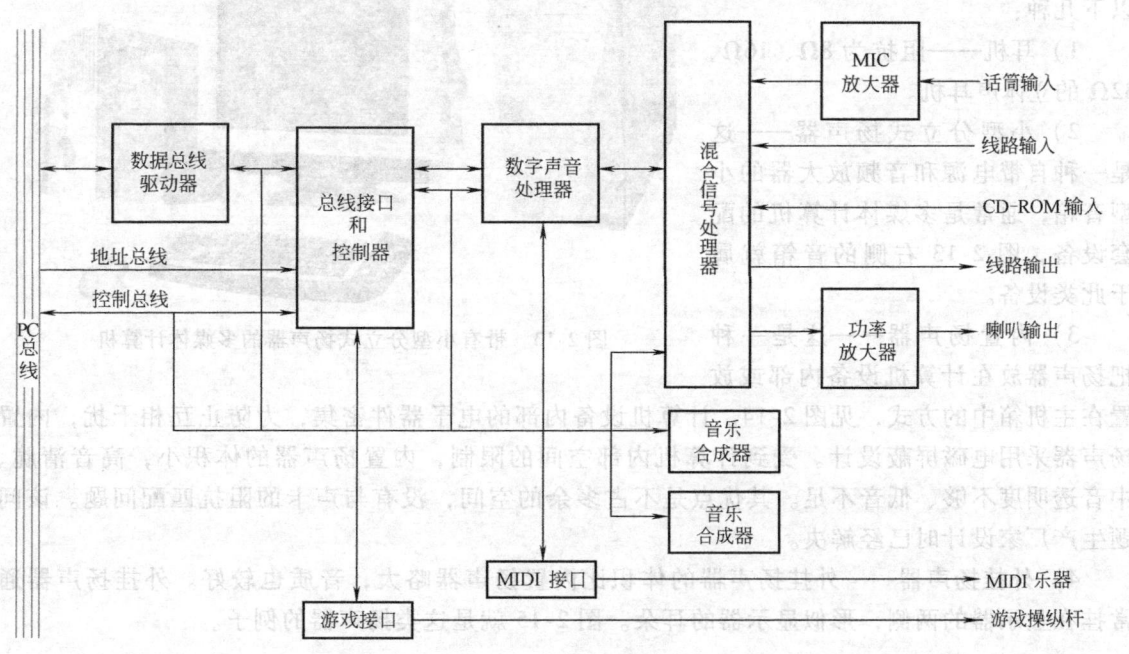

图 2-12 声卡的结构原理

声卡插在主机板的扩展插槽上，就在 PC 总线与声卡之间建立起信号通道，声卡通过地址总线、控制总线和数据总线控制器，与 PC 总线交换信息。

声卡的音频输入端口通常有 3 个，用于输入模拟信号，具体内容如下：

1）话筒输入（MIC）端口——立体声（STEREO）端口，通常采用 φ3.5mm 立体声插座，可连接带有偏置电路的电容话筒或动圈话筒，输入灵敏度为 1mV 左右。

2）线路输入（LINE IN）端口——立体声（STEREO）端口，通常采用 φ3.5mm 立体声插座，可连接各种声源，例如收音机、电话、录音机、电视机、VCD机、CD唱机等，输入灵敏度在500~1000mV之间。不过，某些廉价的声卡和笔记本电脑没有此端口。

3) CD-ROM 输入端口——这是专用端口，位于声卡电路板上，而不在声卡挡板上。该端口一般采用四线插座，左声道和右声道各有两条线。此端口与 CD-ROM 的音频输出端相连，CD-ROM 在播放音乐 CD 时，就能通过声卡发出声音，并能控制 CD-ROM 的播放动作。

声卡输出端口通常有4个，用于音频模拟信号的输出，具体介绍如下：

1) 线路输出（LINE OUT）端口——立体声（STEREO）端口。音频信号通过此端口传送到音频放大器或有源音箱的信号输入端。此端口的信号强度在 500~1000mV 之间，音质好，通常用于音质要求较高的场合，但由于功率小，不能直接带动音箱发声。

2) 喇叭（SPEAKER）输出端口——立体声（STEREO）端口。此端口输出的音频信号经过声卡上的功率放大器放大，能够直接带动耳机或功率较小的音箱。如果音箱或声音还原设备的阻抗小于喇叭输出端口要求的阻抗，则极易烧毁声卡。

3) MIDI 乐器端口——可连接支持 MIDI 的键盘乐器。

4) 游戏操纵杆端口——可连接各种类型的游戏操纵杆或者游戏控制设备。

3. 声音还原设备

所有的声音还原设备使用音频模拟信号，把这些设备与声卡的线路输出端口或喇叭输出端口进行正确的连接，即可播放计算机中的声音。声音还原设备包括以下几种：

1) 耳机——阻抗为 8Ω、16Ω、32Ω 的立体声耳机。

2) 小型分立式扬声器——这是一种自带电源和音频放大器的小型音箱，通常是多媒体计算机的配套设备，图 2-13 右侧的音箱就属于此类设备。

图 2-13 带有小型分立式扬声器的多媒体计算机

3) 内置扬声器——这是一种把扬声器放在计算机设备内部或放置在主机箱中的方式，见图 2-14。计算机设备内部的电子器件密集，为防止互相干扰，内置扬声器采用电磁屏蔽设计。受到计算机内部空间的限制，内置扬声器的体积小，高音清脆、中音透明度不够、低音不足。其优点是不占多余的空间，没有与声卡的阻抗匹配问题。该问题生产厂家设计时已经解决。

4) 外挂扬声器——外挂扬声器的体积比内置扬声器略大，音质也较好。外挂扬声器通常挂在显示器的两侧，形似显示器的耳朵。图 2-15 就是这类扬声器的例子。

图 2-14 内置扬声器的显示器　　　　　　　　　　图 2-15 外挂扬声器

就外形而言，外挂扬声器有扁平型、箱型、圆型、艺术型等多种形状，但体积和重量都不太大。

就功能而言，外挂扬声器分有源音箱和无源音箱两大类：无源音箱直接和声卡的喇叭（SPEAKER）输出端口相连接，其特点是连接简单、重量轻、输出功率较小；有源音箱带有功率放大器和供电电源，其信号输入端和声卡的线路输出（LINE OUT）端口相连接，特点是输出功率较大、连接线较多，并且有一定的重量。

5）独立的扬声器系统——要想获得高品质的音响效果，应有一套独立的扬声器系统。该系统包括音响放大器、专业音箱和专用音频连接线。就功能配置而言，扬声器系统有：普通立体声系统、高保真立体声系统、临场感立体声系统、环绕立体声系统等。

普通立体声系统一般配置两个音箱，分别放置在聆听位置前端的两侧，以满足一般多媒体制作的需要。

高保真立体声系统通常配置两个以上的音箱，每个音箱注重高音、中音、低音的质量和响度平衡，并且注重声像重现的位置。目前，多媒体计算机可配置被称之为"5.1环绕立体声"的系统，该系统要求声卡和相应的驱动软件支持5.1环绕立体声。

图2-16是目前比较有代表性的5.1环绕立体声系统。该系统由5个宽音域音箱、1个重低音音箱和1个可遥控的调谐控制器组成。5.1环绕立体声系统的摆放很讲究，否则得不到理想的环绕效果。图2-17是该系统各个音箱摆放位置的示意图。

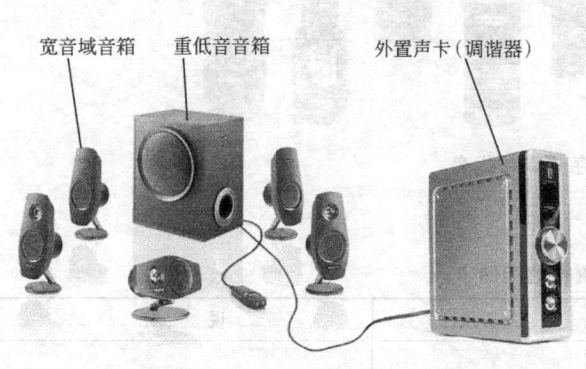

图2-16 5.1环绕立体声系统的音箱

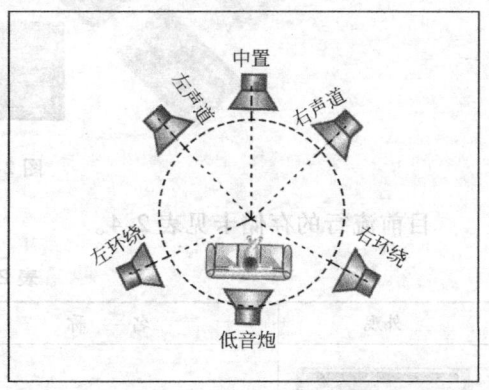

图2-17 5.1环绕立体声系统的音箱摆放位置

考虑到聆听者实际位置的不同、房间形状的不同和墙壁材质的不同等因素，各个音箱的声压级和摆放位置需要经过精心调整，以确保声相位置的准确性。

2.3 存储设备

存储设备是多媒体技术的有力保障，容量大、速度高、可靠、成本低廉是存储设备的主要性能指标。早期计算机技术的发展受到存储条件的制约，多媒体技术的发展就得益于存储技术的突破。可以这样说，如果没有成功开发出容量大、速度高、价格低的存储设备，就没有多媒体技术的今天。目前，各种存储器琳琅满目，如半导体存储器、磁光盘存储器、CD-R、CD-RW激光存储器等。

2.3.1 半导体存储器

半导体存储器以其存储速度快、体积小、故障率低而被广泛用于各种数据的保存。半导体存储器最常见的是 RAM（Random Access Memory）存储器，主要用作计算机的内存储器，存储操作系统或其他正在运行的程序。

　　RAM 分为静态 RAM（SRAM）和动态 RAM（DRAM）两大类。由于后者单位容量的存储成本较低，所以被广泛用于内存储器的制作。

　　RAM 存储器的特点是：速度快、可靠、可随时读写、成本低，但当断电时，RAM 不能保留数据。一台计算机用作多媒体制作，RAM 至少应有 64MB 的容量。

　　近年来，为了使 RAM 在断电后也能保留数据，发展了使用"Non-volatile"技术的 RAM 存储器，记做"RAM Non-volatile"。该存储器具有存储速度快、体积小、容量大、携带方便等特点，被广泛用于数码相机、手机、MP3 随身听、掌上电脑，以及小型打印机等可携带设备上。人们习惯上把 RAM Non-volatile 存储器称为存储卡、闪存器、优盘等。

　　常见的存储卡与优盘的外观如图 2-18 所示。

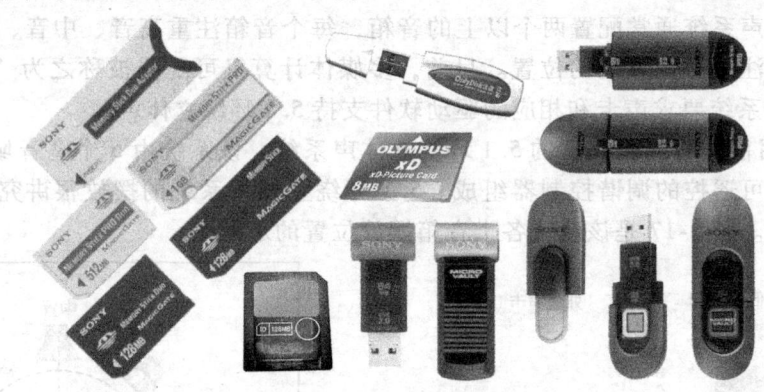

图 2-18　存储卡与优盘

目前流行的存储卡见表 2-4。

表 2-4　流行的存储卡

外观	名　称	外形尺寸	说　明
	CF 卡 （Compact Flash）	36.4×42.8×3.3 mm	美国 SanDisk 公司开发，用于专业单反相机、平板电脑等
	SD 卡 （Secure Digital） SDHC 卡 （Secure DigitalHigh Capacity）	24×32×2.1 mm	美国 SanDisk、日本东芝等公司联合开发，用于入门级单反相机、消费级数码相机、便携电子设备等
	Micro SDHC 卡 （MicroSecure Digital High Capacity）	15×11×1.0 mm	美国 SanDisk 公司和德国西门子公司合作开发，用于手机、mp3 随身听、便携智能设备等
	MS 卡 （Memory Stick） 别称记忆棒	31×20×1.6 mm	日本 SONY 公司开发，用于 SONY 品牌的数码相机及各类电子产品

2.3.2 CD-R 和 CD-RW 激光存储器

CD-R（Compact Disc-Recordable）激光存储器所使用的光盘具有"有限次写，多次读"的性质，而 CD-RW（Compact Disk Rewritable）激光存储器所使用的激光盘片则可反复读写。被称为"可擦写式光盘刻录机"，简称为"光盘刻录机"。CD-RW 驱动器和盘片的外观如图 2-19 所示。

图 2-19 CD-RW 驱动器和盘片

1. 主要技术指标

1）CD-R 有刻录速度和读取速度两个指标。刻录速度是向 CD-R 盘片上写入数据时所能达到的最大倍速值。读取速度是在以 CD-ROM 形式读取普通光盘数据时所能达到的最大倍速值。光盘刻录机的读取速度一般大于刻录速度。

2）CD-RW 有 3 个速度指标：刻录速度、读取速度和复写速度。前两项指标的含义与 CD-R 相同。复写速度是向光盘写入数据时的最大倍速值。复写时，首先烧结盘片的数据层，抹除原有数据，然后再写入，时间花费较长，因此复写速度一般低于刻录速度。

2. 刻录模式与刻录方式

刻录可采用开放型和关闭型两种模式。开放型刻录模式可继续追加刻录；关闭型刻录模式不允许继续追加刻录。

刻录方式也有整盘刻录和轨道刻录两种方式。整盘刻录方式以整片光盘为单位，用于盘对盘的复制。轨道刻录方式以文件或目录为单位进行刻录。

3. 缓冲存储器与刻录成功率

刻录的成功率由盘片质量和 CD-R 或 CD-RW 的缓冲存储器容量的大小决定。在刻录光盘时，数据先读取到缓冲存储器中，然后再刻录到光盘上。如果缓冲存储器中的数据不能得到及时补充，将导致"Buffer Under Run"（缓冲存储器欠载）情况发生，刻录中断，光盘报废。

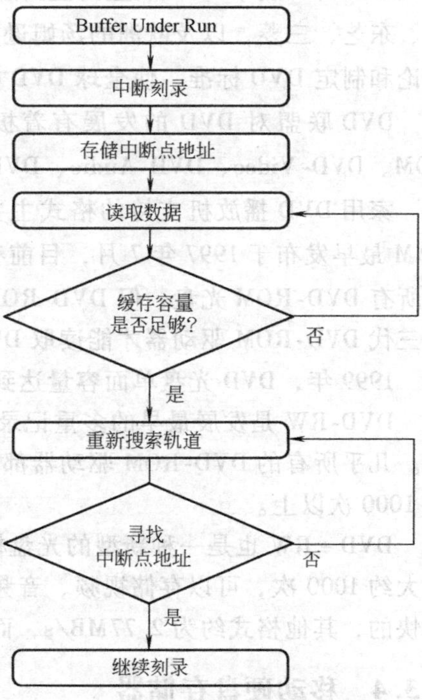

图 2-20 采用"Burn-Proof"技术的工作流程

为了避免上述情况发生，新型 CD-R 和 CD-RW 采用了"Burn-Proof"技术。该技术在缓冲存储器发生欠载时停止刻录，并记录下停止点，待数据流重新进入缓冲存储器后，从停止点继续刻录，工作流程见图 2-20。

4. 接口形式

CD-R 和 CD-RW 的接口形式主要有：IDE 接口、SCSI 接口、USB 接口、PCMCIA 接口、并行接口，以及 IEEE 1394 总线接口。IDE 接口价格低、安装较方便。SCSI 接口对 CPU 的资源占用小，价格稍高，对于普通 PC，需另购 SCSI 卡才可安装。USB 接口的刻录机具有"即插即用"功能，安装、使用和携带非常方便，是目前主要的接口类型。

2.3.3 DVD 数字光盘

DVD 的英文原文是"Digital Video Disk",意思是"数字视盘",在 DVD 数字光盘发展的初期,主要用于视频影像和音频的播放。随着 DVD 技术的发展。除了用于视频、音频文件的存储以外,还拓展了存储其他数据格式的能力,英文改写成"Digital Versatile Disk",意思是"数字多用途光盘"。

DVD 采用 MPEG-2 压缩技术储存影像,容量大,集视听、娱乐和电脑多媒体特征于一身,是真正的具备高质量交互性的媒体。

1994 年 12 月,飞利浦和索尼公司共同提出了 MMCD(MultiMedia CD)高密度多媒体光盘标准。1995 年 1 月,东芝公司与美国厂商 TimeWarner 共同发表了 SD(Super Density Disc)标准。SD 标准和 MMCD 标准同属于 DVD 范畴,但具体内容存在差异。两个标准竞争得很激烈,都希望对方能够遵从自己的技术规范。同年 9 月,美国 IBM 公司和双方达成协议,共同组成 DVD 联盟。

1997 年 4 月,DVD 联盟的主要成员已发展到包括索尼、飞利浦、松下、先锋、JVC、日立、东芝、三菱,以及欧洲的汤姆逊和美国的时代华纳公司。这些公司组成了 6 个工作小组,讨论和制定 DVD 标准,使全球 DVD 标准完全掌控在这些厂商手中。

DVD 联盟对 DVD 的发展有着极其深远的影响,到目前为止,DVD 主要产品有 DVD-ROM、DVD-Video、DVD-Audio、DVD-R、DVD-RAM、DVD-RW、DVD+RW。

家用 DVD 播放机支持的格式主要有 DVD-Video、DVD-R、DVD-Audio 等。其中,DVD-RAM 最早发布于 1997 年 7 月,目前有 160 多家公司的产品支持这一格式。该驱动器可以读取所有 DVD-ROM 光盘,但 DVD-ROM 驱动器不一定能读取 DVD-RAM 光盘。直到 1999 年,第三代 DVD-ROM 驱动器才能读取 DVD-RAM 光盘。

1999 年,DVD 光盘单面容量达到 4.7GB,双面容量达到 9.4GB。

DVD-RW 是发展最早的多重记录形式,其兼容性较好,可用来储存视频、音频和其他数据。几乎所有的 DVD-ROM 驱动器都可以很好地读取 CD-R 和 CD-RW。DVD-RW 光盘可以重写 1000 次以上。

DVD+RW 也是一种新型的光盘标准,但它没有得到 DVD 联盟的支持。该光盘也可以重写大约 1000 次,可以存储视频、音频以及各种数据。DVD+RW 的写入速度在众多格式中是最快的,其他格式约为 2.77MB/s,而 DVD+RW 则为 11~26MB/s。

2.3.4 移动硬盘存储器

移动硬盘由外壳、接口电路板和硬盘存储器构成,见图 2-21。为了减小体积、便于携带,硬盘存储器通常采用笔记本电脑用的硬盘,容量从 80GB~1TB 不等。

移动硬盘通常采用 USB 外部接口,内部接口有串行通信接口、并行通信接口之分。移动硬盘被广泛用于保存和携带电影、数码照片、大量数据等场合。

2.3.5 数码伴侣存储器

这是一种专为数码摄影配备的便携式存储器,简称为"数码伴侣"。其中包括读卡器、硬盘存储器、接口电路板、LCD 显示屏、电池、外壳等。数码伴侣与移动硬盘存储器一样,采用笔记本电脑用的小型硬盘存储信息,可存储任何类型的计算机数据。除此之外,内置的

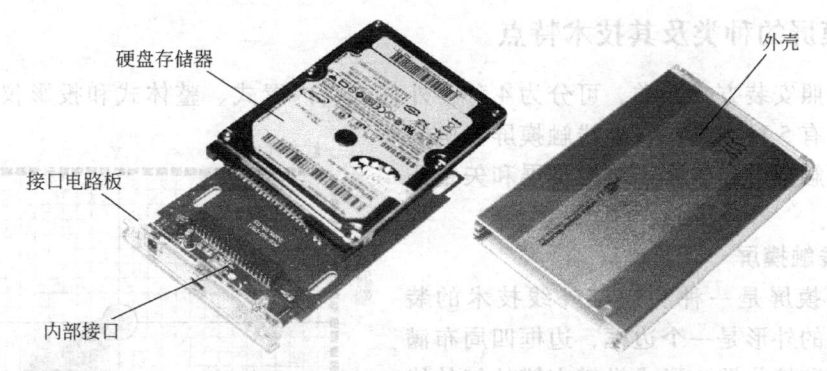

图 2-21　常见的移动硬盘

读卡器可方便地直接读写各种存储卡，还可通过 LCD 显示屏观看数码照片。通过 USB 接口，数码伴侣存储器中的数码照片和计算机数据可传输到计算机中。

图 2-22 是一款数码伴侣。

值得注意的是，受体积的局限，数码伴侣存储器的电池容量有限，外出时，要尽量缩短开机时间，节省电量，避免数码照片在传输过程中断电，造成重大损失。另外，硬盘存储器耐冲击性能较差，使用时不要剧烈晃动，更不要掉落地面。

图 2-22　数码伴侣

2.4　触摸屏

触摸屏是一种坐标定位装置，属于输入设备。触摸屏由 3 部分组成：触摸屏控制卡、透明度很高的触摸检测装置和驱动程序。在使用时，把触摸检测装置贴在显示器表面，显示信息可轻易透过触摸检测装置，几乎感觉不到它的存在。用手触摸显示器上显示的菜单或按钮时，实际上触摸的是触摸检测装置。该装置将触摸位置的坐标信息传送给触摸屏控制卡，然后送往计算机主机，作出相应的响应。

触摸屏控制卡带有独立的 CPU 和固化在芯片中的监控程序。触摸屏控制卡的主要作用有4 个：第一，接收触摸位置检测到的触摸信号；第二，将触摸信号转换成对应的坐标数据；第三，将坐标数据传送到主机；第四，接收主机送来的命令，并加以执行。

2.4.1　触摸屏的导电层

触摸屏的检测装置一般采用两种透明的导电层材料。

1）ITO 涂层。这是一种弱导电体，材料是氧化铟，属于无机物。这种材料的特性是：当材料厚度低于 180nm 时，透光率在 80% 左右。若厚度再薄一些，透光率会提高。但当厚度进一步变薄时，透光率呈下降的趋势，直到接近 30nm 时，透光率又回到 80%。

2）镍金涂层。这是一种导电性能良好的材料。其特点是延展性和透明度很好，适用于制作外导电层。外导电层被频繁触摸，使用延展性好的材料可延长使用寿命。但由于镍金涂层的导电性能过于良好，对其进行精密的电阻测量会很困难。另外，这种涂层的不均匀性也是问题。

2.4.2 触摸屏的种类及其技术特点

触摸屏按照安装方式分类，可分为 4 种：外挂式、内置式、整体式和投影仪式。按照技术原理分类，有 5 种类型：红外线触摸屏、电容触摸屏、电阻触摸屏、表面声波触摸屏和矢量压力触摸屏。

1. 红外线触摸屏

红外线触摸屏是一种利用红外线技术的装置，其传感器的外形是一个边框，边框四周布满红外线发射器和接收器，形成纵横交错的红外线矩阵。将传感器固定在普通显示器的前面，当手触摸显示器的屏幕时，红外线被遮挡，检测 X 方向和 Y 方向被遮挡的红外线位置，就可得到被触摸位置的坐标数据。

红外线触摸屏工作原理示意图见图 2-23。

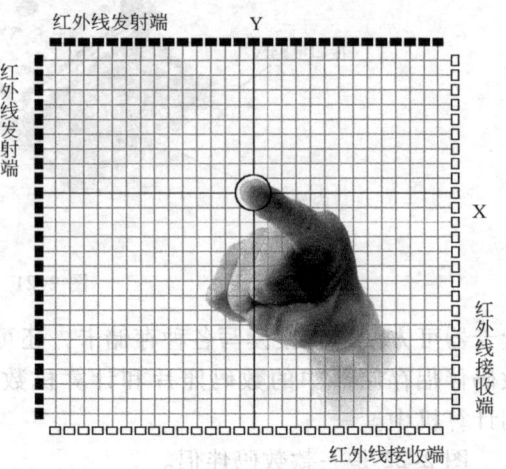

图 2-23 红外线触摸屏工作原理示意图

2. 电容触摸屏

电容触摸屏利用电容量的改变进行检测。当人体触摸该触摸屏时，与触摸屏相连的振荡回路中的电容量发生改变，从而会破坏振荡的条件，这种变化被触摸屏控制电路检测并转换成触摸信号和坐标数据。

电容触摸屏的结构示意图见图 2-24。

电容触摸屏由 4 层材料复合而成。外表面是 1.5μm 厚的矽土玻璃，起保护作用；夹层的上下两面各涂有 ITO 透明导电层，上面的 ITO 透明导电层是工作层面，四角各有一个电极引出，连接到振荡回路中。夹层下面的 ITO 透明导电层是触摸屏的内表面，起屏蔽和保护作用。

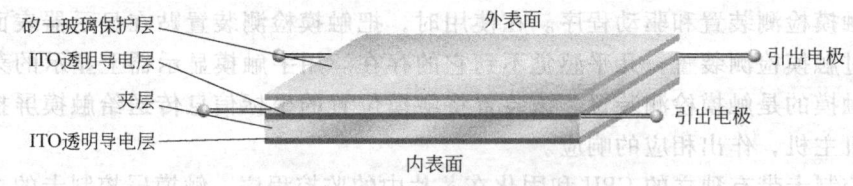

图 2-24 电容触摸屏的结构

当手触摸电容触摸屏时，手指会改变工作层面的电容量，而分布于工作层面的四个引出电极则对触摸位置的容量变化作出反应。距离触摸位置远的电极感应微小，而距离触摸位置近的电极则感应强烈。这种差异经过精密的运算和变换，形成触摸位置的坐标数据。

电容触摸屏在使用时，会产生以下几种现象：

1) 手持金属导体靠近电容触摸屏时，容易发生误动作。

2) 空气的湿度对电容触摸屏会产生一定影响。例如，在空气湿度过大的环境中，当身体其他部位靠近电容触摸屏，并未用手指触摸时，易产生误动作。在过于干燥的环境中，电容触摸屏的灵敏度会降低，有时会发生不动作的现象。

3) 手持绝缘物体或带手套，触摸屏不动作。

4) 环境的温度、湿度、强电场、大功率发射与接收装置、附近摆放大型金属物体等都会影响电容触摸屏的工作稳定性。

3. 电阻触摸屏

电阻触摸屏是一种具有一定电阻的薄膜，薄膜呈透明状态，使用时，将其贴在显示器的正面。电阻触摸屏的结构如图2-25所示。

电阻触摸屏采用多层复合结构，由玻璃或有机玻璃作为基膜，在基膜上涂覆两层ITO透明导电层，导电层之间留有缝隙（小于1/1000in），互相绝缘。

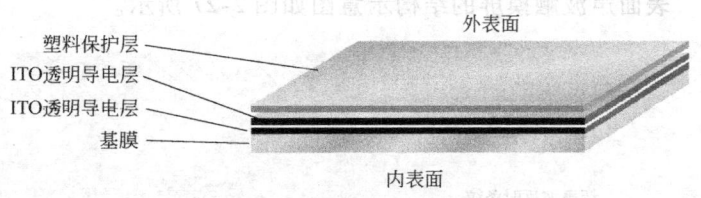

图2-25 电阻触摸屏的结构

在最外面，涂覆透明、光滑、且耐磨损的塑料保护层。电阻触摸屏的工作原理如图2-26所示。

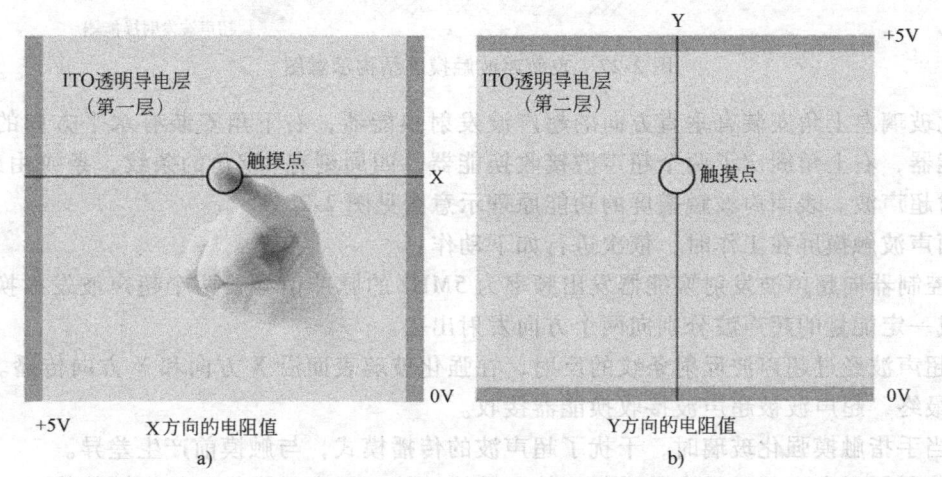

图2-26 电阻触摸屏的工作原理
a）第一层导电层 b）第二层导电层

当手指触摸电阻触摸屏时，靠近外表面的ITO透明导电层（图2-26a为第一层）由于受压而发生凹陷，与下面的ITO透明导电层（图2-26b为第二层）接触，接通电路。由于ITO透明导电层有一定的电阻，该接触点与ITO透明导电层边缘的距离与电阻值有一定的比例关系，因此，通过计算X方向和Y方向的电阻值，就可知道触摸位置的坐标数值。

由于电阻触摸屏不靠外界感应，只靠检测内部电阻率的变化而得到触摸位置的坐标数值，而且有良好的封装保护，因此，电阻触摸屏对环境的要求不太苛求。在封装完好的情况下，灰尘、潮湿与干燥都没有太大影响，亦可使用任何不伤及表面材料的物体触摸电阻触摸屏。但要注意，若使用尖锐锋利的工具，或者使用对塑料有腐蚀作用和化学作用的试剂或液体擦拭电阻触摸屏，会损伤电阻触摸屏。

4. 表面声波触摸屏

表面声波触摸屏是一种利用表面声波的频率特性进行坐标识别的装置。所谓"表面声波"，是指在刚性介质表面（例如玻璃、金属等）进行浅层传播的机械能量波，它是超声波的一种。表面声波的特点是：性能稳定，受外界干扰小，在传播时具有尖锐的频率特性。

表面声波触摸屏主要由3部分组成：

1）强化玻璃。纯粹的强化玻璃，安装在显示器前面。形状是纯平面、柱面或球面。

2）超声波发射换能器和接收换能器。用于发射和接收超声波。

3）控制器。用于检测和输出触摸位置的坐标数值、触摸压力的数值，并为超声波发射换能器提供频率为5MHz的脉冲信号。

表面声波触摸屏的结构示意图如图2-27所示。

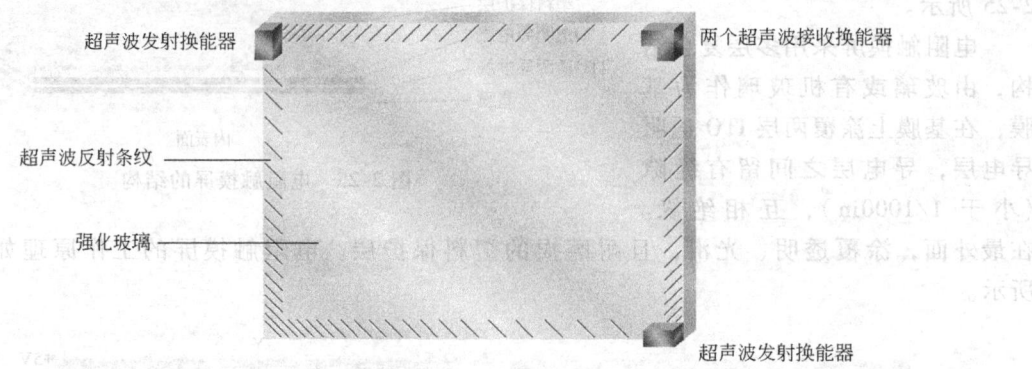

图2-27　表面声波触摸屏结构示意图

强化玻璃左上角安装有垂直方向的超声波发射换能器，右下角安装有水平方向的超声波发射换能器，右上角固定了两个超声波接收换能器。四周刻有45°角的条纹，条纹由疏到密，用来反射超声波。表面声波触摸屏的功能原理示意图见图2-28。

表面声波触摸屏在工作时，依次进行如下动作：

1）控制器向超声波发射换能器发出频率为5MHz的脉冲信号，两个超声波发射换能器将其转换成一定能量的超声波分别向两个方向发射出去。

2）超声波经过超声波反射条纹的反射，在强化玻璃表面沿X方向和Y方向传播。

3）最终，超声波被超声波接收换能器接收。

4）当手指触摸强化玻璃时，干扰了超声波的传播模式，与触摸前产生差异。

5）控制器对产生差异的参数进行比较和计算，从而得出触摸位置的坐标数值。

6）将坐标数值传送到主机中。

参见图2-28a，位于强化玻璃左上角的超声波发射换能器向下发射超声波，经过边缘的超声波反射条纹的反射，在强化玻璃表面沿X方向传播，遇到右侧的超声波反射条纹后向上传播，被超声波接收换能器接收。Y方向的传播原理参见图2-28b。

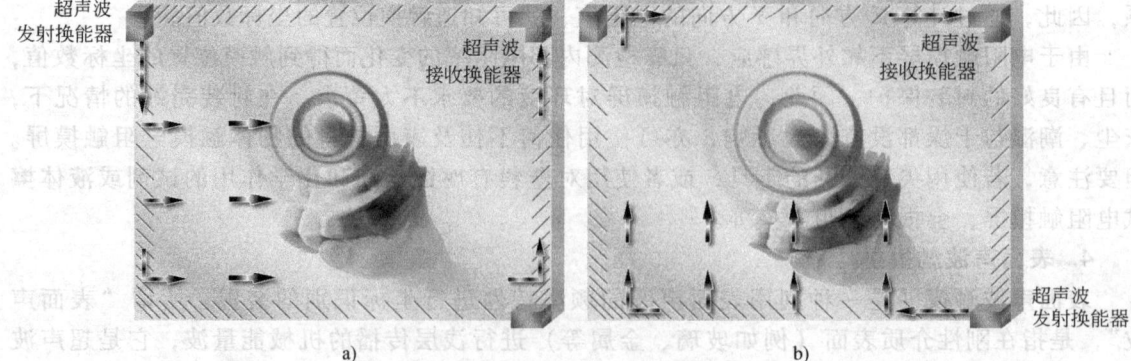

图2-28　表面声波触摸屏的功能原理示意图
a）X方向表面声波　b）Y方向表面声波

由于表面声波的传播非常平稳，因此，控制器通过测量声波衰减时（即触摸时刻引起的干扰）在时间轴上的位置，能够精确地计算出触摸位置的坐标数值，其精度非常高。

表面声波触摸屏的特点是：

1）采用超声波进行坐标测量，不易受外界干扰。

2）触摸装置结构简单，只是一块刻有条纹的强化玻璃，耐磨损、耐腐蚀，不需要各种涂层和保护膜。

3）坐标精度高。

4）可探测触摸压力的变化，具有 Z 轴（压力轴）的响应能力。因此，表面声波触摸屏又属于矢量压力触摸屏中的一种。

5. 矢量压力触摸屏

矢量压力触摸屏是一种全方位检测触摸屏。可以检测触摸点在空间的各项参数，例如触摸点的坐标和触摸压力，最后将参数送到计算机主机中进行处理。其功能示意图见图 2-29。

从图 2-29 中看出，在 X 轴和 Y 轴构成的平面上，触摸点的具体坐标位置是 x_1 和 y_1，确定了触摸点在平面上的位置。Z 轴是压力轴，触摸点在 Z 轴上的纵深程度表示了压力的大小。

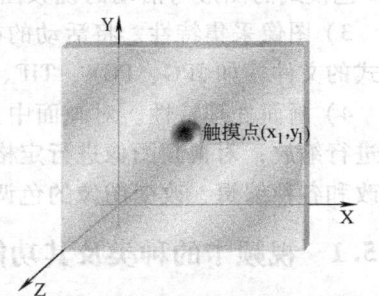

图 2-29　矢量压力触摸屏的功能示意图

能够感受压力大小的触摸屏并不多见，表面声波触摸屏就是其中的一种。表面声波触摸屏之所以有感知压力的能力，主要得益于超声波的应用。超声波在触摸点会发生衰减，通过对衰减量的定量测量，即可知压力的大小。使用者手指按下的力量越大，超声波的波形衰减就越大，波形图上的低谷就越低，谷口也越宽，就像火山坑。控制器对这些波形的数据进行分析和处理，即可得到压力数据，进而送到计算机进行相应的控制。

表 2-5 是常见触摸屏的性能比较一览表。

表 2-5　常见触摸屏性能比较一览表

性　　能	红 外 线	电　容	电　阻	表 面 声 波
清晰度	高	一般,有些模糊	一般,有些模糊	高
透光率(%)	100	85	55	最大 92
反光率	低	中	中	低
分辨率/像素	79×63	1024×1024	1024×1024	4096×4096
色彩失真	无	有	有	无
触摸位置	左上角	中心	中心	智能判断
坐标系	二维直角	自定义二维极坐标,无原点	二维直角	三维直角
压力轴响应	无	无	无	有
反应速度/ms	50~300	15~24	10~20	10
漂移	无	有	无	无
材料	透光外壳	四层复合膜	有机玻璃板基	强化玻璃
抗干扰特性	避强光使用	远离电磁场	好	好
易磨损	不易磨损	怕硬性碰撞	怕刮、撞、锐器	不易磨损
触摸次数	受传感器制约	2000 万次	100 万次	5000 万次
日常维护	清洁外壳	参数校准	不需要	不需要

2.5 视频卡

视频卡专门用于对视频信号进行实时处理，又叫视频信号处理器。视频卡插在主板的扩展槽内，需要安装驱动程序，借助视频处理软件工作。可以对视频信号（激光视盘机、录像机、摄像机等设备的输出信号）进行数字化转换、编辑和处理，以及保存数字化文件。

视频卡一般具有以下4个基本特性：

1）视频输入特性。支持 PAL 制式、NTSC 制式和 SECAM 制式的视频信号模式，利用驱动软件的功能，可选择视频输入的端口。

2）图形与视频混合特性。以像素点为基本单位，精确定义编辑窗口的尺寸和位置，并将256色模式的图形与活动的视频图像进行叠加混合。

3）图像采集特性。将活动的视频信号采集下来，生成静止的图像画面。图像可采用多种格式的文件，如 JPG、PCX、TIF、BMP、GIF、TGA 等格式。

4）画面处理特性。对画面中显示的图像或视频信号进行多种形式的处理。例如，按照比例进行缩放；对视频图像进行定格，然后保存画面或调入符合要求的图像；对画面内容进行修改和各种编辑，改变图像的色调、色饱和度、亮度，以及对比度等。

2.5.1 视频卡的种类及其功能

视频卡是视频信号处理设备的统称，按照功能划分，有以下几种常见的视频卡：

1）视频转换卡。将计算机的 VGA 显示信号转换成 PAL 制式、NTSC 制式或 SECAM 制式的视频信号，输出到电视机、视频监视器、录像机、激光视盘刻录机等的视频设备中。

2）视频捕捉卡。将视频信号源的信号转换成静态的数字图像信号，进而对其进行加工和修改，并保存为标准格式的图像文件。

3）动态视频捕捉卡。对动态影像进行实时响应，并将其转换成压缩数据存储，还可重放影像。常用于现场监控、安全保卫、办公室管理等场合。

4）视频压缩卡。采用 JPEG 和 MPEG 数据压缩标准，对视频信号进行压缩和解压缩处理，主要用于制作视频演示片段、录像带转换 VCD 光盘、商业广告、旅游介绍等场合。

5）视频合成卡。把计算机制作的文字、图片以及字幕叠加到模拟视频信号源上，常见的模拟视频信号源有录像、光盘、摄像、电视等。利用视频合成卡提供的功能，可轻松地制作电视字幕、带解说词和标题的家用录像带，以及 VCD 的视频素材等。

在选择视频卡时，以下几项应予以注意：

1）输入输出信号模式。应确定视频卡使用何种信号模式，常见的信号模式有 PAL 制式和NTSC 制式。为了追求较高的图像品质，一般采用 NTSC 制式，并要求使用 S 信号端子。

2）画面分辨率。视频卡的画面分辨率应与电视画面扫描线接近，一般采用 640×480 像素的画面分辨率，某些场合也可采用 800×600 像素的画面分辨率。

3）颜色模式。为了使图像色彩丰富而不失真，要有足够的色彩数量。而色彩数量与视频卡的 VRAM（Video RAM）容量有关，容量大，彩色数量多，失真小，品质高。

4）图像文件格式。视频卡应支持尽可能多的图像文件格式，例如常用的 JPEG、PCX、TIF、BMP、GIF、TGA 等。视频卡支持的图像文件格式越多，适用性越强。

2.5.2 视频卡的结构原理

视频卡的种类较多，各卡之间存在结构上的差异，原理也不尽相同，这里以视频压缩卡为例，介绍其基本结构和原理。视频压缩卡的结构原理图见图2-30。

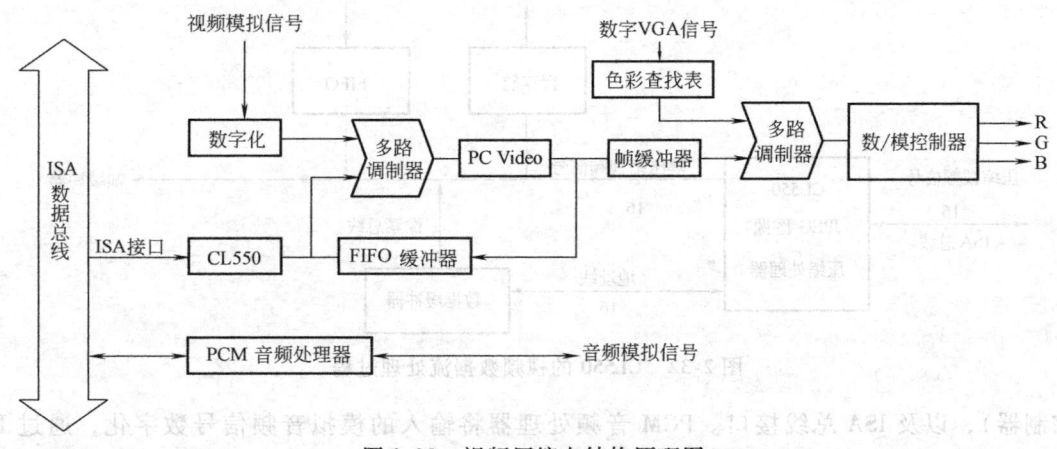

图2-30 视频压缩卡结构原理图

1. 输入信号

视频压缩卡的输入信号之一——视频模拟信号，经过数字化变换，产生16bit的RGB信号，接入控制电路；视频压缩卡的另一个输入信号——数字RGB信号，从显示卡上接入，经过色彩查找表的处理，也产生16bit的RGB信号。

2. PC Video（视频控制器）

视频控制器包含读、写和刷新VRAM（帧缓冲器）的所有控制线和地址线。PC Video接收多路调制器输出的数字化视频信号流，经过像素运算，对图像进行缩放、剪裁和定位，然后把结果写入帧缓冲器中。

3. VRAM（帧缓冲器）

帧缓冲器用于存储视频数据，由两组VRAM构成，每组4个256KB存储芯片。其结构原理示意图如图2-31所示。

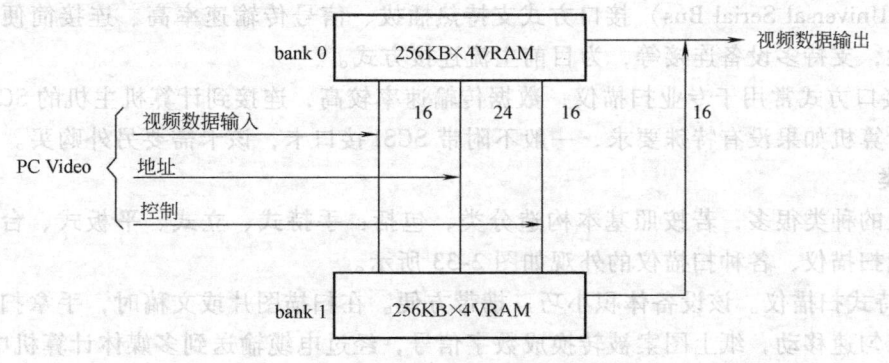

图2-31 帧缓冲器结构原理图

4. CL550（JPEG压缩处理器）

JPEG压缩处理器通过ISA接口接收从数据总线送来的16bit视频数据，经过CL550的压缩，形成JPEG格式，写入主机的硬盘存储器中。除了压缩视频数据的功能以外，CL550还完成视频数据解压缩的过程。CL550的视频数据流处理过程如图2-32所示。视频压缩卡上的CL550采用20MHz的时钟频率，总线传输速率为2Mbit/s。

5. AD7569（PCM音频处理器）

PCM音频处理器由AD7569芯片构成，内含DAC（数/模转换控制器）、ADC（模/数转

43

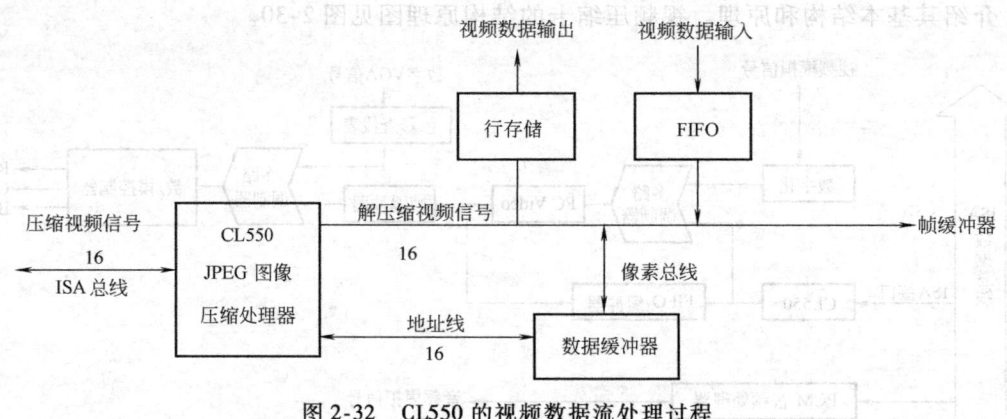

图 2-32 CL550 的视频数据流处理过程

换控制器),以及 ISA 总线接口。PCM 音频处理器将输入的模拟音频信号数字化,通过 ISA 总线传送到主机的硬盘存储器;PCM 音频处理器的输出既可以是内部 ADC(模/数转换控制器)的输出,也可以是硬盘送过来的音频数据。

2.6 扫描仪

扫描仪是一种图形输入设备,由光源、光学镜头、光敏元件、机械移动部件和电子逻辑部件组成。该设备主要用于输入黑白或彩色图片资料、图形方式的文字资料等平面素材。配合适当的应用软件后,扫描仪还可以进行中英文文字的智能识别。

2.6.1 扫描仪概述

1. 连接方式

扫描仪与多媒体个人计算机的连接多采用 USB 接口方式和 SCSI 接口方式。

USB(Universal Serial Bus)接口方式支持热插拔、信号传输速率高、连接简便、具有良好的兼容性,支持多设备连接等,为目前主流连接方式。

SCSI 接口方式常用于专业扫描仪,数据传输速率较高,连接到计算机主机的 SCSI 接口卡上。个人计算机如果没有特殊要求,一般不附带 SCSI 接口卡,该卡需要另外购买。

2. 种类

扫描仪的种类很多,若按照基本构造分类,包括:手持式、立式、平板式、台式、滚筒式和多功能扫描仪,各种扫描仪的外观如图 2-33 所示。

1)手持式扫描仪。该设备体积小巧、携带方便。在扫描图片或文稿时,手拿扫描仪在图片或文稿上匀速移动,纸上图案被转换成数字信号,经过电缆输送到多媒体计算机中。

2)立式胶片扫描仪。该设备专门用于扫描照相底片,可以将负片直接扫描成正片。有 35mm、4in×5in 等规格,用于摄影、照片洗印等领域。

3)平板式扫描仪。这是应用最普遍的扫描仪。把透明玻璃作为工作面,图片或文稿置于工作面上,扫描部件在驱动软件的控制下进行扫描。平板式扫描仪使用 CCD(Charge Coupled Device)作为光电转换元件,CCD 上光敏单元的个数决定了扫描仪的分辨率。

4)台式扫描仪。台式扫描仪由高档平板式扫描仪和支架组成,台式扫描仪带有自动更换扫描稿、双面扫描等功能,通常用于扫描量大的场合。

5)滚筒式扫描仪。这是专业扫描仪,体积很大。具有扫描清晰度高、彩色还原逼真、大

图 2-33 各类扫描仪外观

幅面、超高分辨率等特点。该扫描仪使用光电倍增管进行光电转换,分辨率和灵敏度极高,可获得质量很高的扫描图像。扫描时,图片贴在滚筒上旋转,图片被转换成数字信号。

6)多功能扫描仪。这是集扫描、传真和打印等多种功能于一身的"多用机"。多用机常用于企业与公司的办公环境,与多台专门设备相比,可节省办公桌的使用面积。但由于多用机的集成度高、功能部件多,因此在其中一种功能发生故障时,会影响到整台设备的正常使用。

按照扫描原理分类,扫描仪有反射式扫描、透射式扫描和混合式扫描 3 种类型。

1)反射式扫描。手持式扫描仪、平板式扫描仪和台式扫描仪均属于这一类。扫描时,光源照亮原稿,经过反射被 CCD 接收,形成电信号,随后经过译码处理生成图像数据。这种扫描仪不适宜扫描透明稿件。

2)透射式扫描。胶片扫描仪属于这类扫描仪。扫描对象是透明原稿,如彩色胶片、照相底片负片、投影胶片等。扫描时,光线透过原稿被 CCD 接收,形成电信号,经过译码生成图像数据。由于负片色彩与正常颜色互补,因此透射式扫描仪带有颜色补正装置,将数字图像还原成正常颜色。透射式扫描仪的扫描分辨率和精度非常高,适应尺寸较小的照片底片。

3)混合式扫描。这种扫描仪既能进行反射式扫描,也能进行透射式扫描。混合式扫描仪由普通平板扫描仪和安装在顶部的同步光源部件组成,看起来就像装有一个厚盖的设备,其外观见图 2-34。

2.6.2 基本工作原理

1. 反射式扫描

大多数平板扫描仪采用反射式扫描原理,扫描仪的内部结构和工作原理如图 2-35 所示。

图 2-34 混合式扫描仪

在平板扫描仪的内部,有一个由步进电动机驱动的可移动拖架,拖架上有光源、反射镜片、透镜和 CCD 光电转换元件等。扫描时,原稿固定不动,拖架移动,其上的光源随拖架移动,光线照射到正面向下的原稿上,其过程类似复印机。图片反射回来的光线通过反射镜片反射到透镜上,经过透镜的聚焦,投影到 CCD 光电转换元件上,

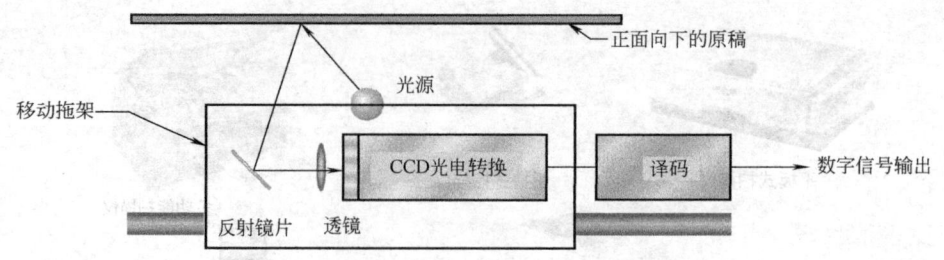

图 2-35 反射式扫描仪结构和工作原理示意图

经过光电转换形成电信号，然后进行译码，将数字信号输出。

CCD 由三行光敏元件矩阵组成，分别对应 R（红色）、G（绿色）和 B（蓝色）三个颜色过滤器。拖架每向前移动一行，控制电路快速切换三行矩阵，使每行矩阵的光敏元件依次对原稿上的 R、G、B 三色进行扫描，并转换成电信号。当拖架继续移动时，重复上述过程，又会得到下一组 RGB 电信号。RGB 电信号随时被译码电路进行混色处理，然后以数字形式发送到计算机主机中。

2. 透射式扫描

采用透射式扫描原理的扫描仪一般有专用胶片扫描仪和混合式扫描仪两类。

1）专用胶片扫描仪。这种扫描仪的结构紧凑，与反射式扫描仪有所不同。反射镜片、透镜、CCD 光电转换元件和光源安装在固定架上，不能移动，可移动的是胶片原稿。其结构和工作原理示意图如图 2-36 所示。

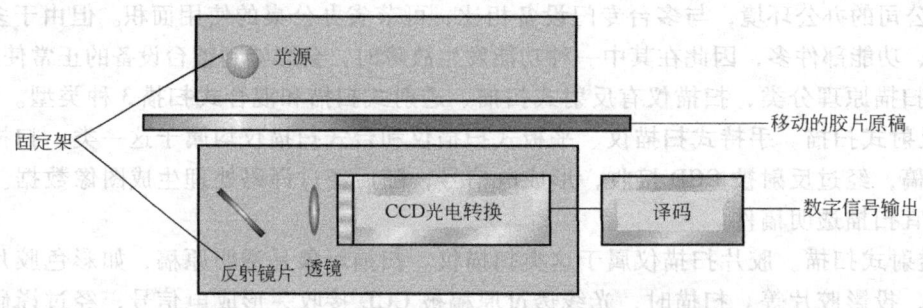

图 2-36 专用胶片扫描仪的结构和工作原理示意图

扫描时，固定在移动架上的胶片原稿缓慢移动，光源的光线透过胶片照射到反射镜片上，经过反射、聚焦，由 CCD 光电转换元件转换成电信号，最后经译码传送到主机中。专用透射式扫描仪可把扫描的负片转换成正片信息传送到主机中。

2）混合式扫描仪。在普通平板扫描仪上增加一个带有独立光源和相应机构的配件，该扫描仪就具备了透射式扫描的特点，可扫描胶片的正片和负片。混合式扫描仪的结构和工作原理示意图如图 2-37 所示。

在扫描时，胶片原稿固定不动，移动拖架在步进电动机的带动下移动，顶部的独立光源也同步地随之移动。该光源的光线穿透胶片照射到移动拖架上的反射镜片、透镜和 CCD 光电转换元件上，变成电信号。最后经过译码，把数字化图像送到主机中。

由于混合式扫描仪实际上就是一台平板扫描仪，其光学扫描分辨率一般在 1200～2400dpi 之间（远不如专用胶片扫描仪高），所以用它扫描小尺寸的 35mm 胶片的效果一般。

3. 扫描仪的技术指标

（1）扫描分辨率

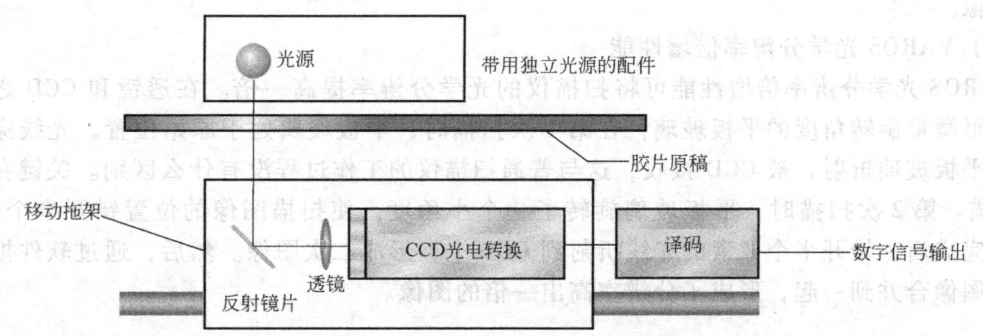

图 2-37 混合式扫描仪的结构和工作原理示意图

扫描分辨率的单位是 dpi，意思是每英寸能分辨的像素点。例如，某台扫描仪的扫描分辨率是 1200dpi，则每英寸可分辨出 1200 个像素点。dpi 的数值越大，扫描的清晰度就越高。

扫描分辨率分为光学分辨率和逻辑分辨率两种。光学分辨率是扫描仪中光学镜头和 CCD 的固有分辨率，是衡量扫描仪性能优劣的重要指标；逻辑分辨率又叫"插值分辨率"，通过科学算法在两个像素之间插入计算出来的像素，以达到提高分辨率的目的。逻辑分辨率的数值一般大于光学分辨率的数值。

（2）色彩精度

扫描仪在扫描时，把原稿上的每个像素用 R（红）、G（绿）、B（蓝）三基色表示，而每种基色又分若干个灰度级别，这就是所谓的"色彩精度"。色彩精度越高，灰度级别就越多，图像越清晰。

（3）扫描速度

扫描速度也是衡量扫描仪性能优劣的一个重要指标。在保证扫描精度的前提下，扫描速度越高越好。扫描速度主要与扫描分辨率、扫描颜色模式和扫描幅面有关，扫描分辨率越低，幅面越小，单色，扫描速度越快。计算机系统配置、扫描仪接口形式、扫描分辨率的设置、扫描参数的设定等都会影响扫描速度。

（4）内置图像处理能力

不同的扫描仪有不同的内置图像处理能力，高档扫描仪的内置图像处理能力很强，很少或无需人为干预。内置图像处理能力体现在以下几方面：

1）伽玛校正——用于补偿显示器、打印机的色彩线性偏差。

2）色彩校正——用于调整点阵打印机、热升华打印机、喷墨打印机、显示器的色彩平衡。

3）亮度等级——一般为 7 级，可根据需要调整扫描仪的亮度等级。

4）线性优化——对图像、文本进行优化扫描，保证最佳效果。通常采用固定阈值和 TET（文本增强技术）进行优化。

5）半色调处理——采用多种误差扩散模式和浓淡处理模式，对半色调进行数字化处理。

（5）智能去网

扫描印刷品时，印刷网纹也被扫描，因而图像伴有这种网纹。使用图像处理软件和某些品牌的扫描仪可以去掉网纹。扫描仪把图像网点转换成电脉冲，其脉冲宽度与网点的大小对应，两个脉冲之间的距离就是网点间距。同时，扫描仪根据网点间距生成网格，其密度与图像网点的密度相等。然后，对网格内部的数据进行平均化处理，就可舍弃网点，得到相对纯净的图像。

(6) VAROS 光学分辨率倍增性能

VAROS 光学分辨率倍增性能可将扫描仪的光学分辨率提高一倍。在透镜和 CCD 之间安装一块可微量旋转角度的平板玻璃，在第 1 次扫描时，平板玻璃处于原始位置，光线穿过透镜，经平板玻璃折射，被 CCD 接收，这与普通扫描仪的工作过程没有什么区别。关键在于第 2 次扫描。第 2 次扫描时，平板玻璃旋转了一个小角度，使扫描图像的位置错开半个像素，当扫描完成后，错开半个像素的光线折射到 CCD 上，形成二次图像。然后，通过软件把两次得到的图像合并到一起，形成了分辨率高出一倍的图像。

2.7 数码照相机

数码照相机是一种数字化成像设备，在制作多媒体产品时，数码照相机可以方便地摄取数字图片供加工和使用，简化了传统的"拍摄—洗印—扫描—图像处理"的繁琐过程。

2.7.1 种类

按照结构特点和成像质量划分，数码照相机有如下几种：

1) 消费级数码照相机（如图 2-38a 所示）。这种相机机身时尚、小巧、轻薄，通常采用 1000 万~2100 万像素的 CCD，配有 4GB~32GB 容量的存储卡，带有防抖动功能，照片尺寸足够大，照片色彩和清晰度可满足家庭一般需要。

2) 专业级数码照相机（如图 2-38b 所示）。这类相机以单反相机（单镜头反光照相机）为主，可随意更换不同焦段的镜头，某些镜头和机身带有防抖动功能。采用 1000 万~3200 万像素的 CCD 或 CMOS，可使用 8GB~32GB 的存储卡。照片成像质量高，锐度好，色彩表现完美，较常见的有 Nikon、Canon 等品牌。适用于专业摄影、广告与人像摄影、以及数码艺术作品。

图 2-38　数码照相机外观
a) 消费级数码照相机　b) 专业级数码照相机

2.7.2 结构特点

数码照相机主要由光学镜头、取景框、CCD、译码器、存储器、数据接口和电源等部件构成，其基本结构见图 2-39。

数码照相机的光学镜头分定焦镜头（固定焦距）和变焦镜头（可变焦距）两大类。小巧的卡片式数码照相机多采用定焦镜头或变焦范围不大的变焦镜头；中高档数码照相机一般采用变焦镜头；专业数码照相机则采用可更换的定焦镜头和变焦镜头。数码照相机的光学镜头在镜头镀膜和结构方面有其特殊的加工工艺，使其更适合数码成像的需要，起到增加锐度、提升色彩饱和度、去除紫外线、鬼影和光斑的作用。

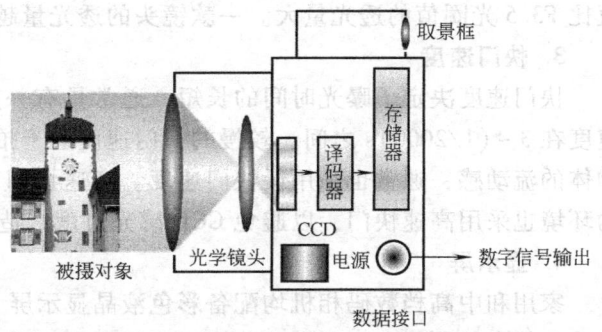

图2-39 数码照相机的基本结构

取景框用于对准拍摄物。大多数家用数码照相机采用液晶屏取景，有些甚至取消了光学取景框。使用光学取景框取景时，在与被摄物体很近的情况下，实际拍摄到的景物与看到的有一定偏差，需观察取景框上的修正线予以补正。专业数码照相机一般采用单镜头反光方式，把镜头中摄取的实际影像反射到取景框中，使观察到的影像与实际影像一致。

相机内部的数字化器件主要有：CCD或CMOS感光元件、译码器、存储器等。CCD或CMOS把自然光变成电信号，然后经译码器把电信号转换成数字信号，最后保存到存储器中。电池为相机提供电源，常采用可反复充电的锂电池。

2.7.3 技术指标

1. CCD像素数量

数码照相机内部的CCD或CMOS是光电转换元件，负责把可见光转换成电信号。CCD或CMOS所具有的光敏单元（像素）数量是衡量数码照相机画幅大小的重要指标，像素数量越多，数码照片的画幅越大，记录的细节越多，图像越清晰。

图2-40是数码相机使用的CCD外观。

像素的多少不是衡量数码相机的唯一指标，不同档次的数码相机使用的CCD或CMOS不尽相同，同样都是1000万像素，家用相机和专业相机的画面质量差异很大。决定画面清晰度和色彩还原度优劣的关键是CCD或CMOS的光电转换性能和感光面积。

2. 光学镜头的规格与性能

光学镜头的规格和性能决定了成像的质量。专供数码相机使用的光学镜头有以下性能特点：

1）定焦镜头的焦距以mm为单位，如35mm、50mm。

2）变焦镜头有多种变焦范围，通常用于单反数码相机。常见的变焦镜头有：17~70mm，18~200mm，70~200mm，100~500mm等。其中，18~200mm变焦镜头由于焦距段覆盖面大，可适用于各种场合，价格适中，出门采风只需带一个镜头即可，被人们戏称为"一镜走天下"，备受广大摄影爱好者青睐。

图2-40 数码相机使用的CCD外观

3）镜头的防抖动功能用于单反数码相机，这是由于大多数专业数码相机的机身不带防抖动功能的缘故。镜头的防抖动功能可使快门速度降低2~3档，使拍照更容易驾驭，减少照片"脱焦"现象。"脱焦"现象是指照片虚化，不能准确对焦的现象。

4）镜头的光圈是数码相机控制光线的窗口，光圈数值越小，透光量越大，如F2.8光圈值比 F3.5 光圈值的透光量大。一款镜头的透光量越大，价格也越昂贵。

3. 快门速度

快门速度决定了曝光时间的长短，通常具有一定选取范围。例如，某数码照相机的快门速度在 3~(1/2000)s 之间。较慢的快门速度适于拍摄静止的、光线较暗的物体，若希望表现物体的流动感，通常也采用慢快门速度。高速快门一般用于拍摄运动的物体，光线过于强烈的环境也采用高速快门，以避免 CCD 感光过度，造成图像失真。

4. 显示屏

家用和中高档数码相机均配备彩色液晶显示屏（LCD），供拍照构图和浏览照片。LCD 的尺寸和像素数量越大，观察图片就越轻松。专业单反数码相机也有 LCD，但某些品牌的相机不能用来拍照构图，只能用于浏览照片和设置拍摄参数。LCD 的耗电量一般很大，为了节省电池，不拍照时，应关闭 LCD。

5. 存储卡

数码相机使用的存储卡多种多样，如表 2-4 中列出的 CF 卡、SD 卡、MS 记忆棒等。存储卡又叫压缩闪存卡（Compact Flash Memory Card），容量从 1GB~32GB 不等，专业单反相机多使用 CF 卡，消费级和入门级单反相机则多用 SD 卡。

除存储卡的容量以外，存储卡的存储速度也是重要指标，它直接影响数码相机拍照的速度。对于某些可摄像的相机而言，这一点显得更为重要。存储卡的存储速度越高，拍照等待时间越短，价格自然也越高。

6. 文件格式

数码相机拍摄的照片多采用 JPG 格式保存，专业数码相机也有采用 RAW 格式、TIF 格式保存照片的。JPG 格式是一种有损压缩格式，以很少的数据量记录彩色照片。RAW 和 TIF 格式是非压缩格式，能够保存彩色照片的原始数据，但数据量相当大。为了保存 RAW 和 TIF 格式的照片，数码相机必须配备容量相当大的存储卡。

7. 接口形式

数码照相机的接口形式主要有 4 种，可同时适合 PC 和 Mac 两种机型。

- USB 支持热插拔接口，现行接口形式。
- IEEE 1394 新型高速接口，现行接口形式。
- 串行通信接口，这是早期的接口形式。
- Video 输出接口（支持 NTSC 制式和 PAL 制式），供具有连续拍摄能力的数码相机使用。

某些数码照相机采用其中的一种，而某些数码照相机则同时具有两个或三个接口形式。

2.8 彩色打印机

彩色打印机是多媒体信息输出的常用设备，种类繁多。随着打印技术的发展，传统的打印概念在不断更新，新型打印机越来越多地采用高新技术，打印精度、彩色还原度和速度不断提高，价格不断降低。

2.8.1 彩色激光打印机

彩色激光打印机是一种高档打印设备，用于精密度很高的彩色样稿输出。与普通黑白激光打印机相比,彩色激光打印机采用四个鼓进行彩色打印,打印处理相当复杂,技术含量高,属于高科技的精密设备,其外观如图2-41所示。

1. 结构与原理

彩色激光打印机主要由着色部件、光导带、打印控制器、激光发生器、传送鼓、走纸滚筒,以及高温固化装置组成。

打印彩色样稿时,首先在光导带上通电,产生均匀的电荷。激光发生器根据打印图像数据发射对应的激光束,照射到光导带上,使光导带上相应的受光点放电,改变了电荷的均匀分布规律。由于光导带不断地移动,激光束不断地按照图像数据进行照

图2-41 彩色激光打印机外观

射,因而在光导带上形成与图像数据对应的放电区域,这些放电区域构成了数字图像的潜像。

当光导带继续前进,并从着色部件底部通过时,着色部件中的着色剂被光导带上的放电区域吸附,形成单色图像。随后,相同过程重复三次,分别将不同基色附着在光导带上,形成彩色图像。接着,光导带经过传送鼓和走纸滚筒之间,传送鼓将光导带上构成彩色图像的着色剂固着在走纸滚筒上的纸张表面。然后,附着彩色图像的纸张经过高温固化装置,在一定压力和温度下,使彩色着色剂固化在纸张上,至此,完成了彩色图像的打印。

彩色激光打印机的种类很多,彩色打印原理基本相同,存在差异的是打印幅面、使用纸张、打印速度、着色剂、外观尺寸等技术参数。

2. 技术参数

彩色激光打印机的主要技术指标如下:

1)打印速度——打印整幅样稿的速度,即打印机每分钟可打印的页数,以ppm作为计量单位。打印速度是衡量彩色激光打印机性能的重要指标,目前打印机的打印速度在8~25ppm之间。

2)打印精度——又叫打印分辨率,即每英寸打印多少个点,以dpi作为计量单位。目前,一般彩色激光打印机的打印精度是600dpi,高级的机型采用1200dpi的打印精度。

3)最大打印幅面——以A4幅面和A3幅面为主。A3幅面比A4幅面大一倍,打印A3幅面的打印机体积也大一些。

4)内存容量——彩色激光打印机自带内存,其容量值在4~200MB之间。内存容量越大,储存的打印信息越多,能大幅度减少计算机的负担,提高打印速度。

5)接口形式——目前,大多数彩色激光打印机采用并行数据通信接口,也有采用串行通信接口的,采用USB接口的机型较少。

2.8.2 彩色喷墨打印机

彩色喷墨打印机是目前最为普及的打印机,打印机使用4色、6色或更多色墨水,通过打印头把超微细墨滴喷在纸张上,形成彩色图像,外观如图2-42所示。

1. 打印机种类

按照使用场合划分,彩色喷墨打印机有家用型、办公型、专业型、照片专用型之分。随着使用场合的不同,打印机的性能也有所不同。

1)家用型。打印机特点是:结构简单,外形线条简捷、

图2-42 彩色喷墨打印机外观

明快，纸张幅面以 A4 为主。家用打印机成本低，具有良好的性能价格比，追求打印质量，把打印速度和打印噪声放在次要位置。

2) 办公型。特点是：机型结构坚固、耐用，带有大容量纸盒，打印速度快、精度高、噪声低，打印幅面大，有些机型支持网络共享打印，适合办公环境大批量打印的需要。

3) 专业型。主要用于彩色质量要求高的场合，例如打印商业广告、平面设计作品、彩色照片等。专业型彩色喷墨打印机具有很多明显的特点：其一，采用 6 色或更多色彩色墨水（黑色、青色、洋红色、黄色、淡青色、淡洋红色等），色彩丰富、灰阶过渡细腻；其二，彩色墨水采用"宝石级" 10 年耐光的产品，图片保存时间长；其三，打印头采用超精细墨滴技术，使墨滴达到 4pL($1pL = 10^{-12}L$)每英寸，在最高分辨率打印时，直观感觉无墨滴痕迹，即所谓"无点打印"；其四，采用高精度打印，分辨率非常高；其五，采用先进的驱动结构，实现低噪声打印；其六，高速、高精度双向打印。

4) 照片专用型。为输出小尺寸照片而设计。该类型打印机一般与数码照相机配套使用，可直接输出数码照相机的数字化图像，而无需经过计算机。照片专用型彩色喷墨打印机配合 6 色墨水和照片专用纸，打印精度高，彩色还原好。

2. 大幅面打印机

大幅面彩色喷墨打印机是为了满足大型标语横幅、灯箱广告、标牌的需要而设计的。大幅面彩色喷墨打印机又叫喷绘机，以便和普通家用喷墨打印机相区别。大幅面彩色喷墨打印机的基本原理与普通喷墨打印机大致相同，幅面宽、墨水量大、适应介质种类多是这种大幅面彩色喷墨打印机的特色。

图 2-43a 是一款大幅面彩色喷墨打印机。作为对比，图 2-43b 是普通喷墨打印机，从体积上可看出两者的差别。

3. 喷墨打印基本原理

彩色喷墨打印机的关键技术是喷墨打印头，其结构示意图见图 2-44。喷墨打印头的顶部是墨盒（图中未画出）。墨盒里的墨水靠重力作用流进墨仓，但不会从喷嘴喷出。打印数据经过译码和驱动电路，在微压电片上施加微电压，使墨滴从喷嘴喷出。喷出后的墨滴体积很小，没有任何星状散点，也不产生雾状扩散，而是精确地定位在相应的位置上，使图像的分辨率得以保证，从而提高了清晰度。

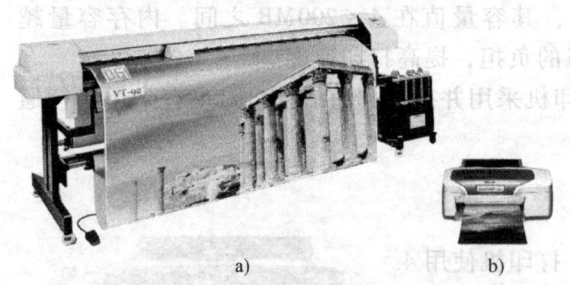
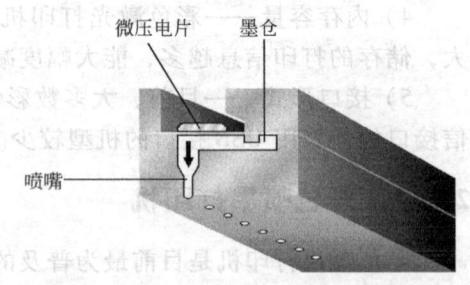

图 2-43 喷墨打印机
a) 大幅面彩色喷墨打印机　b) 普通喷墨打印机

图 2-44 喷墨打印头结构示意图

喷墨打印头的喷嘴数量很多，每一种基色对应一组喷嘴。以 EPSON STYLUS PHOTO 870 彩色喷墨打印机为例，该机使用 6 种基色墨水（黑色、青色、洋红色、黄色、淡青色、淡洋红色），每种基色对应 48 个喷嘴，则整个打印头共有 48×6 个喷嘴。每种基色在打印头中是不混合的，在墨滴喷射出来后混合在纸上，形成丰富的色彩组合。

影响打印质量的因素很多，如墨水质量、打印纸类型、打印模式的选择等。

4. 技术参数

1）打印头规格。采用微压电喷墨方式,并明确规定喷嘴数量和基色数量。例如,某彩色喷墨打印机的打印头规格是 48 喷嘴×6 色(黑色、青色、洋红色、黄色、淡青色、淡洋红色)。除此之外,还清楚地说明是否采用"双向逻辑查找"功能。

2）打印速度。它与打印纸张的规格、彩色/黑白模式、打印分辨率以及文字/图形内容等因素有关。影响打印速度的另一些因素是硬件、软件配置和图像传送速度。

3）打印分辨率。此项参数已经标准化,有些打印驱动程序甚至不标明 dpi 值,如经济打印模式(隔行打印,省墨,且打印速度快)、一般打印模式(1440dpi 打印分辨率)、精细打印模式(2880dpi 打印分辨率)等。选择打印分辨率时,应选择对应的打印纸类型。

4）打印纸规格。此项技术参数规定了彩色喷墨打印机能够使用的打印介质种类、尺寸、厚度以及产品代号。介质类型有普通纸、360dpi 喷墨打印纸、照片质量喷墨打印纸、高质量光泽照片纸、照片质量光泽胶片、喷墨透明胶片等。

5）接口形式。多数彩色喷墨打印机采用 USB 接口,也有个别的彩色喷墨打印机采用传统的并行数据通信接口。

6）墨盒规格。墨盒规格包括墨盒数量、墨水容量、在一定墨水覆盖率和标准分辨率的前提下打印标准样纸的页数。

7）工作环境。工作环境包括温度、湿度、声压 3 项。例如,某型号打印机的工作环境参数为:温度 10~35℃,湿度 20%~80%,(采用《ISO 9296 标准》)精细模式打印。

8）电源规格。包括额定电压、额定频率和耗电量 3 个参数。在我国,额定电压是 220V,额定频率是 50Hz,而耗电量因机型而异。

2.8.3 彩色热升华打印机

彩色热升华打印机是一种色彩还原非常好的打印机,打印的图像色调连续,具有透明感,图像质量与照片一致,甚至超过照片。彩色热升华打印机以往一直用于专业照片级的输出。近年来,彩色热升华打印机逐步降低成本,开始走向广阔的应用市场。

图 2-45 是一款家用彩色热升华打印机的外观。这种打印机是佳能公司生产的 Canon SELPHY DS700,可直接把 7 种存储卡插到该机配备的存储卡插槽中,从而直接打印。

彩色热升华打印机使用固态颜料,具有 YMC(黄、品红、青)三色,打印时,图像数据经过译码送往打印头,打印头随之产生瞬间高温,固态颜料经过打印头加热,蒸发成气态,附着在打印纸上,这一过程就是"热升华"过程。

图 2-45 彩色热升华打印机外观

彩色热升华打印机采用 YMC(黄、品红、青)三色颜料,黑色由 YMC 合成。在热升华过程中,附着着三色颜料的色带经过打印头,打印头根据图像数据改变瞬间温度,使颜料蒸发量产生差异,从而在打印纸上形成色调的均匀过渡和亮度的变化,生成高品质图像。

为了保证热升华成像的顺利完成,彩色热升华打印机使用特殊的热升华相纸,以受热感光方式生成照片。热升华相纸表面涂有一层特殊的涂层,可实现热像转移。在热升华打印机工作时,首先在热升华相纸上进行动态成像范围的定位,然后再将 YMC 三色分别蒸发到热升华相纸上,完成彩色图像的输出。

2.9 彩色投影机

彩色投影机简称投影机，是一种数字化设备，主要用于计算机信息的投影显示。使用彩色投影机时，通常配有大尺寸的幕布，计算机送出的显示信息通过投影机投影到幕布上。作为计算机设备的延伸，投影机在数字化、小型化、高亮度显示等方面具有鲜明的特点，目前正在被广泛地用于教学、广告展示、会议、旅游等很多领域。

2.9.1 投影机分类

按照结构原理划分，投影机主要有 4 大类：CRT（阴极射线管）投影机、LCD（液晶）投影机、DLP（数字光处理）投影机和 LCOS（硅液晶）投影机。

1. CRT 投影机

这是早期的投影机，采用 CRT（Cathode Ray Tube）阴极射线管。投影机的特点是：图像色彩丰富、柔和，工作稳定，具有较强的调整几何失真的能力。但是，由于受阴极射线管技术条件的制约，亮度不高，只适合在光线较暗的环境中使用，目前已基本淘汰。

2. LCD 投影机

LCD（Liquid Crystal Device）液晶投影机采用液晶作为显示元件。液晶是一种介于液体和固体之间的物质，该物质本身不发光，但在电场作用下，分子排列发生改变，透过液晶的光线就会受其影响而发生变化，从而观察到影像。

LCD 投影机分为液晶光阀投影机和液晶板投影机两类。

1）液晶光阀投影机。该机将传统的阴极射线管和先进的液晶光阀作为成像元件，为了提高亮度和分辨率，采用高亮度的外光源照射成像元件，进行被动式投影。该投影机是目前亮度最高、分辨率最大的大型豪华设备，其光通量高达 6000lm（流明），适用于环境明亮、人数众多的场合，例如大型娱乐场所、大型会议厅，以及指挥调度中心等。但是，该投影机体积大，不适于携带，价格也比较昂贵。

2）液晶板投影机。该机使用液晶板作为成像元件，具有独立的外光源，采用被动投影方式。液晶板投影机是目前使用最为广泛的设备，体积小，重量轻，便于携带，配有遥控器，操作方便，外观如图 2-46 所示。

液晶板投影机被广泛用于课堂教学、会议、国际互联网影像重现、商业广告、影视等领域。由于液晶板投影机使用广泛，人们干脆就把它叫做"LCD 投影机"。

图 2-46 液晶板投影机外观

3. DLP 投影机

DLP（Digital Light Processing），意为"数字光处理"。它以 DMD（Digital Micromirror Device）数字微镜面作为成像元件，在图像灰度、色彩等方面达到很高的水准。

DLP 投影机具有体积小、画面稳定、颜色过渡均匀、无图像噪声、可精确地再现图像细节、可随意变焦、调节便利、光效率高等特点。

4. LCOS 投影机

LCOS（Liquid Crystal On Silicon）意为"硅液晶"。LCOS 投影机是采用全新的 LCOS 技术

的投影机，该技术采用 CMOS 集成电路芯片作为液晶板的基片，不仅大幅度提高了液晶板的透光率，从而增加了投影亮度，而且实现了更高的分辨率和更丰富的色彩。最重要的是，采用 CMOS 集成电路芯片作为液晶板的基片可降低成本，使投影机的应用更为广泛，更具竞争力。

2.9.2 基本原理

以常见的 LCD 液晶板投影机为例，参见图 2-47。

投影机具有独立的外光源。高亮度光线照射到三基色液晶板上，每块液晶板受到与数字图像对应的电场作用，其分子排列发生相应改变，透过液晶板的光线就会发生相应变化，经过混色、聚焦镜头的聚焦，彩色图像被投射出去。

LCD 液晶板的透光率是影响投影光线强度的关键因素，要想进一步提高投影机的亮度，只有提高液晶板的透光率，但这受到液晶技术发展的限制。而 DLP 投影机在原理和技术上解决了亮度问题。

DLP 投影机的基本原理见图 2-48。

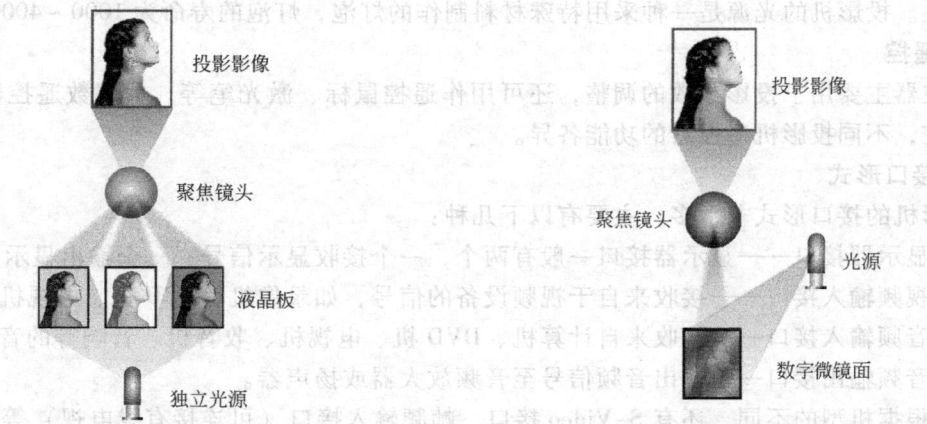

图 2-47　LCD 投影机基本原理　　　　　图 2-48　DLP 投影机基本原理

DLP 投影机采用数字微镜面作为成像元件，光源的光线照射到数字微镜面表面，然后反射到聚焦镜头。在数字微镜面上连续、快速地显示的数字图像像素经过反射和聚焦组成了图像。增加亮度的关键是：数字化的微镜面表面光洁度很高，能够把光源的大部分光线反射出去，可得到很高的投影亮度。

2.9.3 主要技术指标

1. 光通量

光通量的计量单位是 lm。测量光通量的方法是：在测试屏幕上均匀分布 9 个测量点，分别测量各个点的光通量值，然后取其平均值作为投影机的光通量值。

2. 对比度

对比度是投影画面最亮区和最暗区的亮度之比，对比度高的投影机灰度层次丰富、画面色彩鲜艳。对比度低的投影机色彩灰暗，轮廓不清晰，视觉效果不佳。

3. 均匀度

均匀度是指投影画面四角区域和中心区域亮度的比值。均匀度越高，画面的明暗区域越不明显。影响均匀度的主要因素是光学镜头，好一些的投影机均匀度在 95% 以上。

4. 分辨率

分辨率由成像元件决定，单位是像素。常见分辨率是：1024×768像素、1280×1024像素。一台投影机可以多种分辨率工作，但最佳分辨率只有一个，这就是"标准分辨率"。当计算机的显示信号与投影机的标准分辨率相符时，图像最清晰，没有失真。否则清晰度和色彩都差一些。

5. 行频

水平扫描的频率叫做"行频"，单位是Hz（赫兹）。一般投影机的行频在50~100kHz之间，高档投影机的行频在100kHz以上。

6. 场频

垂直扫描的频率叫做"场频"，又叫"刷新频率"，单位是Hz。显示静态图像时，刷新频率越高，图像越稳定。刷新频率若低于50Hz，则有明显的闪烁感。当投影机显示视频图像时，刷新频率要求更高。

7. 光源寿命

液晶投影机采用独立的光源，由于光源亮度大、温升高、价格贵，因此光源的寿命受到普遍关注。投影机的光源是一种采用特殊材料制作的灯泡，灯泡的寿命为1000~4000h不等。

8. 遥控

遥控器主要用于投影参数的调整，还可用作遥控鼠标、激光笔等。大多数遥控器采用红外线遥控，不同投影机遥控器的功能各异。

9. 接口形式

投影机的接口形式非常多，主要有以下几种：

1）显示器接口——显示器接口一般有两个，一个接收显示信号，一个输出显示信号。
2）视频输入接口——接收来自于视频设备的信号，如录像机、VCD机、电视机等。
3）音频输入接口——接收来自计算机、DVD机、电视机、收音机、音响等的音频信号。
4）音频输出接口——输出音频信号至音频放大器或扬声器。
5）根据机型的不同，还有S-Video接口、帧频输入接口（可连接有线电视）等。

习题二

2.1　MPC是指什么？
2.2　MPC标准曾经有过几个等级标准？分别由谁公布的？
2.3　CD-ROM光盘驱动器是怎样记录信息的？信息记录在光盘的哪一面上？
2.4　CD-R和CD-RW分别具有什么读写性质？
2.5　存储卡和优盘是哪类存储器？
2.6　光盘刻录机的刻录速度、复写速度和读取速度为何不同？
2.7　显示器的显示分辨率和颜色数量与什么因素有关？
2.8　声卡在多媒体计算机中起什么作用？
2.9　在多媒体扩展设备中，触摸屏是输入设备还是输出设备？
2.10　扫描仪和数码相机中的CCD起什么作用？
2.11　彩色喷墨打印机是怎样实现彩色打印的？

第3章 美学基础

利用多媒体技术开发的产品,讲求美观、实用,并且应符合人们的审美观念和阅读习惯,这就是开发多媒体产品过程中要解决的美学问题。

美学不依赖于计算机知识,这门学科一直以来是美术设计的基础。在开发多媒体产品的过程中,人们已经不满足于那种千篇一律的呆板面孔,而是要在软件设计和开发中,运用美学概念,开发具有审美情趣的软件界面、设计符合人们视觉习惯的显示模式、实现使用方便的控制功能等特点的产品。

本章将从美学的角度简要介绍多媒体作品制作中需要遵循的基本规则和应注意的问题。

3.1 美学基本概念

美学不是抽象的概念,它是由多种因素共同构成的一项工程。通过绘画、对两个以上色彩的运用与搭配、设计多个对象在空间的摆放关系等具体的艺术手段,增加多媒体产品的人性化和美感。这就是美学中常说的3种艺术表现手段:绘画、色彩构成和平面构成。

3.1.1 什么是美学

美学是通过绘画、色彩和版面展现自然美感的学科。其中,绘画、色彩和版面被叫做美学设计三要素,而自然美感则是美学运用的最终目的。

在人类发展历程中,美学一直伴随着人们的生活。早期人类在自然景物上绘制各种岩画和壁画,佩带随身装饰物,以此向世人展现生活、个性、社会、文化背景。可以说,这是人类本身独有的思维结果,也是人类个性发展的写照,同时也说明了美学产生的必然性。

自古以来,"爱美之心人皆有之"。这种心态刺激了美学的发展,也构成了美学发展最基本的条件。随着社会的发展,美学已经从直觉、爱好,甚至偏好的原始形态中走了出来,演变成具有共性的审美标准、符合科学的视觉规律、大多数人能够接受的现代学科,通过学习美学,读者可以制作出更加完美、更加具有竞争性的多媒体产品。

3.1.2 美学的作用

在制作多媒体产品时引入美学观念,其作用有3个:

(1) 产生更好的视觉效应

通过色彩运用、布局和绘画渲染,使产品具有舒适的色调、醒目的标题、鲜明的个性,以此产生更好的效果,刺激人们的视觉神经,因此视觉效应又称为眼球效应。现代社会的各行各业非常重视眼球效应,为了引起人们足够的重视,往往力图在产品的外观、使用的舒适度、人性化等方面有所突破,以此增加人们对产品的注意力,刺激购买欲望。

(2) 内容表达形象化

美学不仅解决美观好看的问题,还要解决人们的生理、心理习惯问题。所谓生理习惯,主要是指人们固有的阅读习惯、聆听习惯、书写习惯等;心理习惯则是指阅读的心态、操作的感觉、对产品的感受、接受的程度等。

事实上，人们最容易接受和认识的是形象化事物。图3-1是一组实验数据，表明了人们通过不同的媒介认识事物所需的时间。

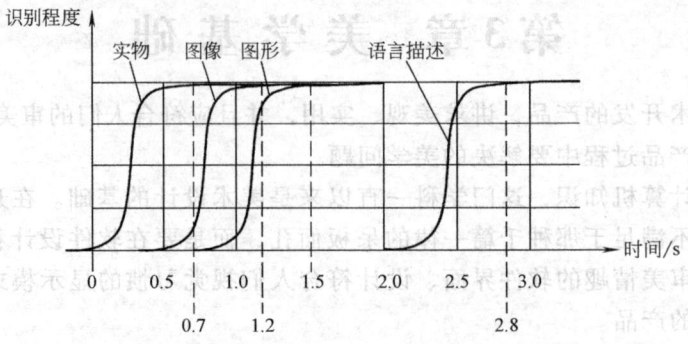

图3-1 通过不同的媒介认识事物所需的时间

从图中看到，接受事物最快的方式是直接观察实物。其次是观看形象化的图像、辨别抽象的图形以及语言描述。在美学观念中，尽量采用人们容易接受的方式来表达必须展示的内容，形象化的表达方式往往以最简单的形式传达最多的信息。

（3）增加产品的价值

自从人类进入商品化社会以后，产品的价值观念更加强烈了。利用美学观念，设计人们喜欢看、喜欢试、喜欢用的产品，不仅扩大了产品的知名度，而且增加了产品的价值。包装业的日益盛行，正说明了人们对于产品价值和美学之间的必然联系有了深入的认识。

3.1.3 美学的表现手段

前面曾经提到，美学有3种艺术表现手段，即绘画、色彩构成和平面构成。

绘画是美学的基础。通过手工绘制、电脑绘制和图像处理，使线条、色块具有了美学的意义，从而构成了图画、图案、文字，以及形象化的图形。

色彩构成是美学的精华。色彩历来是人们最为敏感的部分，研究两个以上的色彩关系、精确到位的色彩组合、良好的色彩搭配是色彩构成的主要内容。

平面构成又叫版面构成，是美学的逻辑规则。主要研究若干对象之间的位置关系。随着人们对平面构成的深入研究，已经把平面构成归纳为对版面上的点、线、面现象的研究。

3.2 平面构图

平面构图是平面构成的具体形式，主要针对平面上两个或两个以上的对象进行设计和研究。以美学为基础的平面构图须遵循一定的构图规则，以便准确地表达设计意图。

3.2.1 构图规则

在二维平面中，图像、文字、线条占有自己的位置，或层叠、或排列、或交叉，用于体现不同的属性和视觉效果。以下简要介绍几种有代表性的构图规则。

1. 突出艺术性与装饰性

所谓艺术性，是指追求感觉、时尚与个性；装饰性是指追求效果、夸张和比喻。

图3-2是突出艺术性的作品，图3-3则是突出装饰性的作品。

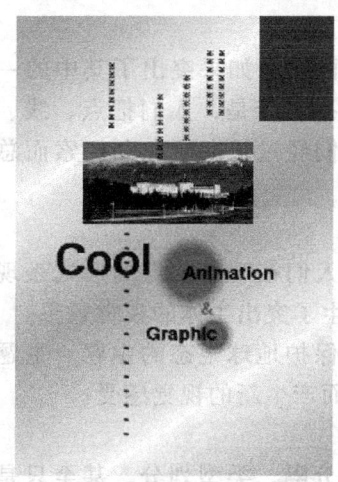

图 3-2　突出艺术性的作品

图 3-3　突出装饰性的作品

突出艺术性的作品在色彩、构图、文字与图案的搭配方面融入了设计者自己的意图和感觉，注重艺术表现。突出装饰性的作品则把对称性强烈的纹理图案作为创作的主线，强调了相对抽象的图案感觉，从而具有装饰性。

2. 突出整体性与协调性

整体性追求表现形式和内容的整体效果，具有完整、不可分割的艺术效果，如图 3-4 和图 3-5 所示。

协调性则把多个对象素材协调布局，强调版式上、内容上的协调统一，具有匀称、协调均衡的视觉效果，如图 3-6 所示。

图 3-4　突出整体性的作品（一）

图 3-5　突出整体性的作品（二）

图 3-6　突出协调性的作品

从图中看到，突出整体性的作品画面完整、大气，浑然一体。突出协调性的作品则把若干对象协调地排列，从色调、构图等方面力求达到统一的视觉效果。

3. 点、线、面的构图规则

所谓点、线、面，主要是指构图的3种不同形式。一个平面作品如果突出了其中的一种构图形式，则平面作品就体现了该形式所具有的属性和视觉效果。于是，人们把点、线、面的构图形式作为一种构图的规则。点、线、面的构图规则是人们经过长期研究和探索而总结归纳出来的，它具有普遍意义，是版面构成的重要组成部分。

（1）点的构图规则

版面上的主体以点的形式存在，为突出局部效果而设计。人们在观察以点的形式表现的主体时，会不由自主地用心观察局部的细节，集中了视线，产生了突出主体的视觉效果。

图3-7是典型的点构图形式。图中的点是地球，用来表现保护地球生态的主题。主题明确，画面清秀。版面上也可以有多点，产生新的构图形式，进而产生新的视觉感受。

（2）线的构图规则

在版面上，使用直线、曲线等线段对需要表现的内容进行分隔，类型划分，甚至只是纯粹装饰，以此实现版面的多样性、突出思想性和鲜明的个性。

线在点和形之间建立了新的视觉感受，通过运用线段的长短、粗细、方向、位置等属性，可以获得丰富的表现力，从而产生多种美好的视觉效果。

图3-8是使用直线分隔画面的设计。从图中看出，版面上使用直线进行构图，除了版面富于变化以外，往往能够产生规则、平稳的视觉效果。

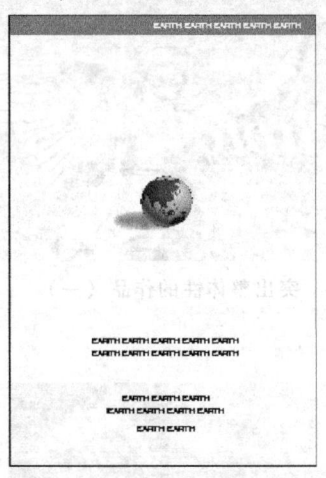
图3-7 点的构图形式

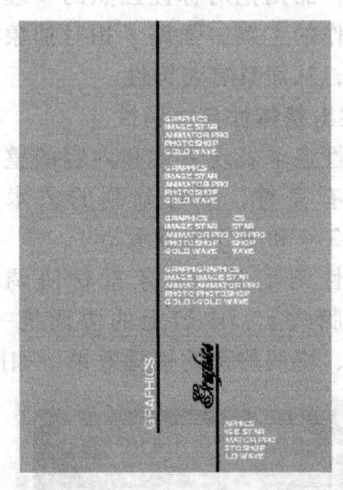
图3-8 直线构图形式

（3）面的构图规则

面的构图需要占据大空间，比点、线的视觉效果强烈，一目了然。面的使用有两种形式，一种是几何形式，一种是自由形式。

几何形式的面往往把平面几何图形进行错落有致的摆放，形成纵深感、多层次感，版面内容丰富、充实，具有浑然一体的视觉效果，如图3-9所示。

自由形式的面往往根据设计者的意图进行设计。可以突出一个画面的整体效果，也可以强调画面之间的关系，以此产生大气的视觉效果。如图3-10所示。

4. 突出重复性与交错性

这是针对两个以上对象在同一个版面中的情况。重复性是指对多个形态一致的对象进行规则排列，产生整齐划一的视觉效果。图3-11和图3-12是突出重复性设计的作品。

多个对象的重复性构图需要精心设计，否则容易呆板。

图 3-9　几何形式的面

图 3-10　自由形式的面

交错性是指对多个对象交错排列，使版面呈现错落有致的视觉效果，造成视觉上的变化，较容易避免呆板的感觉。图 3-13 是一个体现交错设计思想的作品。

图 3-11　光盘图案的重复

图 3-12　矩形图案的重复

图 3-13　交错设计作品

5. 突出对称性与均衡性

对称是同等同量对象的平衡，要想实现对称，至少有两个尺寸相同的对象。对称的形式主要有：

1）对称于 x 轴的上下对称。
2）对称于 y 轴的左右对称。
3）对称于对角线的对称。

而作为对称元素的对象还可以有两种形式：

1）完全相同的形态。即在平面位置上对称的对象是完全相同的，如图 3-14 所示。
2）互为翻转的形态。两个对象在对称轴上形态一正一反。如图 3-15 所示。

对称性版面的特点是平衡、整齐与稳重。

均衡性的表现形式是：版面布局匀称、重心稳定，强调一种庄重与宁静的气氛。均衡的形式有很多变化，表现的情绪也不尽相同。适当的均衡处理，可产生动中有静、静中有动的意境。图 3-16 是一个强调版面均衡的作品。

图 3-14 完全相同的对象　　　　　　　　图 3-15 互为翻转的对象

6. 突出对比性与调和性

对比性强调两个对象或更多对象之间的差异，例如尺寸大小的对比、明与暗的对比、颜色的对比、直线和曲线的对比、动态与静态的对比等。采用对比手法设计的版面具有强烈的视觉冲击力，醒目、有棱角，使观赏者受到震撼。图 3-17 是利用对比手法设计的广告，提醒人们注意保护我们的家园。

图 3-16 均衡性作品　　　　　　　　图 3-17 对比性作品

调和性与对比性正好相反，它强调两个对象或更多对象之间的近似性和共性。调和性的作品具有舒适、安定、统一的视觉效果。

在版面的美学设计中，调和性和对比性不是对立的，往往利用调和性设计整体版面，利用对比性设计局部。

图 3-18 强调色调上的近似性。图 3-19 强调图形的近似性。二者都属于调和性设计作品。

3.2.2 构图应用

构图应用指的是：运用构图规则设计、制作产品。一个多媒体产品如果在设计、制作过程中引入了构图规则，那么它的操作界面和演示画面将更符合美学要求，更人性化。

1. 多媒体软件界面设计

多媒体软件产品通过界面与使用者交流，界面提供显示信息、控制功能，大多数使用者并不关心界面后面的程序结构。因此，界面成为衡量多媒体产品质量好坏的主要指标之一。

在开发多媒体软件的过程中，界面的设计应充分运用构图规则。在各种构图规则中，最常使用的是点、线、面的构图规则。在设计软件界面时，在保证应用功能的前提下，尽量运

图 3-18 色调的近似性

图 3-19 图形的近似性

用这些构图规则。

多媒体软件一般分自学型、示教型和混合型 3 种类型。

自学型软件主要用于电子图书的出版、自学型多媒体教材、学习光盘等。此类软件具有以下特点：

1）说明性文字相对较多，字号较小。
2）为了容纳更多的信息，图片和视频尺寸相对较小。
3）菜单和按钮设置齐全，便于自学和选择。
4）具备完善的交互功能，便于互动练习。

鉴于自学型软件的上述特点，在设计界面时，应在保证基本功能的前提下最大限度地应用构图规则。图 3-20 和图 3-21 分别是应用构图规则前后的设计效果。

图 3-20 应用构图规则前的一般界面

图 3-21 应用交错性构图规则后的设计

示教型软件主要用于教学、会议、商品展示、广告等领域。这类软件的特点是：

1）文字精练。
2）文字、图片和视频尺寸相对较大，便于远距离观看。
3）有限的控制功能和交互功能。

随着计算机彩色投影机的普及，示教型软件的用途得到了扩展，有些示教型软件专门用于大屏幕投影。在设计示教型软件时，应尽量发挥软件特点。

图 3-22 是一般的示教型软件界面。图 3-23 是充分考虑演示功能的软件界面。该软件界

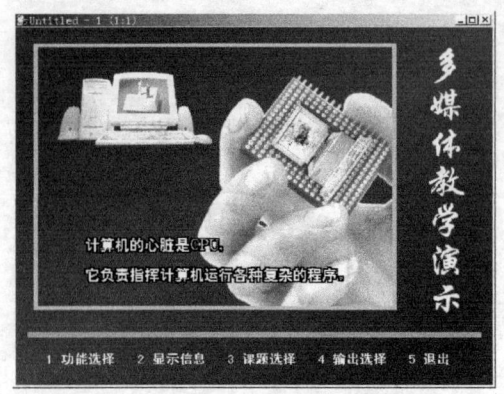
图 3-22 应用构图规则前的一般界面
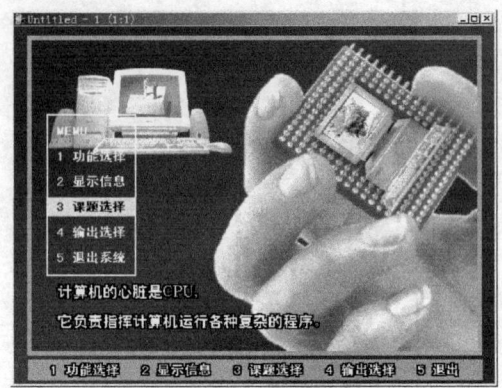
图 3-23 应用构图规则后的设计

面具有如下特点：

1）演示窗口采用大尺寸，不仅有利于演示信息的清晰显示，而且扩大了信息量。

2）演示的控制采用不占界面空间的悬挂菜单实现。所谓悬挂菜单，指的是只有单击鼠标右键时显示的菜单，平时不显示。

混合型软件兼备自学型和示教型两种软件的特点，使用起来比较灵活。在设计界面时，应尽可能兼顾功能和构图规则。

2. 网页构图设计

国际互联网的网页是网站的门户。设计优良的网页不仅具备完善的功能，还应给人一种美的、和谐的享受，或者对个性化的宣扬。由于在设计网页时与美术人员相比，计算机技术人员对美学较生疏，因此后者的设计往往不容易达到美学要求。

网页的美学设计应遵循以下原则：

1）引入构图规则，进行版面设计。一般而言，网页的媒介包括：标题、文字内容、图像、动画、图标、同步声音等。通过这些媒介，网页提供信息显示、交互操作、检索、娱乐、访问网络计算机等内容。

设计网页的版面，实际上就是摆放媒介的位置，使其更为合理，更符合美学要求。网页的版面设计不是孤立的，在美观的同时，还应充分考虑网页的功能。美观而不实用的网页没有任何实际意义。

2）运用色彩构成，形成风格。色彩构成是一门专门的学科，主要研究多个颜色之间的构成关系，如果把其研究成果应用在网页上，将使网页更加符合美学要求，形成和谐的色调或者极具个性化的风格。关于色彩构成的简要知识将在 3.3 节介绍。

3.3 色彩构成与视觉效果

色彩是美学的重要组成部分，它不仅是一门学科，而且还是人们生活中必不可少的元素。有人说，色彩是艺术中科学规律最强的，它的构成也是最有规律和充满感性的。每个人对色彩有自己的偏好，但就美学而言，人们的理解是大同小异的。

色彩构成包含很多内容，例如色彩的作用、色调、形式美感、色彩物理、色彩混合、色彩知觉等，是我国美术院校学生的必修课。本书简要介绍与多媒体产品制作相关的知识。

3.3.1 色彩构成概念

构成是指两个或两个以上的元素组合在一起，形成新的元素。对于特定的色彩元素而言，为了某种目的，把两个或两个以上的色彩按照一定的原则进行组合和搭配，以此形成新的色彩关系，这就是色彩构成。

简言之，色彩构成是根据不同目的而进行的色彩搭配。色彩搭配的唯一目的是创造美。绘画、广告、多媒体产品的画面是否漂亮、是否耐人寻味，都是色彩搭配要解决的问题。

3.3.2 三原色

在自然界中，物体本身没有颜色，人们之所以能看到物体的颜色，是由于物体不同程度地吸收和反射了某些波长的光线所致。表3-1列出了6种颜色对应的波长范围。

表3-1 颜色的波长范围

颜 色	波长范围/nm	颜 色	波长范围/nm
红	760~622	绿	577~492
橙	622~597	蓝	492~455
黄	597~577	紫	455~380

原色包含两个系统，即色料三原色系统和光的三原色系统。两个系统分别隶属于各自的理论范畴。

1）RYB 色料三原色。在绘画中，使用 R（红）、Y（黄）、B（蓝）3 种基本色料，可以混合搭配出多种颜色，这就是所谓的色料三原色。色料是绘画的基本原料，而掌握色料三原色的搭配，是绘画的基本功。

色料配色的基本规律是：

红 + 黄 = 橙

黄 + 蓝 = 绿

蓝 + 红 = 紫

红 + 黄 + 蓝 = 黑

上述规律如图 3-24 所示。

图 3-24 色料配色规律

2）RGB 光三原色。R（红）、G（绿）、B（蓝）三种颜色构成了光线的三原色。计算机显示器就是根据这个原理制造的。于是，光三原色又叫"电脑三原色"。

光三原色的配色规律是：

红 + 绿 = 黄

绿 + 蓝 = 湖蓝

蓝 + 红 = 紫

红 + 绿 + 蓝 = 白

上述规律如图 3-25 所示。

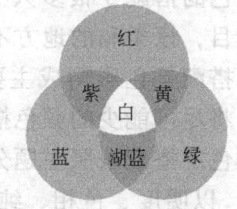

图 3-25 光色搭配规律

在光色搭配中，参与搭配的颜色越多，其明度越高。在图像处理软件和动画制作软件中，都符合光三原色的搭配规律。

3.3.3 色彩三要素

1. 色彩三要素的内容

明度、色相、纯度构成了色彩的三要素。

明度是指色彩的明暗程度。恰到好处地处理好物体各部位的明度，可以产生物体的立体感。白色是影响明度的重要因素，当明度不足时，添加白色，可增加明度，反之亦然。

色相是颜色的相貌，用于区别颜色的种类。色相只和波长有关，当某一颜色的明度、纯度发生变化时，该颜色的波长不会改变，也就是说色相不变。不同波长的光色给人以不同的感受，在美学设计中，对色相敏感的人往往采用最精炼的颜色表现最丰富的内容。色相的运用主要表现在色彩冷暖氛围的制造、色彩的丰富多彩、表达某种情感等方面。

纯度是指色彩的饱和程度。也有把纯度称为鲜艳度、纯净度的。自然光中的红、橙、黄、绿、蓝、紫光色是纯度最高的颜色。在色料中，红色的纯度最高，橙、黄、紫色次之，蓝、绿色的纯度相对较低。人眼对不同颜色的纯度感觉不同，红色醒目，纯度感觉最高；绿色尽管纯度高，但人们总是对该色不敏感。黑、白、灰色是没有纯度的颜色。

2. 色彩三要素的关系

色彩的明度能够对纯度产生不可忽视的影响。明度降低，纯度也随之降低，反之亦然。色相与纯度也有关系，纯度不够时，色相区分不明显。而纯度又和明度有关，三者互相制约、互相影响。

3.3.4 颜色的关系

了解颜色之间的关系，是掌握配色的基本条件。图 3-26 显示了颜色之间的关系和关系名称。如图所示，把色料三原色红、黄、蓝混合，形成另外 3 种颜色，构成一个包含有 6 种颜色的色轮。

在色轮上，任意两个相邻的颜色叫做"相邻色"，例如红色和橙色，黄色和绿色等；相隔一个颜色的两色为"对比色"，如黄色和蓝色，橙色和绿色等；对角线上的颜色叫做"互补色"，例如红色和绿色、蓝色和橙色等。

由于色轮中轴线左侧的颜色看起来偏冷，如紫色和蓝色，因此这些颜色属于"冷色"；中轴线右侧的颜色偏暖，故称"暖色"。值得一提的是，冷色和暖色只是人们对颜色的主观感觉，颜色本身并没有冷暖之分。

3.3.5 颜色搭配要点

颜色的搭配令很多人感到困惑，常见现象是，该醒目的地方不醒目，该柔和的地方不柔和，达不到满意的整体视觉效果。颜色的搭配是色彩构成主要研究的课题，根据要表达的思想和目的，将尽可能少的颜色搭配起来，才会产生美感。

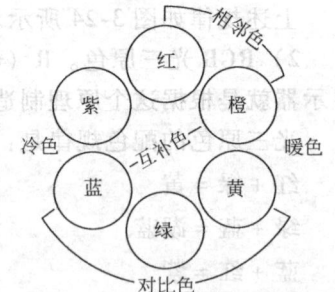

图 3-26 颜色之间的关系

颜色的搭配按照主题分为以下若干类型：
1）以明度、色相、纯度为主的用色。
2）以冷暖对比为主的用色。
3）以面积对比为主的用色。
4）以互补对比为主的用色。

根据不同的需要、不同的场合、不同的表达内容，选择不同类型的用色，这就是颜色搭配。为了使没有系统学习过美学的人能够驾驭配色技巧，很多有关配色的书籍得以出版，其中一些书将二色配色、三色配色、多色配色的彩色样本奉献给读者，读者可根据需要从中选择合适的配色方案。

1. 突出标题的配色

人们总是希望标题越醒目越好,可是有时却事与愿违。常见的问题是:标题突出了,又怕文字不显眼,于是把文字再突出一些,结果大家都突出了,也就没有了突出部分。

使标题突出的方法有两个:

1) 加大字号,使标题字号与正文字号有足够大的差异。

2) 为标题增加边框,边框颜色不应是文字颜色的相邻色。

图 3-27 显示了增加标题醒目程度的基本方法。

a) b) c)

图 3-27 增加标题的醒目程度
a) 一般标题 b) 加边框的标题 c) 虚化边框的标题

图 3-27a 中的文字字号足够大,但作为标题与背景颜色靠得太近,不醒目。图 3-27b 中的文字增加了边框,使其增加了醒目程度。图 3-27c 中的文字对边框进行了虚化处理,产生了变化,不但使标题更加醒目,而且活跃了气氛,增加了美感。

2. 电脑演示的前景和背景配色

在多媒体作品或者软件界面中,前景通常是指标题和文字,背景通常是指由单色、过渡色或图片构成的大面积背景。前景颜色与背景颜色的搭配要视应用场合和表达的中心内容而定。用于电脑演示的界面供显示器显示和大屏幕投影,在颜色搭配上应注意以下几点。

1) 严肃、正式的场合,例如国际会议、教学环节、科学技术讲座,前景文字尽量采用白色、黄色等明度高的颜色,背景则采用明度低的颜色,并以冷色为主,例如蓝色、紫色。

为了增加标题的醒目程度和条理性,可以把颜色鲜明的色块、圆点或图形等放置在标题的前面,其效果见图 3-28。

2) 活跃的场合,例如广告、商品介绍等,前景要富于变化,主要体现在文字的字体、字号、颜色、排列方式等方面。就颜色而言,文字的颜色要富于变化,例如采用一字一色,或者采用渐变色。背景则多采用经过处理的照片,把照片的明度和纯度降低,色调也要进行适当的调整。图 3-29 是这类配色的例子。

图 3-28 在标题前增加圆点

图 3-29 活跃的配色

3) 喜庆的场合,例如婚礼、各种盛事、电影发布、举办音乐会海报等,色彩的运用以鲜艳、热烈、富于情感为主。世界各国对喜庆的颜色有着不同的习惯和理解。例如我国民间用红色表现热烈的气氛。喜庆用色通常具有明度高、色相清晰、纯度高的配色方案。

3.3.6 色彩的象征意义

了解色彩的象征意义，引起人们对色彩的联想，是正确、有效地使用色彩的重要依据。人们对色彩的理解源于经验、经历和学习。例如看到红色就想到太阳；看到绿色犹如看到了一望无际的大草原；见到蓝色就自然联想到大海和天空等。表3-2列出了不同的色彩具有不同的象征意义。

表3-2中列出的大多数色彩意义是人类共同拥有的认识，但由于国家、地域、文化的不同，色彩的象征意义是有差异的，如果读者希望了解有关知识，可参考专门介绍色彩的书籍。

表3-2　色彩的象征意义

颜色	直接联想	象征意义
红	太阳、旗帜、火、血	热情、奔放、喜庆、幸福、活力、危险
橙	柑橘、秋叶、灯光	金秋、欢喜、丰收、温暖、嫉妒、警告
黄	光线、迎春花、梨、香蕉等	光明、快活、希望、帝王专用色、古罗马的高贵色
绿	森林、草原、青山	和平、生意盎然、新鲜、可行
蓝	天空、海洋	希望、理智、平静、忧郁、深远、西方象征名门血统
紫	葡萄、丁香花	高贵、庄重、神秘、我国和日本昔日服装的最高等级、古希腊的国王服饰
黑	夜晚、没有灯光的房间	严肃、刚直、恐怖
白	雪景、纸张	纯洁、神圣、光明
灰	乌云、路面、静物	平凡、朴素、默默无闻、谦逊

3.4 多种数字信息的美学基础

人们对美学的研究，其目的是为了将美学应用在各个领域，使这个世界更加美丽。读者已经知道，美学通过绘画、色彩构成和平面构成为设计对象添加美感。

在多媒体产品中，除了界面需要美学设计以外，对作为表达媒体的图像、动画、声音等素材也需要美学设计，这是由于众多媒体素材是准确表达内容的主要手段和媒介，对他们进行的美学设计，可提高多媒体产品的品质，体现以人为本的设计思想。

3.4.1 图像美学

图像是多媒体演示画面的主体，在图像处理过程中融入美学设计思想，使图像具有美感和丰富的表现力。为了提高图像的美感，应在以下3个方面进行设计和处理。

1. 图像的真实性

图像的第一属性是形象、准确地表达自然现象和思想。因此，在某些要求精确的场合，保证图像的真实性是必要的，其工作主要在以下几方面进行：

1）不对图像进行涂抹、剪贴等有可能毁坏图像本来面目的操作。

2）提高图像的明度和对比度，并作适当的锐化处理，以此提高图像的清晰度。

3）在一定尺寸下，图像的分辨率越高越清晰，在扫描图片时，应采用较高分辨率扫描，例如600dpi或1200dpi，以便得到清晰度较高的图像。

4）由于拍摄条件和图像来源的限制，有些图像主体不突出，使辨别发生困难，这时需要去除与主体无关的部分。

5）图像的缩放要慎重。使用任何图像处理软件对图像进行放大或缩小，都会造成图像清晰度的损失。

6）图像的保存格式。图像可以采用很多文件格式保存，但某些文件格式会影响图像的保真度，例如 GIF 格式、JPG 格式等。由于这些文件采用数据压缩技术对图像进行压缩存放，图像的颜色数量、清晰度都会受到不同程度的影响，因此，在要求较高的场合，不宜使用上述文件格式保存图像，而应该采用没有损失或损失较小的图像文件格式，例如 TIF 格式、BMP 格式等。

2. 图像的情调

图像的情调用于表达人们的心情、创造某种意境。它刻意渲染情感，使人们产生遐想，具有某种象征性的意义，这与前面介绍的保证图像的真实性有很大不同，是通过对图像进行大刀阔斧的处理，实现人们需要的情调。通常采用如下手段使图像产生某种情调：

1) 对图像进行去色处理，着重表现黑白艺术感。
2) 需要表现怀旧题材时，对图像进行色调调整，使其色调偏黄，并适当降低对比度。
3) 根据表 3-2 中列出的色彩的象征意义，把图像调整到需要的色调，就能使人们产生相应的联想。
4) 对图像主体以外的部分进行柔化处理，可以产生大光圈聚焦成像的视觉效果。当需要朦胧感觉时，对图像整体进行适度柔化，就会达到目的。
5) 当把图像用作背景时，需要降低图像的对比度和亮度，并做适当的色调调整。

3. 图像的选材

图像的使用场合不同，图像的选材也不同，原则如下：

1) 根据构图的需要选材。从图片的尺寸、色调、到表现的主题，都需要精确的挑选。图 3-30 显示了表现主题的选材过程。

首先从图 3-30a 的花丛中剪裁出需要的花卉素材图 3-30b，将其保存。然后在其他作品中加以利用，形成图 3-30c。

2) 尽量选用清晰度高、彩色纯度高的图像素材。
3) 把照片用作素材时，应事先策划好文字在照片中的位置，拍照时留有余地。如图3-31所示。

a)　　　　　　　　　　　　　b)　　　　　　c)

图 3-30　图像主题的选材
a) 选择主题　b) 提炼主题　c) 应用在设计中

4) 当图像素材取自印刷品时，由于印刷品上有网纹，因此在扫描或拍照后，需利用图像处理软件降低图像的锐度，减少网纹的影响。
5) 当一张图片不能满足设计需要时，应多准备几张图片，把每张图片需要的部分进行重新组合，这种手法在广告设计中经常使用。

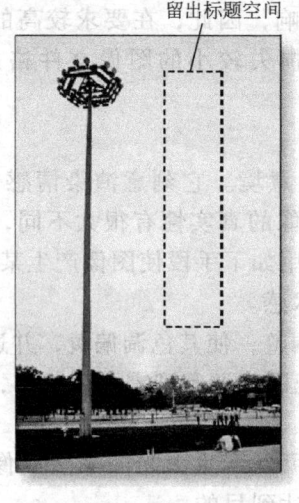

图 3-31 拍照时留有余地

3.4.2 动画美学

动画是随时间连续变化的图像，其特点是动态的、实时的。动画美学的研究课题与图像美学不同，图像美学研究的是静止状态的色彩和版面布局，而动画美学所涉及到的是画面调度和运动模式。

动画美学的主要内容如下：

1) 注意画面的结构布局，为动画主体留出活动空间。

2) 设计动画的画面调度，主要在镜头移动、纵深运动、平面运动的模式和动画发生顺序等方面进行设计。

3) 动画制作符合视觉规律。在设计时，遵循这样的规律：固定不动的物体构成背景的主要对象，起到画面均衡的作用；低速运动的物体给人以平稳的感觉；高速运动能够引起特别注意，起到着力渲染的作用。

4) 把握动画的运动节奏。动画主体的运动节奏通过对时间的掌握进行控制，这是动画制作中的重要环节。动画动作是否流畅、是否符合设计者的意图、是否与自然规律相符，都取决于动画时间的掌握。就帧动画而言，动画的运动速度与帧间的位置差成正比，两帧之间的位置差越大，视觉上物体移动速度就越快。

一般而言，动画的时间掌握以符合自然规律作为衡量尺度。但在动画片中，出于趣味性的需要，允许做适度的夸张。

5) 造型设计、动作设计。动画的造型和动作设计是动画美学中最重要的基本条件，它们决定了动画能否具有非常好的观赏性。好的动画造型给人以风趣、可爱、个性化的印象。动画造型的设计需要很强的绘画功底，还需要丰富的灵感。

动作的设计则要依靠动画专业的技巧，赋予动画人物以个性化的动作特点，例如得意洋洋的动作、舞蹈动作等。这是一个创造动画人物个性的过程。

在多媒体产品中，造型设计将主要针对文字的形态、设备的人格化、界面的风格等方面进行。动作设计则针对动作主体的运动模式、运动时间进行规划，甚至可以为动作主体设计个性化特点。

3.4.3 声音美学

声音随时间而连续变化，具有很强的实时性。声音美学的研究内容侧重于声音的质量、声音的特殊效果等方面。

1. 影响声音美感的因素

人们对声音美感的感觉是直接的，不好听、刺耳、有杂音等都是直接的感受。影响声音美感的主要因素有：

1）清晰度。录音水平的高低、载体材质的差异、数字采样频率的高低、采样位数的多少等，都会影响声音的清晰度。

2）噪声。一般而言，噪声无处不在，只有当噪声大到一定程度时，人们才会注意到。而且噪声大的声音会影响情绪。

噪声的来源主要有两个：一个是本底噪声，这是声音本身在录制过程中产生的噪声；另一个是介质附加噪声，声音在放大、保存过程中产生的噪声。

3）音色。音色是声音的特质，音色不正，会直接影响听觉效果。与音色相关的因素有混响时间、声源特质、采样频率、采样位数等。

4）旋律。旋律是人创作的，优美的旋律具有欣赏价值，受听众欢迎。狂噪的音响、怪异的声音、浓厚的重金属声只能说是一种声音，谈不上欣赏。

2. 美化声音

1）提高清晰度。选择优质的载体材质，如光盘。在存储空间允许的情况下，尽可能采用较高的采样频率、较多的位数记录数字音频。在多媒体作品中，由于存储空间的限制，一般采用22050Hz/8bit 的数字音频，过低的指标会严重影响声音的清晰度。

2）降低噪声。在制作音乐或其他音响资料时，采用先进的录音设备、技术和降噪系统降低噪声。对多媒体作品的制作者而言，使用音频处理软件的特定功能，可以有效地降低噪声，并且尽可能使用信号/噪声比高的声源作为声音素材。

3）选择悦耳的声音。在多媒体作品中，应尽量选择曲调优美、旋律流畅的音乐作为背景音乐，营造一个宁静、和谐的气氛，使人们处于一种良好的心态。

习题三

3.1　美学设计的三要素是什么？
3.2　美学的3个作用是什么？
3.3　点、线、面的构图规则分别具有什么特点？
3.4　在色料三原色中，哪种颜色关系是对比色？
3.5　电脑三原色是哪3种颜色？
3.6　什么是色彩三要素？
3.7　如何使标题更为突出？
3.8　根据颜色搭配要点，用 Word 制作彩色文本。
3.9　使用画图工具或 Word，设计一个具有装饰性的作品。
3.10　设计一个点构图方式的作品。
3.11　设计一个互为翻转形态的对称性作品。

第4章 多媒体数据描述

在多媒体技术中,每一种媒体形式都有严谨而规范的数据描述,其数据描述的逻辑表现形式是文件。与媒体形式相对应,多媒体数据包括:图形描述语言和数据、静态图像数据、动态图像数据、声音数据等。

4.1 静态图像文件

所谓图像,一般是指自然界中的客观景物通过某种系统的映射,使人们产生视觉感受。例如,照片、图片和印刷品等。在自然界中,景和物有两种形态,即动和静。静止的客观景物叫做"静态图像";活动的客观景物叫做"动态图像"。

随着计算机技术的发展,人们发明了数码照相机和扫描仪等设备,使反映自然界景物的图像被数字化,成为数字化图像。从严格意义上讲,数字化图像是指利用计算机以及其他相关数字技术对自然界中的图像进行数字运算和处理,从而形成描述图像的数据集合。由于图像有静态和动态两种形态,因此数字化的图像也有对应的两种形态,即静态数字图像和动态数字图像。

图像一旦被数字化,将以文件的形式被记载下来,这就是"图像文件"。根据图像数据表达方式的不同,图像文件也有不同的格式,而数字化图像本身也被人们简称为"图像"。这就是说,静态图像被数字化后,是以静态图像文件的形式存在的,而动态图像则是以动态图像文件的形式存在的。

4.1.1 数据格式

计算机中的图像是一组数据的集合,根据不同的开发者和不同的使用场合,数据的结构和格式也不尽相同,这就形成了多种数据格式的图像文件。常见的图像数据格式有 BMP 格式、TIFF 格式、TGA 格式、GIF 格式、PCX 格式、JPEG 格式等。

1. BMP 格式的图像文件

BMP 是 Bitmap 的缩写,意为"位图"。BMP 格式的图像文件是美国 Microsoft(微软)公司特为 Windows 环境应用图像而设计的,并且,为了更方便地使用 BMP 格式,在 Windows 系统软件中,内置了大量支持 BMP 格式图像处理的 API 函数。目前,随着 Windows 系统的普及和进一步发展,BMP 格式已经成为应用非常广泛的图像数据格式。

BMP 格式的主要特点有:

1) BMP 格式的图像文件以".bmp"作为文件扩展名。

2) 文件结构简单,每个文件只能存放一幅图像,因此该文件所表示的图像是静止的。

3) 使用者可根据需要选择图像数据是否采用压缩形式存放。一般情况下,BMP 格式的图像是非压缩格式。

4) 当使用者决定采用压缩格式存放 BMP 格式的图像时,使用 RLE4 压缩算法,可得到 16 色模式的图像;若采用 RLE8 压缩算法,则得到 256 色的图像。

5) 可以多种彩色模式保存图像,如 16 色、256 色、24bit 真彩色(16 777 216 色),最新版本的 BMP 格式允许 32bit 真彩色（4 294 967 296 色）。

6）数据排列顺序与其他格式的图像文件不同，从图像左下角为起点存储图像，而不是像传统的那样，以图像的左上角作为起点。

7）调色板数据结构中，RGB 三基色数据的排列顺序恰好与其他格式文件的顺序相反。

8）特别适合 Windows 环境对图像数据格式的要求。

BMP 格式的图像文件结构可以分为文件头、调色板数据以及图像数据 3 部分，如图 4-1 所示。

文件头的长度为固定的 54 个字节；调色板数据用于描述所有不超过 256 色的图像模式，即使是单色图像模式也不例外。但是，一旦图像采用 24bit 真彩色模式或更高模式，该图像文件中的调色板数据就不再描述相关信息了。

BMP 格式的图像文件既可以采用压缩算法对其进行处理，也可以不进行压缩处理。是否采用压缩算法，取决于存储空间的大小和图像处理软件能否处理这两个因素。

图 4-1 BMP 格式图像文件的结构

2. TIFF 格式的图像文件

TIFF 是 "Tag Image File Format" 的缩写，是一种通用的位映射图像文件格式。TIFF 格式的图像文件由 Aldus 公司开发，早在 1986 年就已推出，后来与微软公司联手，进一步发展了 TIFF 格式，至今已推出了多种不同版本，现在的版本是 6.0。TIFF 格式具有如下特点：

1）TIFF 格式图像文件的扩展名是 ".tif"。
2）支持从单色模式到 32bit 真彩色模式的所有图像。
3）不针对某一个特定的操作平台，可用于多种操作平台和应用软件。
4）适用于多种机型，在 PC 和 Macintosh 计算机之间可互相转换和移植 TIFF 图像文件。
5）数据结构是可变的，文件具有可改写性，使用者可向文件中写入相关信息。
6）具有多种数据压缩存储方式，使解压缩过程变得复杂化。

TIFF 格式图像文件的版本所有权属于 Aldus 公司和美国 Microsoft（微软）公司，但是，人们可以在公开场合自由免费地使用 TIFF 格式的图像文件。

TIFF 格式图像文件的数据结构如图 4-2 所示。

TIFF 格式的文件头又叫 "IFH"，由 8 个字节组成。该文件头位置不能移动。文件头中包含了有关 TIFF 文件其他部分的重要说明信息。

在标识信息区 IFD 目录中，有很多由 12 个字节组成的标识信息，标识的内容包括指示标识信息的代号、数据类型说明、数据值、文件数据量等。

图像数据区是真正存放图像数据的部分，该区的数据指明了图像使用何种压缩方法、如何排列数据、如何分割数据等项内容。

图 4-2 TIFF 格式图像文件的结构

3. TGA 格式的图像文件

TGA 是 "Targa Image Format" 的缩写，该格式的图像文件由 Truevision 公司开发，最初的目的是支持本公司生产的 Targa 图形卡。该图形卡可以不借助调色板而直接显示 2^{24} 种颜色，是一流的计算机显示设备。由于该格式的图像文件具有一系列明显的特点，并且已经成为世界通用的图像格式，因而目前被广泛应用在多个专门领域，例如，动画制作、模拟显示、影视画面合成等方面。

TGA 格式的图像文件具有如下特点：

1）TGA 格式图像文件的扩展名是".tga"。

2）支持任意尺寸的图像。

3）支持 1bit 单色到 32bit 真彩色模式的所有图像，具有很强的颜色表达能力，特别适合影视广播级的动画制作。

4）图像的存储具有可选择性，图像数据既可以按照从上到下、从左到右的顺序进行存储，也可以按相反的顺序存储。

5）TGA 格式的图像对硬件的依赖性强，如果显示卡不具备 24bit 或 32bit 的显示能力，该格式图像不能正确显示。

TGA 格式的图像文件经历了 1.0 版和 2.0 版两种版本，目前的版本是 2.0 版。该格式的文件结构如图 4-3 所示。

文件头主要用于说明 TGA 文件的出处、颜色映像表类型、图像数据存储类型、图像数据存储顺序等内容。

调色板数据块信息是可选择部分，其定义在文件头中说明。调色板数据块信息包括 TGA 图像文件格式的调色板数据块构成方式、图像数据的组织方式等。

图像数据区用于存储大量的图像数据，是描述图像的重要区域。

图 4-3 TGA 格式图像文件的结构

图像数据区后面是数据补充区，该区域是 2.0 版本新增加的区域，用于标明当前文件是新版本文件，并将指针指向图像数据区后面的所有补充区内的数据内容。数据补充区分为开发者目录区和扩充数据区两个区。在保存数据补充区内容时，一般的存储顺序为：开发者相关数据（包括开发者私有信息）、开发者目录、扩充数据、数据块指针，以及文件注脚（位于文件的末尾）。

4. GIF 格式的图像文件

GIF 是 "Graphics Interchange Format" 的缩写，该格式的图像文件由 CompuServe 公司于 1987 年推出，主要是为了网络传输和 BBS 用户使用图像文件而设计的。目前，GIF 格式的图像文件已经是网络传输和 BBS 用户使用最频繁的文件格式。GIF 格式的图像文件适用于各种个人计算机和 UNIX 工作站，并且可以在不同输入、输出设备之间方便地进行传送。

GIF 格式的图像文件是世界通用的图像格式，特别适合于动画制作、网页制作，以及演示文稿制作等方面。

GIF 格式的图像文件具有如下特点：

1）GIF 格式图像文件的扩展名是".gif"。

2）对于灰度图像表现最佳。

3）具有 GIF87a 和 GIF89a 两个版本。GIF87a 版本是 1987 年推出的，一个文件存储一个图像；GIF89a 版本是 1989 年推出的很有特色的版本，该版本允许一个文件存储多个图像，可实现动画功能。

4）采用改进的 LZW 压缩算法处理图像数据。

5）调色板数据有通用调色板和局部调色板之分，有不同的颜色取值。

6）不支持 24bit 彩色模式，最多存储 256 色。

7）采用两种排列顺序存储图像，一种是顺序排列，另一种是交叉排列。

8）图像文件内的各种数据区的数据长度和存储顺序一般不固定，为了便于寻找数据区，将数据区的第一个字节作为标识符号,这样通过识别标识符号,就能迅速找到对应的数据区。

GIF 格式的图像文件结构如图 4-4 所示。

GIF 格式的图像文件由 5 个部分组成,按照顺序分别是:文件头、逻辑屏幕描述区、调色板数据区、图像数据区、结束标志区。5 个数据区中都有特殊标识符号,便于程序辨认。

文件头是一个带有识别 GIF 格式数据流的数据块,用以区分早期版本和新版本。

逻辑屏幕描述区定义了与图像数据相关的图像平面尺寸、彩色深度,并指明后面的调色板数据属于全局调色板还是局部调色板。若使用的是全局调色板,则生成一个 24bit(3 个字节)的 RGB 全局调色板,其中一个基色占用一个字节,这就是调色板数据区信息。

图像数据区的内容有两类,一类是纯粹的图像数据,另一类是用于特殊目的的数据块(包含专用应用程序代码和不可打印的注释信息)。在 GIF89a 格式的图像文件中,如果一个文件包含多个图像,图像数据区将依次重复数据块序列。利用这种承载多个图像数据的原理,GIF89a 格式可把众多的固定画面连接起来,顺序播放,从而形成动画。在国际互联网上,常使用 GIF89a 格式表现动画,该格式动画还可用在 PowerPoint 演示文稿当中。

图 4-4 GIF 格式图像文件的结构

结束标志区的作用主要是标记整个数据流的结束。

在 GIF89a 格式的图像文件中,在图像数据区的后面根据实际需要可增加 4 个数据区,使得整个文件的数据区增加到 9 个。增加的 4 个数据区不是必不可少的,如果只是希望存储图像信息,可不使用这 4 个数据区。

GIF 格式图像文件的著作权属于 CompuServe 公司所有,该公司发布 GIF 格式说明,促进了解 GIF 格式的图像文件,并对普及使用 GIF 格式的图像文件起到了促进作用。但是,只有该公司有权修改 GIF 文件格式。

5. PCX 格式的图像文件

PCX 由 PC Paintbrush 而得名,该格式的图像文件由 Zsoft 公司推出,主要用于该公司开发的 PC Paintbrush 绘图软件。该绘图软件几乎与个人计算机同步发展,目前已经发展成功能强大的软件包。美国 Microsoft(微软)公司后来将该绘图软件移植到 Windows 中,成为一个重要的功能模块。随着 Windows 的广泛使用,历史最悠久的 PCX 格式的图像文件也变成使用广泛、通用性强的图像文件。

PCX 格式的图像文件具有如下特点:

1)PCX 格式图像文件的扩展名是".pcx"。
2)历史悠久,几乎与个人计算机同步发展。
3)一个文件存储一个图像。
4)采用 RLE 压缩算法存储数据。
5)拥有不同版本,分别用于处理不同显示模式下的数据。文件分为 3 类:单色文件、不超过 16 色的文件、具有 256 色的文件。单色文件和 16 色文件可不携带调色板数据,但 256 色文件则必须包含调色板数据。

6）除最新版本外，其他版本不支持24bit真彩色模式。

7）图像显示与计算机硬件设备的显示模式有关。

PCX格式图像文件的结构由文件头、图像数据区两部分组成，如图4-5所示。

文件头包含各种识别信息，其中包括PCX文件的特征信息、图像的大小和规模、调色板设置等。

图像数据区用于表示图像，如果图像是256色模式，图像数据区的后面将存储256色调色板的数据。

6. JPEG格式的图像文件

JPEG是"Joint Photographic Experts Group"的缩写，意思是"联合摄影专家小组"。该格式的图像文件标准由该专家小组提出。这是一个国际标准化组织ISO的下属组织，由多个国际和地区的标准化组织联合组成。

图4-5 PCX格式图像文件的结构

JPEG格式的图像文件具有迄今为止最为复杂的文件结构和编码方式，该格式文件采用有损编码方式，原始图像经过JPEG编码，使JPEG格式的图像文件与原始图像发生很大差别，这不同于其他所有图像格式文件。

采用有损编码方式的JPEG格式文件使用范围相当广泛，由于一个数据量很大的原始图像文件经过编码，能够以很小的数据量存储，因此，这种文件在国际互联网上经常用于图像传输；在广告设计中，常作为图像素材使用；在存储容量有限的条件下便于携带和传输。

JPEG格式的图像文件具有如下特点：

1）JPEG格式图像文件的扩展名是".jpg"。

2）适用性广泛，大多数图像类型都可以进行JPEG编码。

3）对于使用计算机绘制的具有明显边界的图形，JPEG编码方式的处理效果不佳。

4）对于表达自然景观的色彩丰富的图片，JPEG编码方式具有非常好的处理效果。

5）使用JPEG格式的图像文件时，需要解压缩过程。

JPEG图像文件格式一般有两种内部格式。一种是广泛使用的JFIF格式，它包含一个常驻的JPEG数据流，其作用是提供解码所需的数据，不需要外部数据。另一种是Aldus公司于1992年公布的JPEG-in-TIFF格式，它是TIFF格式的从属格式，该格式把JPEG图像压缩保存到TIFF格式文件中。JPEG-in-TIFF格式在保存和读出时，易受外部条件的限制和影响。

JPEG格式的编码技术比较复杂，其编码过程可概括为4个阶段：颜色转换阶段、DCT变换阶段、量化阶段、进行算术编码或霍夫曼编码阶段，具体内容不做赘述。

4.1.2 单色图像描述

单色图像是指颜色单一的图像，而不是指只有一种颜色的图像。

单色图像最简单的形式是：只有黑白两色的图像，该图像被称为二值图像。二值图像常用于文本的显示，即"白纸黑字"的显示形式，有时也用于木刻、版画等的显示。

单色图像的复杂形式是：同一种颜色的灰度发生变化，形成不同的灰度层次。例如，白到黑的均匀过渡，充分体现出典型的灰度变化。由于单色图像的这种复杂性，因此人们把单色图像又称之为"灰度图像"。一般单色图像的灰度等级为8bit，即256级灰度。每一个灰度对应一种颜色，灰度的变化需要一定数量的颜色来保证。

不过，有时使用少量的颜色，甚至二值图像，也能模拟表现灰度的变化。把黑白两色的像点相间排列，其像点的疏密程度变化将会产生灰度变化的视觉效果，像点越密，颜色越深，反之亦然。这种利用黑白像点获得灰度连续变化的过程，称为"半色调处理"或"抖动处理"。半色调处理和抖动处理的算法不同，像点的排列方式也不同，可以根据图像的实际情况和视觉效果选择不同的处理方式。但不论以何种方式进行处理，使用的仍然是黑白两色。

经过半色调处理和抖动处理的图像应用非常广泛，例如报纸印刷业、书籍出版业、计算机信息激光打印输出、喷墨打印输出等领域。当然，就计算机处理图像而言，采用半色调和抖动处理图像的情况并不多见，在计算机中，灰度的表现和处理不用简单的二值图像，而是直接利用256阶灰度的连续变化，得到质量非常高的灰度图像。

单色图像采用保存像素的行、列和深度的方法进行数据的存储。而半色调处理和抖动处理的图像一般不作为一种数据格式存储，也不作为单独的数据格式进行运算和数据处理，该种图像处理方式只适用于印刷业和打印输出领域。

在一般书籍、报纸等印刷品中，为了降低印刷成本，常使用单色图像。大多数图像处理软件可以很方便地把彩色图像转换成单色图像。单色图像可采用TGA、JPEG、TIFF、PCX等多种文件格式，文件格式之间的互相转换也比较容易。

4.1.3 彩色图像描述

彩色图像的颜色丰富，具有强烈的视觉冲击力。计算机能够处理的彩色图像必须经过数字化处理，形成数字化彩色图像后才可以加工、保存、打印输出、提供印刷等。数字化彩色图像有两种颜色模式：RGB彩色模式和CMYK彩色模式。其中，RGB彩色模式用于显示和打印输出，该模式的图像由R（红）、G（绿）、B（蓝）三种基本颜色构成，被称为RGB彩色图像；CMYK彩色模式主要用于印刷，该模式的图像由C（青）、M（品红）、Y（黄）、K（黑）4种基本颜色构成，被称为CMYK彩色图像。

1. RGB彩色图像

RGB彩色图像由R（红）、G（绿）、B（蓝）3种基本颜色混合而成，这3种基本颜色被简称为三基色。三基色是组成彩色图像的基本要素，也是全部计算机彩色设备的基色，如彩色显示器、彩色打印机、彩色扫描仪、数码照相机等，都利用三基色原理进行工作。

组成彩色图像的三基色按照一定比例混合，可产生无穷多的颜色，用以表达色彩丰富的图像。对于显示器来说，三基色的叠加，将产生如图4-6所示的色彩效果。

图4-6中的字母代表三基色和叠加以后得到的颜色，其对应关系为：R—红、G—绿、B—蓝、C—青、M—品红、Y—黄、W—白。三基色的叠加效果是：

1）R（红）+B（蓝）=M（品红）。
2）R（红）+G（绿）=Y（黄）。
3）G（绿）+B（蓝）=C（青）。
4）R（红）+G（绿）+B（蓝）=W（白）。

以上是三基色全叠加的效果，如果改变三基色各自的饱和程度，叠加后的效果也将发生改变，从而形成新的叠加颜色。

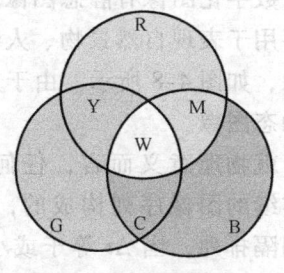

图4-6 三基色叠加的色彩效果

一幅彩色图像的数据由3个彩色平面构成，R、G、B各占一个平面。每个平面的数据放在各自的数组当中，形成R、G、B 3个平面数组。各数组分别用8bit数据（256种颜色组合）表示各自的基色，3个数组可以表达24bit颜色（16.7M种颜色）。具有24bit颜色数量的彩色模式被称为"24位真彩色模式"，由此模式构成的图像被称为真彩色图像。

彩色图像的数据存储相对地比灰度图像复杂，占用的存储空间也大，BMP 格式、JPEG 格式、TIFF 格式、PCX 格式，以及 TGA 格式等，均支持 24bit 真彩色图像数据的存储。大多数图像处理软件都可以直接输入、编辑和打印输出 RGB 模式的彩色图像。

2. CMYK 彩色图像

CMYK 彩色图像由 C（青）、M（品红）、Y（黄）、K（黑）4 种基本颜色构成，其图像文件主要用于印刷。显示器和打印机在显示和打印 CMYK 彩色图像时，色彩不如 RGB 模式鲜艳。在图像处理软件中，通常会警告某些 RGB 颜色不能在 CMYK 模式下正常输出彩色。

CMYK 4 种基色经过混合，可形成多种颜色，其颜色关系如图 4-7 所示。

图中字母的含义：R—红、G—绿、B—蓝、C—青、M—品红、Y—黄、W—白、K—黑。

4 基色的混合效果具有如下规律：

1) R（红）= Y（黄）+ M（品红）。
2) G（绿）= Y（黄）+ C（青）。
3) B（蓝）= M（品红）+ C（青）。
4) C（青）= W（白）- R（红）。
5) M（品红）= W（白）- G（绿）。
6) Y（黄）= W（白）- B（蓝）。
7) K（黑）= Y（黄）+ M（品红）+ C（青）。

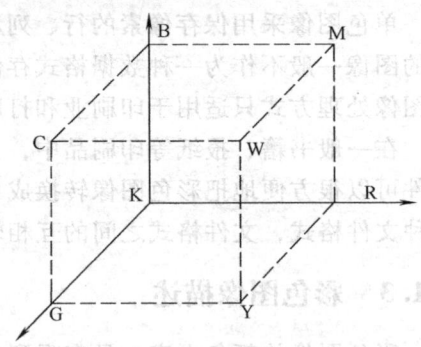

图 4-7 4 基色混合的色彩关系

从四基色混合效果看，R、G、B、K 4 色由其他颜色相加得到；而 C、M、Y 三色则从白色中减掉其他颜色得到，这种颜色的加减关系为 4 基色彩色模式所独有。

CMYK 彩色模式用 8bit 表示每个基色，4 个基色共需要 32bit 数据，合计 4 294 967 296（约合 4.3G）种颜色。专业图像处理软件可以直接处理 CMYK 彩色图像，也可把 RGB 图像转换成 CMYK 图像。通常情况下，首先处理 RGB 图像，并直接打印出色彩鲜艳的图像；然后再转换成 CMYK 彩色模式，经过加工后保存，以便送交印刷。CMYK 彩色图像可采用 JPEG 格式、TIFF 格式保存。

4.2 动态图像文件

数字化图像有静态图像和动态图像之分。静态图像由像点表示，一个文件存储一幅图像，主要用于表现自然景物、人物、平面图形。动态图像也由像点表示，一个文件可以存储多幅图像，如图 4-8 所示。由于人眼睛的视觉滞留效应，当多幅图像连续放映时，就看到了所谓的动态图像。

就物理意义而言，任何动态图像都是由多幅连续的图像序列构成的，图像沿时间轴以 Δt 的间隔排列，当 Δt 等于或小于人眼睛的视觉滞留时间时，就会感到画面内容动了起来。由于动态图像的数据量非常大，因此动态图像通常采用压缩代码存储。

图 4-8 动态图像

动态图像分为两类。人工绘制的图形或计算机产生的图形以图像的形式表现出来时，称为动画；当图像是实时获取的自然景物时，称为视频信号。

动态图像具有以下特点：

1）具有时间上的连续性，适于表现事件的过程，表现力更强、更生动、更自然。

2）具有时间上的延续性，数据量大，必须采用压缩算法保存和处理。

3）具有帧之间的相关性，该特性是连续动作的基础，也是压缩处理的条件。

4）具有强烈的实时性，对硬件响应速度和软件运行效率提出很高的要求，以满足在规定的时间内完成规定画面数的更替。

4.2.1 视频模拟描述

视频信号有模拟信号和数字信号之分。视频模拟信号就是常见的电视信号和录像机信号，采用模拟方式对图像进行还原处理，这种图像被称为视频模拟图像（analog video）。视频模拟图像的存储通常采用磁介质，例如人们熟悉的录像带。录像带是典型的模拟信号存储介质，其特点是：成本低、图像还原效果好、易于携带。同时，随着时间的推移，录像带上的图像信号强度会逐渐衰减，造成图像质量下降、色彩失真等现象。

视频模拟图像的处理需使用专门的视频编辑设备进行，计算机无能为力。要想使用计算机对视频模拟信号进行处理，必须把视频模拟图像转换成数字化的视频图像。

4.2.2 视频数字描述

视频数字信号由连续的画面组成，其转换过程由计算机设备和相应的软件进行，这种把模拟信号转换成数字信号的过程叫做模/数转换（Analog/Digital）过程。与之相反，把数字信号转换成模拟信号的过程叫做数/模转换（Digital/Analog）过程。

1. 获取视频数字图像的一般方法

获取视频数字图像的基本方法有两种：

1）模拟视频输入。把录像带信号连接到计算机的视频卡输入端，通过视频卡中的模/数转换器，把录像带上的模拟图像转换成数字图像，然后利用视频处理软件进行编辑和处理。

2）数字视频输入。利用数码摄像机拍摄，直接得到数字视频信号，并保存在数码摄像机的磁带上，然后通过 USB 接口，把数字视频信号直接输入到计算机中。

2. 数字视频技术的发展概况

数字视频技术应用在微型计算机上的时间不长，大致分为几个发展阶段：

1）第一发展阶段，未进行任何压缩的数字视频信号被引入计算机，在极小范围内对数字视频信号进行编辑和加工，基本上局限于专业视频影像领域。由于未经压缩的数字图像数据量太大，而当时的硬盘存储器容量只有几百兆字节，因而可编辑的视频信号长度非常有限。

2）第二发展阶段，随着计算机硬件技术的发展，外存储器的存储容量成倍地增长，可编辑的数字视频信号在时间上得到延长。与此同时，数字显示技术的发展，使微型计算机显示器和相应的显示适配器具备了显示实时数字视频信号的能力。外接的模拟视频信号可以经过模/数转换，在显示器上实时显示。

3）第三发展阶段，为了解决数字视频信号数据量大的问题，发展了很多数据压缩算法，目的是对视频数据序列进行压缩处理并保存。在这一发展阶段，数据压缩通过硬件压缩和软件压缩两个途径进行，硬件压缩速度快，成本高；软件压缩速度慢，成本低。不论是硬件压缩还是软件压缩，各个开发公司不断提出了新的数据压缩方案，视频信号的压缩和解压缩技术已经趋于成熟，然而，标准化的问题已经日渐突出，尽快解决标准化的问题变得非常迫切。

4）第四发展阶段，对数字视频信号进行了标准化，定义了数字视频信号的标准文件格式 AVI（Audio Video Interleave），进一步完善了视频信号的压缩和解压缩技术，使个人计算机处理、交换、网络传输和保存视频信号成为可能。

3. 视频数字图像的特点

由于视频数字图像是用数字表示的，因此具有数字化带来的许多特点：

1) 播放速度为25帧/s。
2) 具有逆向性，可倒序播放。
3) 保存时间长，无信号衰减问题。并可无限制地复制副本，永远不存在失真问题。
4) 利用计算机视频编辑技术制作特殊效果，例如三维动画效果、变形动画效果。
5) 可以采用成本低、容量大的激光盘存储介质。
6) 如果需要，可以把数字信号转换成模拟信号，记录在录像带上。

4. 动态图像的技术参数

1) 帧速度。视频信号在连续播放时，采用快速切换帧的方法产生动感。不同制式的视频信号帧速度不同，例如NTSC制式的帧速度为30帧/s，PAL制式的帧速度为25帧/s。在国际互联网上，为了减少数据量，提高传送速度，帧速度有时降低至16帧/s或更低。

2) 数据量。视频信号的大量数据将使计算机和显示器的运行速度跟不上，通常经过压缩处理的视频信号数据量将是原来的几十分之一，甚至更少。除了应有的数据压缩方法以外，减少数据量的方法还有很多，例如，减小画面尺寸，降低帧速度、减少彩色数量等。

3) 图像质量。图像质量除了与原始数据有关以外，还与视频压缩的强度有关，过分压缩会使图像质量明显下降。应在图像质量与数据量之间寻求平衡。

5. 数字视频压缩技术

在数字视频压缩技术问世之前，数字视频信号的数据量非常大，例如有效尺寸为320×233像素的窗口中，以25帧/s的速度播放1min的视频信号（颜色数为8bit），其数据量为：

$$(320 \times 233 \times 8 \times 25 \times 60) \text{ bit} = 894\ 720\ 000 \text{bit}（约合107\text{MB}）$$

按照当时的硬盘容量540MB计算，如果全部用来播放视频信号，只能播放5min多时间。由此可见，视频数据如果不压缩，将严重阻碍视频技术的发展。

数字视频压缩技术利用复杂的算法对视频信号进行处理时，由于视频信号数据量大，运算复杂，如果不采取相应的措施，计算机的CPU将不堪重负。为了解决此问题，视频压缩卡上安装有专用协处理器芯片，主要从事压缩和解压缩工作。

事实上，目前的视频数据几乎都采用有损数据压缩方法，由于图像损失很小，并且是动态的，因此肉眼不易察觉。另外，大多数视频压缩设备都提供压缩比的选择，可根据使用场合的不同和图像质量的不同选择合适的视频数据压缩比。

4.2.3 AVI文件描述

AVI是"Audio Video Interleave"的缩写，意为"音频视频交互"。该格式的文件是一种不需要专门的硬件支持就能实现音频与视频压缩处理、播放和存储的文件。AVI格式文件可以把视频信号和音频信号同时保存在文件当中，在播放时，音频和视频可同步播放。

图4-9是媒体播放机播放的AVI视频画面。从图中看到，在播放视频信号的同时，还可以调整音频信号的音量，聆听同步播放的声音。

AVI视频文件采用320×240像素的显示尺寸，可配有同步声音。多数多媒体产品均采用AVI视频文件来表现影视作品、动态模拟效果、特技效果和纪实性新闻。

AVI视频文件的扩展名是".avi"。利用视频文件编辑软件，可以对视频文件进行剪辑、合成、配解说词等多种加工编辑。Office系列软件中的电子幻灯片软件PowerPoint可以播放

AVI 视频图像。利用高级程序设计语言，可定义、调用和播放 AVI 视频文件。

常规的 AVI 视频文件画面小，画面质量较粗糙。几年前，扩展 AVI 视频文件问世并流行起来，它画面大，清晰度高，早期的播放器不支持，需使用新版媒体播放器播放。

4.3 声音文件

声音文件又被称为音频文件，用来记录自然声和计算机等电子设备产生的声音。声音文件分为两大类，一类是采用

图 4-9　媒体播放机播放的 AVI 视频画面

WAV 格式的波形音频文件；另一类是采用 MIDI 格式的乐器数字化接口文件。对于 WAV 格式文件，通过数字采样获得声音素材；而对于 MIDI 格式文件，则通过 MIDI 乐器的演奏获得声音素材。

计算机的声卡具有声音解码器和 MIDI 接口。对于 WAV 格式的文件，采用波形音频编辑器对其进行编辑。对于 MIDI 格式的文件，使用专门的 MIDI 音频编辑器可对音频文件进行各种加工、合成和编辑操作。

4.3.1　WAV 文件描述

声音是随时间连续变化的物理量，并且是一种能借助介质传播的波。WAV 波形音频文件是一种最直接的表达声波的数字形式，扩展名为".wav"，其表达形式见图 4-10。

1．波形音频素材的获取

WAV 是"wave"一词的缩写，意为"波形"。获取波形音频素材可以利用麦克风录音。还可以将音响设备、录音机、收音机、电视机以及所有声源的音频输出信号接入声卡的线路输入端（Line input）进行录音。利用音频处理软件将 CD 音乐光盘进行采样，并转化为数字音频信号，或者从互联网上获取音频。

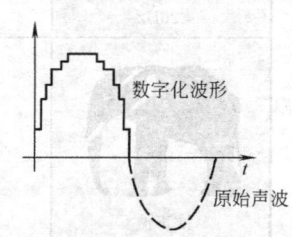

图 4-10　声波的数字表达形式

2．波形音频信号指标

波形音频信号是数字信号，在获取数字信号时，需要对声波进行采样。采样频率越高，数据量越大，音质就越好。除了采样频率以外，声道模式也是决定数据量大小的关键条件，立体声模式比单声道模式的数据量大一倍。表 4-1 列出了采样频率与相关技术指标。

从表中看出，采样频率、采样精度、声道模式三者对音频信号数据量有影响。在音质评价上，有 3 个质量等级，即电话质量、收音机质量和 CD 质量。3 个质量等级之间的音质评价遵循采样频率越高，音质越好的原则。

3．常见的波形音频范围

自然界中，声波的频率范围很宽，然而人耳只能听到其中的一部分，人耳的可听域在 20～20000Hz 之间，低于 20Hz 或高于 20000Hz 的声音都是听不到的。

低于 20Hz 的声音叫做"次声波"，经动物学家研究，大象能用次声波互相联络。

表4-1 采样频率与相关技术指标

采样频率/Hz	采样精度/bit	声道模式	数据量/(KB/s)	编码方法	音质评价
8000	8	单声道	8	PCM	
		立体声	16	PCM	
11 025	8	单声道	11	PCM	电话质量
		立体声	22	PCM	
22 050	8	单声道	22	PCM	收音机质量
		立体声	43	PCM	
44 100	8	单声道	43	PCM	
		立体声	86	PCM	
8000	16	单声道	16	PCM	
		立体声	31	PCM	
11 025	16	单声道	22	PCM	
		立体声	43	PCM	
22 050	16	单声道	43	PCM	
		立体声	86	PCM	
44 100	16	单声道	86	PCM	
		立体声	172	PCM	CD质量

高于20 000Hz的声音叫做"超声波",海洋哺乳类,如鲸、海豚等都能发出超声波,用来寻找食物和互相联系。

图4-11是声音频率分布示意图。

图4-11 声音频率分布

在日常生活中,不同的声源有不同的频率范围,表4-2列出了常见的声源及其频率范围。

表4-2 常见的声源及其频率范围

声源种类	频率范围	
	下限频率/Hz	上限频率/Hz
男性语音	100	9000
女性语音	150	10 000
电话语音	200	3400
调幅广播信号	50	7000
调频广播信号	20	15 000
专业级音响放大器	10	40 000

4. WAV 波形音频文件的特点

WAV 格式的波形音频文件，在采样频率、数据量、声音重放等方面具有以下明显的特点：

1）采样频率越高，数字化声音与声源越接近，音质越好，数据量越大。
2）可选择立体声或单声道形式，立体声比单声道的数据量大一倍。
3）声音效果稳定、一致性好。
4）可真实地记录任何一种声源发出的声音，例如乐器声、人声、鸟鸣、海涛声等。
5）数据记录详尽，音频数据基本上没有经过压缩处理，数据量大。

由于 WAV 格式能够真实地记录声源的声音，因此，尽管数据量很大，但如果声音时间不长，不失为理想的声音记录形式，这也是为什么多媒体产品总采用 WAV 格式的原因。

4.3.2 MIDI 文件描述

MIDI 是 "Musical Instrument Digital Interface" 的缩写，意为 "乐器数字化接口"，是乐器与计算机结合的产物。MIDI 提供了电子乐器与计算机内部之间的连接界面和信息交流方式，MIDI 格式的文件采用 ".mid" 作为扩展名，简称为 MIDI 文件。

1. MIDI 概念

1983 年 8 月 5 日，MIDI 数字音乐国际标准正式制定。根据标准，MIDI 设备必须具备 3 种连接器：IN（输入连接器）、OUT（输出连接器）和 THRU（扩充连接器）。利用 3 个连接器与外部乐器相连。演奏与 MIDI 相连的乐器时，按哪个键、用力大小、时间长短等信息被传送到 MIDI 设备中，形成 "遥控键盘信息"。由于 MIDI 文件并不记录波形音频信号，因此 MIDI 文件的数据量很小。MIDI 文件形成后，可以对文件细节部分进行修改，如音乐节拍、音色等。

一般而言，MIDI 文件只与乐器之间发生紧密的信息联系，因此，MIDI 文件不太适合用来表现人声和自然界中的声音。

2. MIDI 文件的内容

MIDI 文件所描述的信息是一串时序命令，用于记录音乐的行为模式，如乐器的特征音色、乐器的属性等。音乐的行为模式包含：按键音符信息、时间长度和 16 个乐器通道的分配信息。其中，按键音符信息包括乐器键盘是否按键、通道占用时间、音量、按键时间长短，以及按键力度等信息；乐器通道则对应单独的乐器。

3. MIDI 的技术规格

1）通道，英文名称是 "Channel"。MIDI 设备共有 16 个通道，每个通道连接一个独立的乐器。微软的 Windows 系统规定：1~10 通道连接扩展合成器，13~16 通道连接基本合成器。

2）音序器，英文名称是 "Sequencer"。音序器由计算机程序或电子设备组成，用于 MIDI 作曲。主要功能有：记录、播放 MIDI 音乐、编辑 MIDI 音乐、输入输出 MIDI 音乐文件等。

3）合成器，英文名称是 "Synthesizer"。合成器用来产生音乐或声音。MIDI 数据首先在合成器中变换成波形，然后送到扬声器发声。合成器产生的声音质量由多种因素决定，如：同时产生独立波形的个数、合成器驱动软件的功能、合成器存储容量等。多媒体计算机可使用基本合成器和扩展合成器。两种合成器的差别是同时播放的音符数量和乐音数量不同。

4）乐器，英文名称是 "Instrument"。它是能产生具有特定声音的合成器。各种合成器都有自己特定的声音，它们之间存在较大的差异。

5）复音，英文名称是 "Polyphony"。是合成器能够同时支持的最大音符数。音符数越多，表现力越强。如某合成器支持 3 个音符的复音，该合成器就能模拟大三和弦、小三和弦等。

6) 音色，英文名称是"Timbre"。音色是由复杂因素构成的音乐特征，为声音的识别提供了依据。MIDI 模拟不同的声音频率特性，以此表现不同的音色，如不同的乐器和人声。

7) MIDI 标准。规定了电子乐器与计算机的连接方式、电缆规格和相关的硬件配置。并且，规定了乐器之间数据传送的通信协议。

4. MIDI 乐器的连接

MIDI 乐器之间的连接依靠 3 种端口：

1) MIDI IN 端口。这是输入端口，负责接收其他 MIDI 设备发出的信息，例如电声乐器键盘、计算机中的 MIDI 适配卡等。

2) MIDI OUT 端口。这是输出端口，通过此端口，把乐器的 MIDI 信息传送出去，接收方通常是另一台电子乐器。

3) MIDI THRU 端口。这是扩展端口，通过该端口，把乐器从输入端口得到的信息直接传递到其他 MIDI 乐器的输入端上，起到乐器串联的作用。其形式如图 4-12 所示。

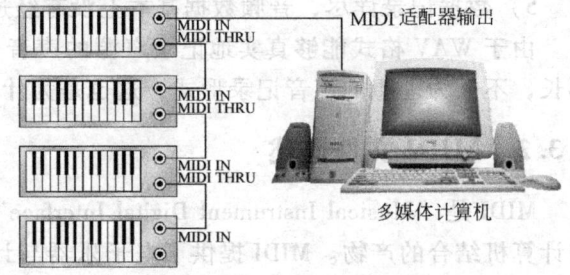

图 4-12 利用 MIDI THRU 端口进行乐器串联

MIDI 乐器上的 MIDI THRU 端口通常是 5 针 DIN 插座，通过带有屏蔽层的双芯线连接在一起，线段长度一般不超过 15m。

习题四

4.1 列举几种常用的静态图像文件格式，它们具有什么特点？
4.2 真彩色图像的颜色数量有多少？
4.3 用于显示和打印的图像采用几种基色？
4.4 用于印刷的图像采用几种基色？
4.5 动态图像的动感是怎样实现的？
4.6 动态图像具有哪些特点？
4.7 什么是声音？
4.8 音频文件的数据量与哪些因素有关？
4.9 人耳的可听域有多大？
4.10 WAV 格式的文件与 MIDI 格式的文件有什么不同？
4.11 为什么多媒体产品中经常使用 WAV 格式的文件？

第 5 章 多媒体数据压缩技术

多媒体产品所涉及的媒体文件种类多、数据量大，保存、传送和携带非常不便，数据压缩技术的应用使上述问题迎刃而解。数据压缩技术既包含硬件技术，又包含软件技术，但是其数据压缩的实现都是数学运算的结果。

数据压缩技术经历了漫长的发展过程，早在 1948 年，Oliver 提出了 PCM 编码理论（PCM 的全名是 "Pulse Code Modulation"，意为"脉冲编码调制"）。该编码理论的提出，标志着数据压缩技术的诞生。

在以后的发展过程中，数据压缩技术得到了不断的研究和发展。1977 年，Lempel Ziv 压缩技术问世，出现了冗余字符串查找和简短标记替代技术。随后霍夫曼又提出了定量字符变换成变量压缩字符的数据压缩方法。直到 1984 年前后，持续的理论研究和实验已经基本具备了实用性的条件。随后，数据压缩技术的研究进入实用性阶段，数据压缩技术的专利保护机制建立起来。1989 年，人类制成了世界上第一个专门用于数据压缩的集成电路。

数据压缩技术的应用领域如下：
1) 图像信号、视频信号和音频信号的压缩编码。
2) 文件存储系统和分布式系统的数据压缩编码。
3) 为数据安全保密而开发的数据压缩编码。
4) 压缩数据促进了快速算法的研究。

5.1 数据压缩基本原理

数据压缩的目的是在传送和处理信息时，尽量减少数据量。数据压缩的对象是数据，并不是信息，尽管数据和信息常被人们混为一谈，但数据和信息有着不同的概念。数据用来记录和传送信息，是信息的载体。真正有用的不是数据本身，而是数据所携带的信息。

多媒体技术是所有计算机应用领域中信息量最大的领域，音频、视频和图像文件都是几十兆甚至上百兆字节的大文件，多媒体技术所面临的最大难题就是海量数据问题。如果不采用数据压缩技术，将在很大程度上限制多媒体技术的发展。

5.1.1 信息、数据与编码

在多媒体技术中，不论什么媒体形式，它的作用就是承载信息。而数据则是描述媒体的基本单元，编码则是解决数据存储与传送问题的钥匙。

1. 信息和熵

信息量的大小和消息有一定的关系。在数学上，消息是其出现概率的单调下降函数。信息量越大，消息的可能性越小，反之亦然。信息量是指：为了从 N 个相等的可能事件中挑选出一个事件所需的信息度量和含量，所提问"是或否"的次数。也就是说，在 N 个事件中辨识特定的一个事件要询问的"是或否"次数。

例如，要从 256 个数中选定某一个数，可以先提问"是否大于 128？"，不论回答是与否，则半数的可能事件被取消。如果继续询问下去，每次询问将对应一个 1bit 的信息量。随着每

次询问,都将有半数的可能事件被取消,这个过程由下列公式表示:

$$\log_2 256 = 8\text{bit}$$

从公式看出,对于256个数的询问只要进行8次,即可确定一个具体的数。设从N个数中选定任意一个数x的概率为$p(x)$,假定选定任意一个数的概率都相等,即$p(x)=1/N$,则信息量为:

$$I(x) = \log_2 N = -\log_2 1/N = -\log_2 p(x) = I[p(x)]$$

如果将信息源所有可能事件的信息量进行平均,即可得到信息的"熵"(entropy),熵是平均信息量。信息源X的符号集为x_i($i=1,2,\cdots,N$),设x_i出现的概率为$p(x_i)$,则信息源X的熵为:

$$H(X) = \sum_{i=1}^{n} p(x_i) I[p(x_i)] = -\sum_{i=1}^{n} p(x_i) \log_2 p(x_i)$$

2. 信息与数据

信息可以用函数表示,该函数以概率论的观点对信息进行定量描述,该函数是由信息论创始人C. E. Shannon提出的,具体的信息函数表达式为:

$$I(a_i) = -\log_2 P_i \quad (i=1,2,\cdots,r)$$

式中,P_i($i=1,2,\cdots,r$)是随机消息组合$X\{a_1,a_2,\cdots,a_r\}$中消息a_i($i=1,2,\cdots,r$)的先验概率。P_i可以度量a_i($i=1,2,\cdots,r$)所含的信息量。而$I(a_i)$($i=1,2,\cdots,r$)在X的先验概率空间$P\{p_1,p_2,\cdots,p_r\}$中的统计平均值为信息源X的熵:

$$H(X) = H\{p_1,p_2,\cdots,p_r\} = -\sum_{i=1}^{n} p_i \log_2 p_i$$

信息源X的熵用来度量X中每一种消息中所包含的平均信息量。作为信息定量化描述的熵,主要表示信息系统的有序程度,而不是热力学中系统的无序程度。

3. 多媒体信息的数据量

多媒体信息具有注重表达、保持高质量的模拟程度、还原迅速等突出的特点,这意味着要使用大量的数据来描述多媒体信息。未经压缩处理的多媒体数据对信息传输、演示以及保存都构成了非常不利的因素。那么,多媒体信息的数据量是如何计算的呢?现在以文本、图像、音频和视频信息为例进行介绍。

1) 文本。主要用于演示。假设屏幕的显示分辨率为1024×768像素,屏幕上的字符为16×16点阵,每个字符用4个字节表示,则显示一屏字符所需要的存储空间为:

$$(1024/16) \times (768/16) \times 4\text{B} = 12\,288\text{B}（约合12KB）$$

2) 图像。图像由像点构成,假定一幅图像显示在1024×768像素分辨率的屏幕上,则满屏幕像点所占用的空间为:$1024 \times 768 \times \log_2 256 \text{B} = 768\text{KB}$

3) 音频。数字音频的数据量由采样频率、采样精度、声道数量3个因素决定。假定需要还原的模拟声音频率是22 050Hz,这个频率已经达到人耳听觉的上限,则其数字采样频率取44 100Hz,采样精度为16bit,双声道立体声模式,1min所需数据量为:

$$44\,100\text{Hz} \times 2\text{B}（16\text{bit采样精度}）\times 2（双声道）\times 60\text{s} = 10\text{MB/min}$$

按照一首乐曲或歌曲的长度为4min计算,对应的音频数据量约为40MB。

4) 视频。我国采用带宽为5MHz的PAL制视频信号,扫描速度25帧/s,样本宽度24bit,采样频率最低10MHz,则一帧数字化图像所占用的最少存储空间为:

$$10\text{MHz}（采样频率）\div 25\text{帧/s}（扫描速度）\times 24\text{bit}（样本宽度）= 9.6\text{Mbit}（合1.2MB）$$

按照每秒钟显示25帧画面计算,每秒钟的数据量为:$1.2\text{MB} \times 25 = 30\text{MB}$

可见,多媒体信息的数据量是很大的。如果不对如此大量的数据做多种形式的压缩处理,信息的保存、传输和携带都将成为很大问题。

5.1.2 数据压缩的条件

数据压缩是有条件的，主要表现在以下3个方面：

1. 数据冗余度

音频信号和视频信号等原始数据通常存在很多用处不大的空间，这种空间越多，数据的"冗余度"也越大。通过数据的压缩，可把这些不用的空间去掉。

2. 人类不敏感因素

一般而言，人类对某些频率的音频信号不敏感，在数据压缩时，可去掉这些不敏感成分，减少数据量。另外，人眼存在视觉掩盖效应，即对亮度比较敏感，而对边缘的强烈变化并不敏感，如果对表现边缘的复杂数据进行适当压缩，也可减少数据量。

3. 信息传输与存储

信息承载在数据上进行传输和存储，在传输和存储前后需要对数据进行压缩处理，其基本原理如图5-1所示。

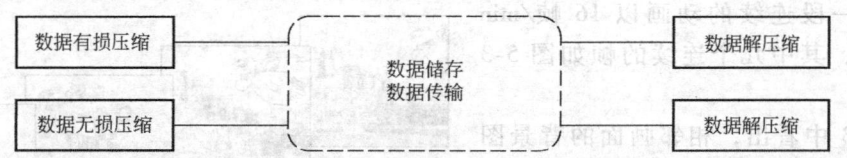

图5-1 数据传输前后的压缩处理

数据在存储和传输之前，首先进行数据有损压缩或者数据无损压缩，待传输到目的地或读出数据时，再进行数据还原，进行数据的解压缩过程。如果数据被有损压缩，则解压缩后的数据仍然有损，但是只要压缩算法适当、压缩比适当，有损压缩仍可以满足基本的有效数据。例如，JPEG格式的图像数据经过有损压缩和解压缩，如果选择适当的压缩比，其图像质量仍能保持相当高的水平，损失的像素和颜色不易察觉。

5.1.3 数据冗余

1. 冗余的基本概念

冗余是指信息所具有的各种性质中多余的无用空间，其多余的程度叫做"冗余度"。一般而言，图像和语音的数据冗余度很大。

下式表示了信息量、数据量和冗余量之间的关系：

$$I = D - du$$

式中，I代表信息量，D表示数据量，du是冗余量。冗余量du包含在D中，冗余量du应在数据进行存储和传输之前去掉。

举例说明具体的数据冗余情况。播音员的播音语速一般为每分钟180字，由于计算机中用2B（16bit）表示一个汉字，因此，播音员每分钟阅读的汉字共占用360B。为了把播音员的声音数字化，需要以高出播音员声音频率一倍的频率进行采样。这就是说，一般播音员的播音频率为4kHz，采样频率即为8kHz。当采用8bit的采样精度进行采样时，得到的每秒钟数字音频信号数据量为：8kHz×8bit＝64kbit/s。

每秒钟的数据量是8KB，则每分钟的数据量为：8KB/s×60s/min＝480KB/min。

比较一下，播音员每分钟阅读的汉字共占用360B，折合0.35KB，而经过数字化采样得到的音频信号数据量为480KB，两者相差1000余倍，可见数据冗余现象的严重程度。

2. 冗余分类

信息中数据冗余的现象比较普遍，数据冗余的种类也不尽相同。归纳起来，一般有以下几种冗余现象：

（1）空间冗余

规则物体的表面具有物理相关性，将其表面数字化后表现为数据冗余。例如白墙上挂着一幅画，如图 5-2 所示。拍成数字照片后，墙面除了挂画的地方，其余的地方全部是相同的白色。这就是说，墙面所有像素与相邻颜色信息完全相同，在统计上是冗余的。冗余的像素数据可以压缩，甚至相

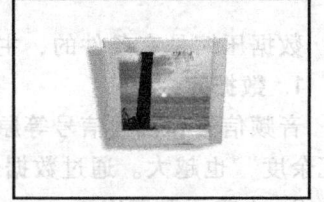

图 5-2　白墙与画——空间冗余

邻颜色极为接近的像素数据也可以压缩，只要掌握适度就可以保证图像的良好视觉效果。

（2）时间冗余

视频信号和动画等有序排列的图像很容易产生数据冗余现象。在播放有序排列图像时，相邻画面中同一位置的内容有变化，则这一位置的内容是"活动"的。而相邻画面中的其余内容没有变化，画面视觉效果相对静止，这时，相邻画面无变化的内容构成了时间上的冗余。

例如，一段连续的动画以 16 帧/min 的速度播放，其中几个连续的帧如图 5-3 所示。

从图 5-3 中看出，相邻画面的背景图案和位置固定不变，画面之间具有很大的相关性，造成时间上的冗余。画面中有变化的是飞行的人物，其位置不断变化，数据不重复，没有时间冗余。在存储和传输

图 5-3　动画与时间冗余

动画数据时，没有必要把所有画面的信息作为有效数据进行处理，而只需把第一帧画面内容进行处理，然后在后续的若干帧中，描述天空人物的位置变化即可。

（3）统计冗余

统计冗余是空间冗余和时间冗余的总称。通常采用统计出现概率的办法来鉴别空间冗余和时间冗余，因此空间冗余和时间冗余具有统计特性。例如某图像相邻的同特性像素重复出现的概率非常大，则相邻像素具有相关性，即被确认有冗余发生。而图像的其他像素重复出现概率很小，相邻像素的相关性不大，冗余就会很小或不发生。

（4）结构冗余

数字图像中具有规则纹理的表面、大面积相互重叠的相同图案、规则有序排列的图形等结构都存在数据冗余，这种结构上的冗余被称为结构冗余。

图 5-4 所示的是两种存在冗余的结构。

图 5-4 中，左侧的图像由基本形状重叠而成，形成纹理图案。这种结构上的重叠，产生的冗余量非常大，数据的可压缩性也大。处理图像时，只需把基本形状的像素进行存储或传输，其余部分利用坐标描述即可。图像质量损失不大，还减少了数据量。

右侧图像也存在结构上的冗余，背景图案由钟表规则排列而组成，就冗余度而言，比左侧图像略好一些。结构冗余一般发生在结构特性明显且突出的图像上，如图中的纹理图案、图形规则排列的情形。

（5）信息熵冗余

信息熵冗余也叫编码冗余。信息熵是指一团数据所携带的信息量，信息熵冗余则在一团

数据的内部产生。信息熵的一般定义为：

$$E = -\sum_{i=0}^{k-1} p_i \log_2 p_i$$

式中，E 为信息熵；k 为数据类数或码元的个数；p_i 为发生概率。为使单位数据量 d 等于 E 或接近 E，设单位数据量 d 为：

$$d = \sum_{i=0}^{k-1} p_i b(y_i)$$

式中，d 为单位数据量；k 为数据类数或码元的个数；$b(y_i)$ 为分配给码元类 y_i 的比特数。理论状态下，$b(y_i)$ 应设为：

图 5-4 两种存在冗余的结构

$$b(y_i) = -\log_2 p_i$$

式中，p_i 是 y_i 的发生概率。由于要预先估算出 $\{p_0, p_1, \cdots, p_{k-1}\}$ 很困难，因此，一般取：

$$b(y_0) = b(y_1) = b(y_2) = \cdots = b(y_{k-1})$$

这样一来，单位数据量 d 的值必然大于信息熵 E，产生信息熵冗余。

（6）视觉冗余

人类的视觉敏感度有一定限度，图像色彩、亮度、层次、轮廓的微小变化一般不易察觉，这就产生了视觉冗余。研究表明，人类对图像的视觉感知不是线性的，呈现不均匀性。人类对亮度的快速变化最为敏感，如灯光闪烁。但亮度变化缓慢时，通常熟视无睹。人类对声音的敏感度也是不均匀的，总是对某些频率的声音特别敏感，而对另一些频率的声音就不太敏感。人类对色彩的变化也有局限性，大多数人只能辨别 2^6 灰度等级的图像，一幅最普通的具有 2^8 灰度等级的图像很多细节都察觉不到。可见，视觉冗余比较普遍。

（7）知识冗余

知识是人类独有的，凭借经验就可辨识事物，无须进行全面的比较和鉴别。而计算机则没有经验可循，只能按部就班地扫描和处理数据，这种与人类差异所造成的数据冗余就是知识冗余。参见图 5-5，人类凭借经验可轻松地知道：左侧是人物，中间是鱼类，右侧是建筑，与主题无关的不敏感像素被忽略，其数据量要比由计算机逐个像素描述的图像少得多，这种数据量的差异构成了知识冗余。

图 5-5 经验与知识冗余

（8）其他冗余

除了如前所述的若干种数据冗余以外，由于图像空间的非定常特性而产生的冗余，以及其他种类的冗余，均属于其他冗余之列。

5.2 数据压缩算法

数据压缩的核心是计算方法，不同的计算方法，产生不同形式的压缩编码，以解决不同数据的存储与传送问题。实际上，数据冗余类型和数据压缩的算法是对应的，一般根据不同的冗余类型采用不同的编码形式，随后是采用特定的技术手段和软硬件，以实现数据压缩。

数据的压缩处理一般分两个过程：

1）编码过程。该过程将原始数据进行压缩，形成压缩编码，然后将压缩编码数据进行传送和存储。

2）解码过程。该过程将压缩编码数据进行解压缩，还原成原始数据，提供使用。

编码过程与解码过程是成对出现的过程，其计算方法严格配套。数据经过编码和解码过程，应不会产生很大损失，否则数据压缩就失去了实际意义。

5.2.1 数据压缩算法分类

数据压缩算法一般按照应用原则进行分类，即考虑解码后的数据与压缩之前的原始数据是否完全一致。如果完全一致，意味着数据没有发生任何损失，对应的压缩算法形成的编码称为无损压缩编码。如果解码后的数据与原始数据不一致，则是有损压缩编码。

1. 无损压缩编码

无损压缩编码是无损压缩形成的编码，该编码在压缩时不丢失数据，还原后的数据与原始数据完全一致。无损压缩具有可恢复性和可逆性，不存在任何误差。

无损压缩编码基于信息熵原理，属于可逆编码（Reversible coding）。可逆是指压缩的数据可以不折不扣地还原成原始数据。典型的可逆编码有：霍夫曼编码、算术编码、行程编码等，其编码分类见图5-6。

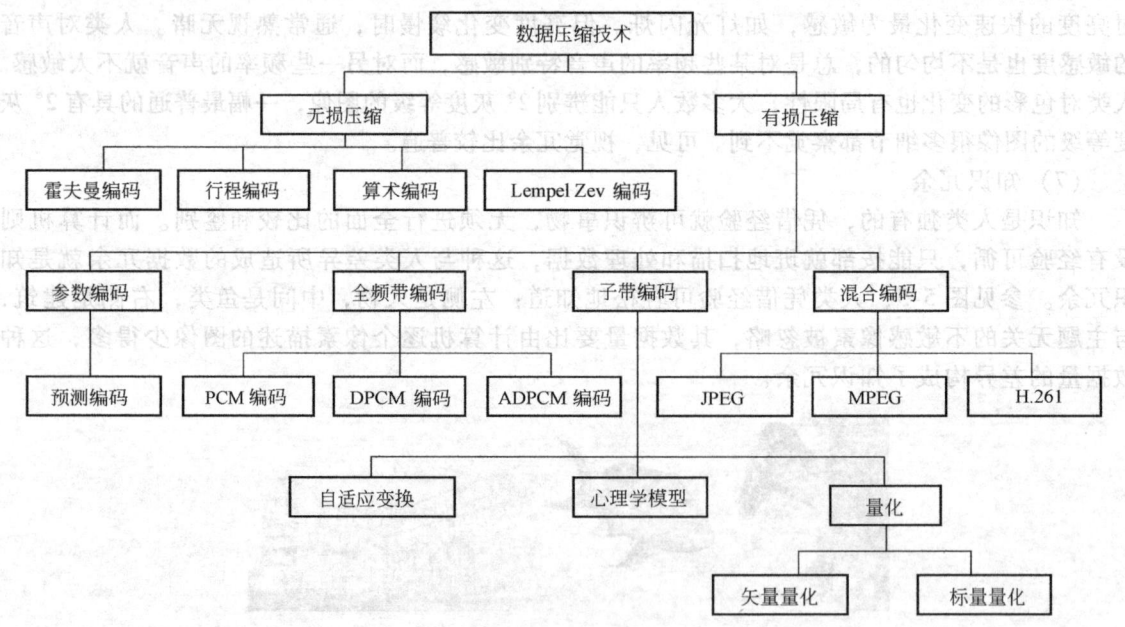

图 5-6　数据压缩分类

可逆编码与被处理的信息熵有关，其压缩比一般不高，这主要是由于该编码方法必须保证数据"无损"，必要的数据量比较大的缘故。

可逆编码一般用于要求严格、不允许丢失数据的场合。例如，医疗诊断中的成像系统、声音鉴别系统、星际探测的图像传送、卫星通信、全球定位系统、传真、网络通信等。

2. 有损压缩编码

有损压缩编码是有损压缩形成的编码，该编码在压缩时舍弃部分数据，还原后的数据与原始数据存在差异，有损压缩具有不可恢复性和不可逆性。

有损压缩编码属于不可逆编码（Non Reversible Coding），种类较多（参见图 5-6），主要的编码类型有：

1）预测编码（Predictive Coding），即基于线性预测原理的编码，主要用于对数据冗余进行压缩。由于图像中相邻像点的相关性较强，若其中一点已经被编码，便可预测并估计相邻像点的编码模式。

2）PCM 编码（Pulse Code Modulation），即脉冲编码调制编码，主要用于对连续语音信号进行空间采样、量化和进行数字编码。其中，空间采样和量化是针对模拟量转换成数字量而进行的，数字编码则是针对数字化了的音频信号而进行的。PCM 编码直接对音频信号进行模数转换，只要采样频率足够高，采样精度足够大，解码后的数字音频信号质量也就比较高。这种对声音直接量化的方法数据量大，要求信号传输速率高。

3）量化与矢量量化编码（Vector Quantization），即基于矢量量化原理的编码。把模拟量转换成数字量需经过量化过程，若量化数据在动态范围内的概率密度呈均匀分布的话，则可等间隔地区分量化的级别。对图像的像点进行量化时，一般可每次量化一个像点，但也可量化一组像点。量化一组像点的做法叫做"矢量量化"。

4）频段划分编码（Subband Coding），即基于频段划分处理原理的编码。当图像数据变换到频域后，按照频率分布划分频段，然后对各频段进行不同的量化处理，使组合方式达到最优。

5）变换编码（Transform Coding），即基于正交变换原理的编码，这种编码主要用于对统计冗余和视觉冗余进行压缩。该编码把图像光强矩阵的时域信号变换成频域分布信号，然后进行处理。

6）知识编码（Knowledge-Based Coding），即基于知识的编码。这种编码将人类知识用参数进行描述，形成一个规则库，然后再根据规则库中的参数，对图像进行编码和解码。

除了上述编码以外，还有基于分层处理的分层编码等。

5.2.2 预测编码原理

预测编码（Predictive Coding）是有损压缩编码，现代统计学和控制论是该编码的理论基础，主要用于对统计冗余进行压缩。

1. 预测编码的基本原理

根据算法模型，用原有的样本值对新样本进行预测，得到新样本的预测值。接着，取新样本的实际数值，然后和预测值进行比较，二者相减得到差值，最后对差值进行编码，这就是预测编码形成的基本过程。预测编码的关键是算法模型，如果算法模型比较理想，则样本序列在时间上具有较强的相关性，差值的幅度将远远小于原始信号，从而获得较大的压缩比。

2. 预测编码的应用

预测编码是图像的传输和存储方面常用的编码方法。对于图像而言，预测的对象是下一个像点、下一条线或下一帧，这些通常都存在冗余。在一帧图像内，相邻像点之间的相关性比较强，任何像点都可以通过已知样本值进行预测。而对于连续的多帧图像，新一帧通常保留前一帧的部分内容，例如背景和静止不动的物体。进行预测编码时，首先存储当前内容，例如图像的像点、帧或线。接着，把当前内容作为样板，与下一帧图像内容进行比较（预测），找出不同点，并把不同点进行存储或传输，而相同点则是数据冗余，予以剔除。这时的数据量将会大幅度减少，压缩效果明显。

在现实中，理想的算法模型是不存在的，没有一个数学模型能够完全取代信息源。实际上，算法模型通常由预测器替代。预测器独立工作，不直接涉及数据源，它获取当前样本，并以最小的误差对下一个新样本做预测。在预测时，利用样本的线性或非线性特性，计算最小均方量化误差，并以此作为最优量化基础。

3. DPCM 预测压缩算法

DPCM（Differential Pulse Code Modulation）是差分脉冲编码调制算法，主要用于对图像的像素进行预测，并进行压缩处理。差分脉冲编码的基本工作原理如下：

首先比较相邻的两个像素，如果两个像素之间存在差异，将差异之处的差值传送出去，若比较的像素之间没有差异，则不传送差值。由于图像中相邻像素通常是类似的，即具有一定的相关性，像素之间的差异很小，因此，传送出去的差值总是少于整个图像的像素值，达到了减少数据量的目的。差分脉冲编码的基本工作原理见图 5-7。

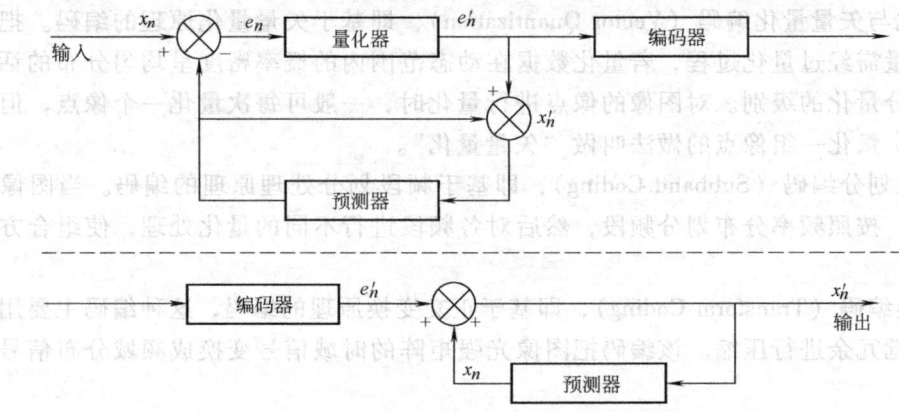

图 5-7　差分脉冲编码的基本工作原理

图中　x_n——输入信号，为 t_n 时刻的样本值；

x'_n——预测值，根据 t_n 时刻之前的采样值 x_1，x_2，…，x_{n-1} 得到；

e_n——x_n 和 x'_n 的差值；

e'_n——e_n 经过量化器量化后的输入信号。

产生的量化器的量化误差为：$x_n - x'_n = x_n - (x'_n + e'_n) = (x_n - x'_n) - e'_n = e_n - e'_n = q_n$

q_n 恰好就是发送端的量化误差。

4. ADPCM 自适应差分编码

ADPCM（Adaptive Differential Pulse Code Modulation）自适应差分编码调制编码具有自适应特性，该编码包括自适应量化和自适应预测两种形式，主要用于对中等质量的音频信号进行高效率压缩，例如语音信号的压缩、调幅广播音质的信号压缩等。

1）自适应量化。在一定的量化级数下，减少量化误差或在相同误差情况下压缩数据，并且根据信号分布不均匀的特点，随输入信号的变化而改变量化区间的大小，以保证输入量化器的信号比较均匀，这种输入信号的自动调节能力就是自适应量化。自适应量化必须具有对输入信号幅度值的估算能力，否则无法确定信号改变量的大小。若估算在量化输入端进行，则称为"前馈自适应"；若估算在量化输出端进行，则称为"反馈自适应"。

2）自适应预测。自适应预测是根据常见的信息源求得多组固定的预测参数，再将预测参数提供给编码使用。在实际编码时，根据信息源的特性，以实际值与预测值的均方差最小为原则，自适应地选择其中一组固定的预测参数进行编码。这样，既增加了预测的准确度，又降低了计算的复杂程度，提高了编码效率。ADPCM 编码是 DPCM 编码的发展，通过调整量化的步长，使不同频段内的量化字长发生改变，进而使数据得到进一步的压缩。

上述预测编码采用压缩图像数据的空间冗余和时间冗余的方法，手段简捷、易于实现，但要求数据传输速度很高。另外，预测编码方法的压缩能力有限。为了进一步提高数据压缩能力，可采用其他编码方法，变换编码就是其中的一种。

5.2.3 变换编码原理

变换编码（Transform Coding）是一种对统计冗余进行压缩的方法，属于有损压缩编码，主要用于图像的数据压缩。变换编码首先对时域上的信号进行函数运算，将信号变换到频域上，然后在频域上对变换后的信号进行编码。在频域上，信息是按照频谱的能量和频率分布进行排列的。

在实际应用中，完成函数运算及其变换的算法很多，常用的有：卡胡南·劳埃夫变换、离散傅里叶变换、离散余弦变换，以及 WHT 变换等变换。在图像数据压缩中，将对描述像素的二维数组进行变换，其目的是减少数组的数据量，便于传输和存储。解压缩时，变换编码将反向进行，即进行所谓的"反变换"，利用反变换可恢复原来的数据。

5.2.4 统计编码原理

统计编码有别于预测编码和变换编码，该编码形式是根据消息出现概率的分布特性而进行工作的，属于无损压缩编码。统计编码需在消息和码字之间确定严格的对应关系或至少是极为接近的对应关系，以便在恢复数据时，准确无误或极为近似地再现原来面貌。

通常情况下，图像中的某些数据出现概率比较高，而另一些数据的出现概率则相对较低。统计编码对于出现概率高的数据分配短码，对于出现概率低的数据分配长码，此种方式使总数据流量降低，达到压缩数据的目的。由于统计编码并未舍弃数据冗余，只是改变了编码分配的长度，因此统计编码可达到无损压缩的程度，属于无损压缩编码。常用的统计编码有：霍夫曼编码、行程编码、算术编码、Shannon-Fano 编码等。

5.2.5 霍夫曼编码原理

霍夫曼（Huffman）编码是统计编码的一种，属于无损压缩编码。该编码方法早在 1952 年为文本文件而建立，现在已经派生出很多变体。霍夫曼编码的码长是变化的，对于出现频率高的信息，编码的长度较短；而对于出现频率低的信息，编码长度较长。这样，处理全部信息的总码长一定小于实际信息的符号长度。根据这一原理，霍夫曼编码的实际编码过程按照如下步骤进行：

1) 将信号源的符号按照出现概率递减的顺序排列。
2) 将两个最小出现概率进行相加，得到的结果作为新符号的出现概率。
3) 重复进行步骤 1) 和 2)，直到概率相加的结果等于 1 为止。
4) 在合并运算时，概率大的符号用编码 0 表示，概率小的符号用编码 1 表示。
5) 记录下概率为 1 处到当前信号源符号之间的 0、1 序列，从而得到每个符号的编码。

下面举例说明霍夫曼编码过程。

设信号源为 $s = \{s1, s2, s3, s4, s5\}$。

对应的概率为 $p = \{0.25, 0.22, 0.20, 0.18, 0.15\}$。

则编码过程如图 5-8 所示。

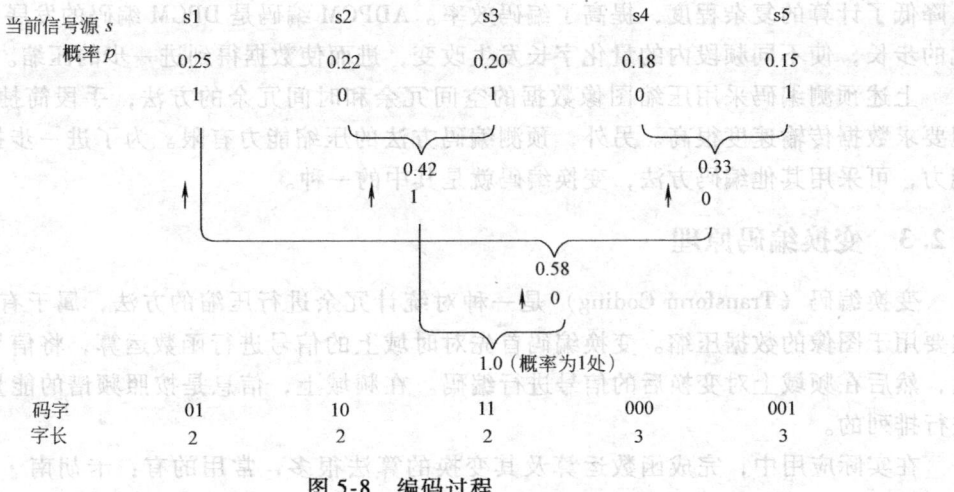

图 5-8　编码过程

当信号源符号的概率为 2 的负幂次方时，编码效率最高。若信号源符号的概率相等，则编码效率最低。霍夫曼编码成功与否，取决于是否能精确统计原始文件的字符值。为了保证精确度，霍夫曼编码通常采用两次扫描的办法，第一次扫描得到统计结果，第二次扫描进行编码。

在数据压缩领域，霍夫曼编码具有一些明显的特点：
1) 由于编码长度可变，因此译码时间较长，使得霍夫曼编码的压缩与还原相当费时。
2) 编码长度不统一，硬件实现有难度。
3) 为避免误码率高，霍夫曼编码采用双字长编码，概率高的字长短，概率低的字长长。
4) 对不同信号源的编码效率不同，当信号源的符号概率为 2 的负幂次方时，达到 100% 的编码效率；若信号源符号的概率相等，则编码效率最低。
5) 霍夫曼编码表是编码的重要依据，为了节省编码时间，通常把霍夫曼编码表存储在发送端和接收端。否则，在进行编码时还要传送编码表，在很大程度上延长了编码时间。

5.2.6　行程编码原理

行程编码（Run Length Coding）又称"运行长度编码"或"游程编码"，是一种统计编码，该编码属于无损压缩编码。行程编码的基本原理是：用一个符号值或串长代替具有相同值的连续符号（连续符号构成了一段连续的"行程"，行程编码因此而得名），使符号长度少于原始数据的长度。

例如，一个字符串"55555577777333222211111111"，其行程编码为：(5,6)(7,5)(3,3)(2,4)(1,7)。可见，行程编码的位数远远少于原始字符串的位数。

在对图像数据进行编码时，沿一定方向排列的具有相同灰度值的像素可看成是连续符号，用字串代替这些连续符号，可大幅度减少数据量。

行程编码分为定长行程编码和不定长行程编码两种类型。定长行程编码使用的编码位数固定，当行程长度超过能够表达的编码位数后，用下一个行程对超出部分进行编码；不定长行程编码的位数由行程的长短确定，是不固定的。

行程编码是连续精确的编码，在传输过程中，如果其中一位符号发生错误，即可影响整个编码序列，使行程编码无法还原回原始数据。解决的办法是：编码的行和列均分别采取同步措施，错误一旦发生，只存在出错的行或列中，不会扩散到其他编码序列中，限制了错误的作用范围。

5.2.7 算术编码原理

算术编码是无损压缩编码，属于统计编码。该编码是 20 世纪 60 年代由 Elias 提出的，某些方面优于霍夫曼编码，算术编码不要求数据分块输入，信息紧凑，计算效率高，可较容易地定义自适应模式。因此，在 JPEG 标准的扩展系统中，算术编码已经取代了霍夫曼编码。

算术编码的基本原理：将被编码的信息表示成实数轴上 0 和 1 之间的间隔，信息越长，间隔越小，表示这一间隔所需的二进制位数就越多。算术编码的特点如下：

1）算术编码有基于概率统计的固定模式，也有相对灵活的自适应模式。所谓自适应模式的工作方式是：为各个符号设定相同的概率初始值，然后根据出现的符号做相应的改变，得到改变值。由于其编码和解码使用同样的初始值和改变值，因此概率模型保持一致。

2）自适应模式适用于不进行概率统计的场合。

3）当信号源符号的出现概率接近时，算术编码的效率高于霍夫曼编码。

4）算术编码的实现相应地比霍夫曼编码复杂，但在图像测试中表明，算术编码效率比霍夫曼编码效率高 5% 左右。

5.2.8 LZW 压缩编码

LZW（Lempel Ziv Welch）压缩编码是一种先进的数据压缩技术，属于无损压缩编码，该编码主要用于图像数据的压缩。

1977 年，两位以色列教授 Lempel 和 Ziv 提出了查找冗余字符和用较短的符号标记替代冗余字符的概念，并以二人的名字命名这一概念，称为 Lempel-Ziv 压缩技术。1985 年，美国人 Welch 将 Lempel-Ziv 压缩技术从概念发展到实际运用阶段，命名为"Lempel Ziv Welch"压缩技术，简称"LZW"技术。该技术取得了 LZW 专利，被广泛用于图像压缩领域。

1. LZW 压缩基本原理

任何具有可预见性的数据都可以用标记进行表示，即用一种代码表示数据流中的重复字串。LZW 压缩技术就是利用这一原理，把数据流中复杂的数据用简单的代码来表示，并把代码和数据的对应关系建立一个转换表，又叫字符串表，有人也把该表称为编码对照表。转换表是在压缩或解压缩过程中动态生成的表，该表只在进行压缩或解压缩过程中需要，一旦压缩和解压缩结束，该表将不再起任何作用。

压缩过程中生成的转换表，记录了代码和数据的对应关系，并且只用于压缩过程。在解压缩过程中，LZW 压缩编码会生成另一个用于解压缩的转换表，该表与压缩时产生的转换表完全相同，数据以严格对应的无损方式被还原。

2. LZW 压缩的特点

LZW 压缩技术的处理过程比较复杂，该过程完全可逆，对于简单图像和平滑且噪声小的信号源具有较高的压缩比，并且有较高的压缩和解压缩速度。就原理而言，LZW 压缩技术可压缩和解压缩任何类型和格式的数据。具体特点如下：

1）LZW 压缩技术对于可预测性不大的数据具有较好的处理效果，常用于 GIF 格式的图像压缩，其平均压缩比在 2:1 以上，最高压缩比可达到 3:1。

2）对于数据流中连续重复出现的字节和字串，LZW 压缩技术具有很高的压缩比。

3）除了用于图像数据处理以外，LZW 压缩技术还被用于文本程序等数据压缩领域。

4）LZW 压缩技术有很多变体，例如常见的 ARC、RKARC、PKZIP 高效压缩程序。

5）对于任意宽度和像素位长度的图像，都具有稳定的压缩过程。
6）压缩和解压缩速度较快。
7）对机器硬件条件要求不高，在 Intel 80386 的计算机上即可进行压缩和解压缩。
8）由于算法复杂，甚至有时会出现压缩后的文件反而比原始文件大的"病态"。

3. LZW 压缩编码过程

在 LZW 压缩编码过程中，主要处理 3 种数据：

1）输入流——原始图像数据流。

2）输出流——压缩生成的代码流，由于代码流比输入流短得多，因而实现了数据的压缩。

3）字符串表——记录代码与数据的转换关系，这是 LZW 压缩算法的核心。字符串表最多具有 4096 项，在压缩过程中，字符串表把压缩过程中遇到的字符串记录其中，在下次又遇到相同字符串时，就用很短的代码取代字符串，生成输出流。

当字符串表将满时，压缩程序输出一个清除码，对字符串表进行初始化，以便接收新的数据流。当原始图像数据流结束时，压缩程序输出一个图像结束码，通知程序结束压缩过程。解压缩时，程序动作与压缩过程相同。

在 LZW 压缩程序工作时，开辟了两个缓冲区，即当前前缀码（Current Prefix）缓冲区和当前串（Current String）缓冲区。其中，当前前缀码缓冲区用于存放上一次处理的代码；当前串缓冲区用于存放前缀码所代表的字符串和当前接收的字符串，并把两种字符串连接在一起，形成一个字符串。LZW 编码过程如图 5-9 所示。

压缩过程开始时，首先初始化字符串表，此时前缀码缓冲区和当前串缓冲区都是空的。读入一个字符后，在当前串缓冲区中，前缀码代表的字符串与当前读入的字符衔接在一起，由于前缀码代表的字符串在开始时是空的，因此当前串缓冲区中只有当前读入的字符。此时，字符串表中也只有这一字符。随后，压缩程序把当前串缓冲区中的字符赋值到前缀码中。

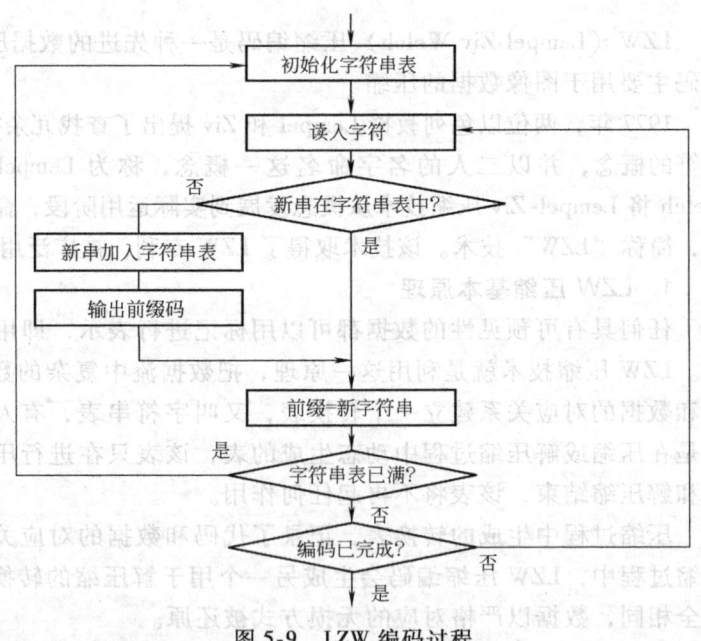

图 5-9　LZW 编码过程

接着继续读入下一个字符，判别字符串表中是否有与其相同的字符，如果有，则当前串缓冲区中的前缀码与当前读入的字符衔接在一起，形成两个字节的代码。随后，压缩程序再把当前串缓冲区中的字符赋值到前缀码中，继续读入字符。

若字符串表中没有相同的字符，则把新读入的字符（新串）添加到字符串表中，然后输出前缀码，形成代码流。最后，压缩程序再把当前串缓冲区中的字符赋值到前缀码中，继续读入字符，重复上述过程。

LZW 压缩编码对于一般图像的典型压缩比在 1:1～5:1 之间，高度图案化的图像可达到

10:1左右。但是，如果图像的随机性很大，很少或没有重复数据，则压缩比很低。

5.3 静态图像 JPEG 压缩编码技术

为了在进一步提高静态图像数据压缩比的同时，还能保证图像的基本质量，人们研究制定了 JPEG 静态图像压缩标准，这是国际通用标准，目前已经商品化。

JPEG 静态图像压缩标准对同一帧图像采用两种或两种以上的编码形式，以期达到质量损失不大而又保证较高压缩比的效果。这种采用多种编码形式的处理方式叫做"混合编码方式"，它是 JPEG 静态图像压缩技术的显著特点。

5.3.1 JPEG 标准的由来

多年来，人们一直在寻找一种压缩比大、图像质量高的压缩编码方式。1986 年，国际电报电话咨询委员会 CCITT 和国际标准化组织 ISO 共同成立了联合图像专家组 JPEG（Joint Photographic Experts Group）。该专家组从探讨图像压缩的工业标准和学术意义两个方面入手，着重研究静态图像的压缩技术，建立、健全适合彩色和单色多级灰度的连续色调静态图像的压缩标准，该标准以联合图像专家组的名字命名，即 JPEG 压缩标准。

1991 年，联合专家组提出了 ISO CD 建议草案——多灰度静止图像的数字压缩编码标准，该标准制定了 4 种工作模式：

1）DCT 顺序编码模式，该模式是基本操作模式，也称基本系统，所有 JPEG 编码解码器都必须支持基本系统。基本系统的编码方案是二维余弦变换。

2）DCT 递增模式，该模式又叫累进模式。

3）无失真编码模式。

4）分层编码模式。

ISO CD 建议草案经过国际电子技术委员会 ISO/IEC 的批准，正式成为第 10918 号标准，并正式命名为"JPEG 高质量静止图像压缩编码标准"，简称"JPEG 标准"。

5.3.2 JPEG 压缩算法

JPEG 压缩标准适用于连续色调、多级灰度、彩色或黑白图像的数据压缩，其无损压缩比大约为 4:1；有损压缩比在 10:1~100:1 之间。当有损压缩比不大于 40:1 时，还原的图像在色彩、清晰度、颜色分布等方面与原始图像相比，误差不大，基本上保持了原始图像的风貌。

根据人类眼睛对亮度变化和颜色变化比较敏感的原理，JPEG 压缩标准在对图像数据进行压缩时，着重存储亮度变化和颜色变化，舍弃人们不敏感的成分。在还原图像时，并不重新建立原始图像，而是生成类似的图像，该图像保留了人们敏感的色彩和亮度。

JPEG 压缩算法的特点：

1）对图像进行帧内编码，每帧色调连续，随机存取。

2）可在很宽的范围内调节图像的压缩比和图像保真度，解码器可参数化。

3）对图像进行压缩时，可随意选择期望的压缩比值，从而得到不同质量的图像。

4）对于硬件环境要求不高，只要有一般的 CPU 运算速度即可。

5）可运行 4 种模式：DCT 顺序编码模式、DCT 递增模式、无失真编码模式和分层编码模式。

JPEG 标准定义了两种基本算法，即所谓的混合编码方法。第一种基本算法是基于空间线性预测技术（即差分脉冲编码调制）算法，该算法属于无失真压缩算法，也叫无失真预测编码；第二种基本算法是基于离散余弦变换、行程编码、熵编码的有失真压缩算法，又叫有失真 DCT 压缩编码。

5.3.3 无失真预测编码

无失真预测编码的特点是无损压缩，压缩比一般为 2:1。无失真预测编码选择了简单的线性预测编码方法，硬件实现容易，重新建立的图像质量与原始图像无差别。无失真预测编码采用了 DPCM 压缩算法和霍夫曼压缩算法，因此可以获得不失真的图像质量。

无失真预测编码器的框图如图 5-10 所示。

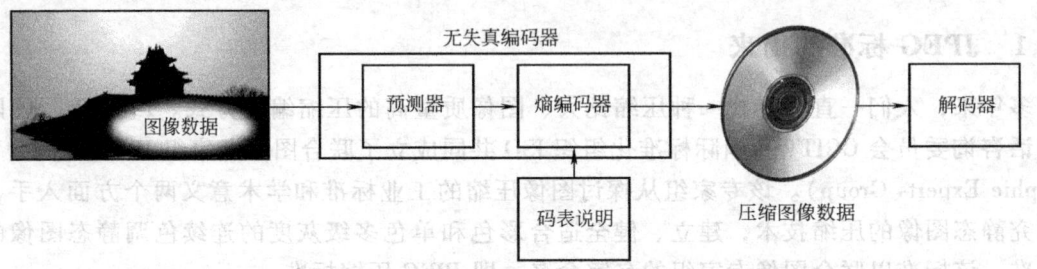

图 5-10 无失真预测编码器框图

原始图像数据经过无失真编码器进行预测编码，然后把压缩图像数据存储在介质中或传送出去。在使用图像时，经过解码器解码，建立与原始图像一致的不失真图像。

5.3.4 有失真 DCT 压缩编码

有失真压缩编码基于 DCT（Discrete Cosine Transform）离散余弦变换压缩算法，因此又叫有失真 DCT 压缩编码。JPEG 有失真压缩算法属于有损压缩形式，该算法按照不同层次分基本系统（Baseline System）和增强系统（Extended System）两种。该算法还定义了两种工作模式，即顺序（Sequential）操作模式和累进（Progressive）操作模式。

基本系统采用顺序操作模式，只采用霍夫曼编码方式进行压缩编码；增强系统则采用累进操作模式，是基本系统的扩充和增强，可采用霍夫曼编码或具有自适应能力的算术编码方式进行压缩编码。

1. DCT 离散余弦变换

DCT 算法的实质是：压缩 8×8 图像块灰度样本数据流。源图像在输入到编码器之前，被分割成一系列顺序排列的由 8×8 像点构成的数据块，同时把作为原始采样数据的无符号整数转换成有符号整数，这一过程叫做"正变换"。若采样精度为 P 位，则采样数据的范围是 $0 \sim 2^P - 1$。经过正变换后，其范围是 $-2^{P-1} \sim 2^{P-1} - 1$，该范围作为编码器的输入。还原图像时，解码器输出端的数值范围是 $-2^{P-1} \sim 2^{P-1} - 1$，经过逆变换，把数值范围还原成 $0 \sim 2^P - 1$，以此重新建立图像。

源图像的 8×8 样本块由 64 个像点构成，64 个像点实质上是 64 个离散信号，是空间范围 X 和 Y 的函数。输入时，经过正变换，将 64 个离散信号译码成 64 个正交基信号，每个正交基信号包含一个二维空间频率，然后以 64 个 DCT 系数的形式进行编码，这个过程就是数据压缩过程。解码时，压缩的图像数据送至解码器，经过逆变换，把 64 个 DCT 系数重新建立成 64 个像点的图像。不过，由于运算误差和系数的量化，因而重建过程不是很精确，64 个像点与源图像存在差异。

压缩编码过程和解码过程见图 5-11。

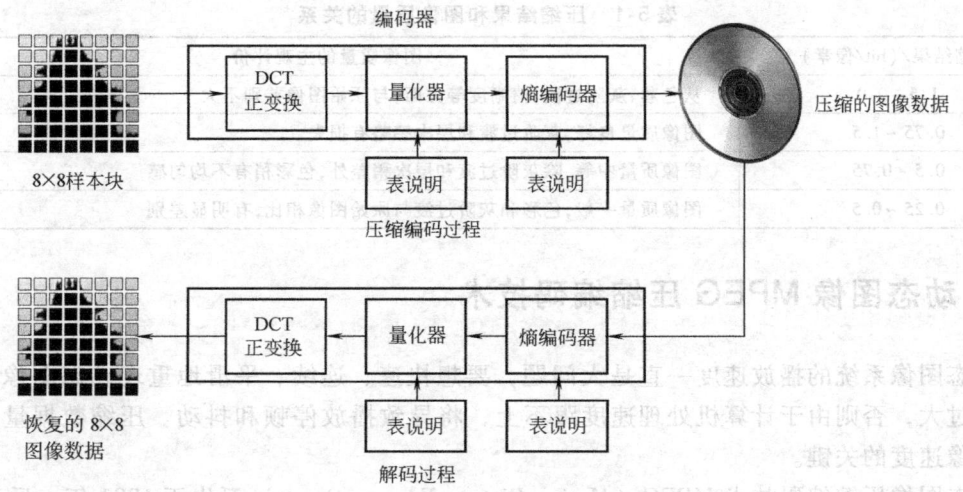

图 5-11　压缩编码过程和解码过程

2. DCT 系数的量化

压缩数据的关键，是对 DCT 系数进行量化。系数量化一般依据一张量化表提供的元素进行，量化表中的元素是开发人员利用人类视觉特性制作的。量化表中的元素实际上就是量化步长，量化步长由实验测得，在实验中，分别对不同频率的视觉阈值进行测量，从而取得不同频率的量化步长。

量化的定义如下：

$$C_Q(u,v) = \text{Integer Round}[F(u,v)/Q(u,v)]$$

式中，$F(u,v)$ 是 DCT 系数；$Q(u,v)$ 是量化步长；Integer Round 是四舍五入取整的意思。该定义说明：量化是由 DCT 系数除以量化步长，然后取整得到的。$Q(u,v)$ 量化步长的取值随 DCT 系数和彩色分量的不同而不同，并且由于量化表是 8×8，因此量化步长的取值与 64 个变换系数保持一一对应。

解量化是量化过程的逆运算，其公式为：

$$C'_Q(u,v) = C_Q(u,v) \cdot Q(u,v)$$

为了使数据按照其出现频率排列，所有的量化系数按照"之"字形排列，其形式如图 5-12 所示。这种排列可以把相同频率或近似频率的系数排列在相近的位置上，有利于进一步的行程编码处理。

基于 DCT 算法的基本系统在行程编码处理时，按照"之"字形的路径进行扫描，扫描结束后，编码过程也随之结束。基于 DCT 算法的增强系统增加了霍夫曼编码和自适应算术编码，从而进一步提高了压缩比。

3. 图像的质量与压缩比

采用 DCT 算法的 JPEG 标准存在失真，即压缩后的图像质量与原始图像的质量是有差别的。但是，只要量化表中的元素更科学、更符合人类视觉敏感度，压缩后的图像不会产生过大的视觉变化。JPEG 标准的压缩比是可调整的，通常由用户根据需要选择合适的压缩比，压缩比越高，图像质量越差。

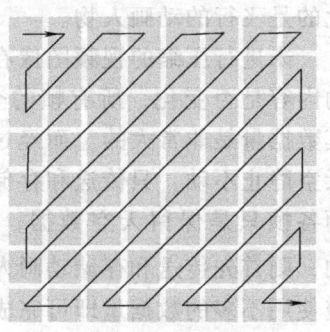

图 5-12　"之"字形排列的量化系数

假定某图像的像素采用 8bit 编码，则压缩结果和图像的视觉效果如表 5-1 所示。

表 5-1　压缩结果和图像质量的关系

压缩结果/(bit/像素)	图像质量的主观评价
1.5～2.0	从色彩、灰阶过渡、清晰度等方面，与原始图像差别不大
0.75～1.5	图像质量良好，灰阶过渡和层次感略有损失
0.5～0.75	图像质量中等，除灰阶过渡和层次稍差外，色彩稍有不均匀感
0.25～0.5	图像质量一般，色彩和灰阶过渡与原始图像相比，有明显差别

5.4　动态图像 MPEG 压缩编码技术

动态图像系统的播放速度一直是大问题，要想快速、连续、平滑地重现动态图像，数据量不能过大，否则由于计算机处理速度跟不上，将导致播放停顿和抖动。压缩数据量是解决动态图像速度的关键。

动态图像压缩编码技术 MPEG（Motion Picture Experts Group）诞生于 1991 年，后于 1992 年由国际电子技术委员会 ISO/IEC 批准，其标准案号是第 11172 号。动态图像压缩编码技术 MPEG 简称"MPEG 标准"。MPEG 标准是一个通用标准，主要针对全动态图像而设计。该标准分为 3 部分：

1) MPEG 视频压缩。进行全屏幕动态视频图像的数据压缩，传输速率为 1.5Mbit/s。
2) MPEG 音频压缩。进行数字音频信号的压缩，传输速率是 64kbit/s、128kbit/s 和 192kbit/s。
3) MPEG 系统——MPEG 标准的算法、软件和硬件。

5.4.1　基本原理

动态图像是一组有序排列的图像，各帧之间的相似处和相同处很多，换言之，相邻帧之间存在着冗余。压缩编码技术的任务是找出帧之间的冗余，然后以帧速度进行预测和压缩。

动态图像中最常见的是视频图像和动画，视频图像的帧速度是：

- PAL 制式：25 帧/s。
- NTSC 制式：30 帧/s。

对于视频图像和动画，帧之间变化的内容产生动作，没有变化的内容在视觉上是静止的，有无变化是数据压缩的基本依据。

例如，如图 5-13 所示，画面中的天空是不变化的，变化的是飞行的动画人物。

未进行压缩的视频图像在传送和存储时，不论画面上的内容是否变化，所有帧的全部图像被依次传送和存储，其数据量是非常大的。而经过压缩处理的视频图像，由于天空静止不动，只传送和存储首帧画面中的天空即可，后面各帧只是保留天空数据；在画面中，动画人物是活动

图 5-13　视频图像的例子

的，则首先传送和存储动画人物的图像，然后传送动画人物的活动路径。这样，整个压缩系统使用不多的数据量即可完成视频图像的传送和存储。

1. 动态图像压缩主要解决的问题

在对动态图像的压缩过程中，压缩系统主要解决以下 3 个问题：

1) 正确区分静止图像和动态图像。
2) 提取动态图像中的活动成分。
3) 进行帧之间的预测，提供压缩的依据。压缩系统对比两帧对应位置的像点，有变化的像点运算结果为 0，否则为 1。通过简单的运算，即可识别图像的活动成分，并进行相应的编码，达到压缩的目的。

2. 帧的预测编码

动态图像由很多帧组成，帧与帧之间存在冗余，帧的预测编码将把冗余舍弃，只传送和存储有效信号。随着大规模集成电路的发展，预测编码技术所需要的存储容量和运算速度都得到了保证，在很大程度上满足了对动态图像进行实时处理的需要。

有两种方法可实现对动态图像的帧进行预测编码：

1) 条件像素补充法。该方法是比较两帧对应位置像素的亮度，若亮度差值超过预先规定的阈值（这就是所谓的"条件"），则认为两个像素有变化，证明像素在画面上是活动的。这时，把所有经过比较判定有变化的像素保存在缓冲存储器中，随后以恒定的速率传送出去。而那些亮度差值未超过阈值的像素，则不予处理。这样，被传送出去的只是帧之间的差值，其数据量在一定程度上减少了许多，实现了数据压缩的目的。

2) 运动补偿法。该方法是 MPEG 标准采用的主要技术，此法对提高压缩比起到很大作用，特别对于可视电话系统和电视会议系统，由于画面活动内容很少，其压缩比可得到大幅度提高。运动补偿法首先跟踪画面内的活动状态，并对其进行运动向量的计算，然后加以补偿，最后再利用帧间预测实现最终的压缩目的。

3. 图像的分类

MPEG 标准根据处理图像的性质，把图像分成以下 3 类：

1) 帧内图像（Intra Pictures）。帧内图像又被称为 I 图像，对此类图像，JPEG 标准按照静止图像的模式进行压缩处理。主要利用静止图像自身的相关性进行编码，实现数据压缩的目的。帧内图像的压缩比一般不大，属于中度压缩，典型的经过压缩的像素编码为 2bit。

2) 预测图像（Predicted Pictures）。预测图像又被称为 P 图像，该图像编码通过对最近的前一帧 I 图像或者 P 图像进行预测而得到。预测前一帧 I 图像或者 P 图像的过程叫做前向预测过程，其目的是把前面的图像作为预测下一帧图像的参照物，使图像编码的数据量减少，从而达到数据压缩的目的。前向预测的简单原理如图 5-14 所示。

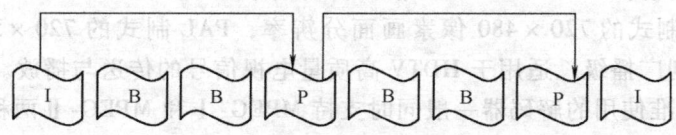

图 5-14 前向预测的简单原理

与帧内图像相比，预测图像有较高的压缩比，但由于预测图像编码用预测值取代真实值的缘故，会增加图像的失真。

3) 双向图像（Bidirestional Pictures）。双向图像又被称为 B 图像，其编码过程既可以使用前一帧图像作参照物，又可以使用后一帧图像作参照物，也可以两者同时使用，这就是"双向"的含义。双向预测的简单原理见图 5-15。

双向预测可以采用 4 种编码技术，即帧内图像编码、前向预测编码、后向预测编码、双向预测编码。双向图像的压缩方法具有以下明显的特点：

1) 综合各种压缩编码的优势，最大限度地实现数据压缩，能够获得较高的压缩比。

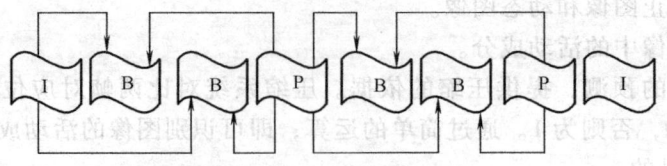

图 5-15 双向预测的简单原理

2) 能够进行多种方式的比较,减少误差。

3) 能够对两帧图像取平均值,以便减少图像切换时的噪声抖动和不稳定因素。

5.4.2 MPEG 技术标准

MPEG 标准分两个发展阶段:MPEG-Ⅰ标准发展阶段和 MPEG-Ⅱ标准发展阶段。

1. 第一个发展阶段——MPEG-Ⅰ标准

MPEG-Ⅰ标准诞生于 1991 年,主要用于对活动图像以及伴音信号进行压缩编码。其主要特点有:

1) 满足以 1.5Mbit/s 的速率传输视频信号,即压缩信号带宽为 1.5Mbit/s。

2) 对于音频信号,满足单通道 64kbit/s、128kbit/s 和 192kbit/s 的传输速率。

3) 可通过差值运算,在 352×240 画面分辨率上显示活动图像。

4) MPEG-Ⅰ标准分 3 个组成部分:视频、音频和系统。

5) 对于帧内图像,采用二维余弦变换、自适应算术编码、行程编码、变字长编码,以及差分脉冲编码(DPCM)。

6) 帧间压缩采用运动补偿预测编码和运动补偿内插编码。

MPEG-Ⅰ标准允许采用多种存储介质,例如 CD-ROM、数字录音带、磁盘、CD-R、CD-RW、M.O.,以及 ISDN 集成服务数字网络、LAN 局域网络等。MPEG 压缩算法与存储介质的读写特性有紧密的联系,设计时,MPEG 压缩算法必须考虑随机访问、快进快退、检索、倒放、声像同步、容错、延时控制、可编辑特性以及视频窗口设置的灵活性等。

2. 第二个发展阶段——MPEG-Ⅱ标准

MPEG-Ⅱ标准是在 MPEG-Ⅰ标准的基础上发展起来的,该标准对 MPEG-Ⅰ标准进行了扩充,在功能和压缩效率上取得了显著的进步。MPEG-Ⅱ标准具有如下主要特点:

1) 压缩信号带宽为 4~15Mbit/s,即信号传输速率为 4~15Mbit/s。

2) 支持 NTSC 制式的 720×480 像素画面分辨率,PAL 制式的 720×576 像素画面分辨率,其画面质量达到广播级,适用于 HDTV 高质量电视信号的传送与播放。

3) MPEG-Ⅱ标准使用的解码器一般同时支持 MPEG-Ⅰ和 MPEG-Ⅱ两种标准。

4) 视频信号的传输速率为 30 帧/s,音频信号的质量达到 CD 级。

5) 为了在画面质量、数据量和带宽之间寻求最佳值,允许在一定范围内调整压缩比,一般在 30∶1 的压缩比下,能够保证播放的视频和音频信号达到广播级质量。

6) 最高压缩比为 200∶1,但由于画面中活动内容的多少和人为调整压缩比等因素的影响,大多数情况下达不到最高压缩比。

7) MPEG-Ⅱ标准用于 DVD 视频信号的压缩标准,DVD 音频信号的压缩标准随制式的不同而不同。对于 PAL 制式,采用 MPEG-Ⅱ标准进行音频信号压缩;对于 NTSC 制式,采用 AC3 音频压缩标准。

3. 时间冗余

MPEG 压缩技术的主要任务是减少时间冗余和空间冗余,以此达到减少数据量的目的。

对于时间冗余,MPEG 压缩技术将每一帧视频图像用 I、P、B 3 种图像格式表示,然后再利用运动补偿技术对 P 图像和 B 图像中存在的冗余进行清除,达到压缩数据的目的。其中,运动补偿技术包括运动补偿预测法和运动补偿插补法两种算法。

1) 运动补偿预测法。此算法利用帧与帧之间活动部分的连续运动趋势进行预测,当前图像可看成是前一图像位移的结果,位移的方向和幅度可不同。

2) 运动补偿插补法。此算法按照一定的时间间隔(如 1/15s)取出参考图像,比较两个取出的参考图像,找出其运动规律。然后将运动规律运用于 1/30s 间隔的所有参考图像中。这样,只要对参考图像的运动规律进行编码,就能得到压缩后的视频图像。运动补偿插补法既可以利用前面的参考图像,也可以利用后面的参考图像,经过比较,可大幅度地减少冗余,提高压缩比。

4. 空间冗余

空间冗余通常发生在 MPEG 标准定义的 I 图像和 P 图像中,变换编码和矢量量化是减少空间冗余常用的算法。由于在视频信号中包含有静止画面和活动内容,因此 MPEG 标准采用了多种压缩技术对其进行处理,如离散余弦变换 DCT 算法、视觉加权的标量量化算法、变长编码等混合编码。

习题五

5.1 数据压缩的理由有哪些?

5.2 什么是数据冗余?

5.3 冗余有多少种?分别是什么?

5.4 无损压缩编码指的是什么?

5.5 数据压缩具备哪两个过程?

5.6 霍夫曼编码的特点是什么?

5.7 采用 JPEG 压缩格式的静态图像具有哪些主要特点?

5.8 动态图像压缩主要解决哪些问题?

5.9 MPEG-Ⅱ标准具有哪些主要特点?

第6章 图像处理技术

图像处理是利用计算机技术对数字化图像改变形态、尺寸，色彩调整，编辑调整，文件格式转换等，被广泛地应用于多媒体产品制作、平面广告设计、教育教学等领域。

随着计算机技术的发展，图像处理技术也得到了长足的发展，除了常规的图像处理以外，还可对图像数据进行压缩，提供印刷模式的文件格式，生成用于各种场合的图像格式，甚至创造出自然界中没有的图像形态。

6.1 图像原理

图像是人们最熟悉的事物，自然界中多姿多彩的景物和生物通过视觉感官，在大脑中留下了印象，这就是图像。现在，利用计算机技术把图像进行数字化，从而使数字化的图像处理成为可能。

6.1.1 图像与图形

表示"图"的手段有两种，一种是图像，一种是图形。

图像是直接量化的原始信号形式，构成图像的最基本元素是像点。一个像点由若干个二进制位描述，且对应一个可见的显示像素，这种"像点-二进制位-像素"的对应关系被叫做位映射关系。换言之，二进制位描述了图像，因此图像又被称为位图。

计算机在处理图像时，并不直接处理每个像点，而是采用压缩数据算法，找出并去掉图像中的冗余，然后才以较少的数据量进行保存和传送。图像通常用于表现自然景观、人物、动物、植物和一切引起人类视觉感受的事物，如图6-1所示。

图形是指经过计算机运算而形成的抽象化结果，由具有方向和长度的矢量线段构成，如图6-2所示。图形的描述不使用像点数据，而是使用坐标数据、运算关系，以及颜色描述数据。因此，人们通常把图形称为矢量图。由于图形不直接采用逐个描述像点的方法，因此数据量很小。但是，图形的显示需要大量的数据运算，因而稍微复杂的图形需花费较多的运算时间，显示速度受到影响。矢量化的图形通常用于表现直线、曲线、复杂运算曲线，以及由各

图6-1 由像点组成的图像

图6-2 矢量图形

种线段围成的图形。

图像与图形除了在构成原理上的区别以外,还具有以下一些区别:

1) 图像的数据量相对较大,图形的数据量相对较小。

2) 图像的像点之间没有内在联系,在放大与缩小时,部分像点被丢失或被重复添加,导致图像的清晰度受影响;而图形由运算关系支配,放大与缩小不会影响图形的各种特征。

3) 图像的表现力较强,层次和色彩较丰富,适于表现自然的、细节的事物;图形则适于表现变化的曲线、简单的图案、运算的结果等。

6.1.2 图像分辨率

图像分辨率的高低直接影响图像的质量。图像分辨率的单位是 dpi (display pixels/inch),即每英寸显示的像点数。如某图像的分辨率为 300dpi,则像点密度为每英寸 300 个。像点密度越高,图像对细节的表现力越强,清晰度也越高。

图 6-3 中有两幅图像,图 6-3a 的图像的分辨率为 300dpi,细节部分很清晰;图 6-3b 的图像的分辨率是 96dpi,几乎看不到细节部分。

a) b)

图 6-3 分辨率不同的图像
a) 高分辨率 b) 低分辨率

根据应用场合的不同,图像分辨率有 3 种类型:屏幕分辨率、显示分辨率和打印分辨率。

1. 屏幕分辨率

屏幕分辨率(Screen Resolution)是显示器硬件条件决定的,PC 个人计算机显示器的屏幕分辨率是 96dpi。换言之,当图像用于显示时,其分辨率应取 96dpi。

2. 显示分辨率

显示分辨率(Display Resolution)是一系列标准显示模式的总称,其单位是:横向像素×纵向像素,如 1024×768 像素。常见的标准显示分辨率有 800×600 像素、1024×768 像素、1280×1024 像素、1600×1280 像素等,还有一些非标准的显示分辨率,如宽屏 1680×1050 像素等。显示分辨率的高低与显示器性能、显示卡的缓冲存储器容量有关。性能高的显示器和显示缓存容量大的显示卡,其显示分辨率就高。同一台显示器可采用多种显示分辨率,显示分辨率越高,像素密度越大,图像越精细。

3. 打印分辨率

打印分辨率(Print Resolution)是打印机输出图像时采用的分辨率,单位是 dpi。同一台打印机可以使用不同的打印分辨率,打印分辨率越高,图像输出质量越好。当然,图像本身的色彩、清晰度和分辨率也决定了输出质量的好坏。

6.1.3 图像颜色与颜色深度

与自然界中的影像不同,数字化图像的颜色数量具有准确的数量级,这是采用一定长度的二进制数描述颜色的缘故。

1. 图像颜色

根据量化的颜色深度不同,图像颜色有两种模式:

1) 二值图像——图像仅由两种颜色组成,用一位二进制数表示,如图 6-4a 所示。
2) 彩色图像与灰度图像——颜色数量大于两种的图像就是彩色图像或灰度图像,由于该类图像的颜色数量大,有足够的颜色表现颜色的过渡,因此图像的表现力比较强,色彩丰富,并且清晰度比较高,如图 6-4b 所示。

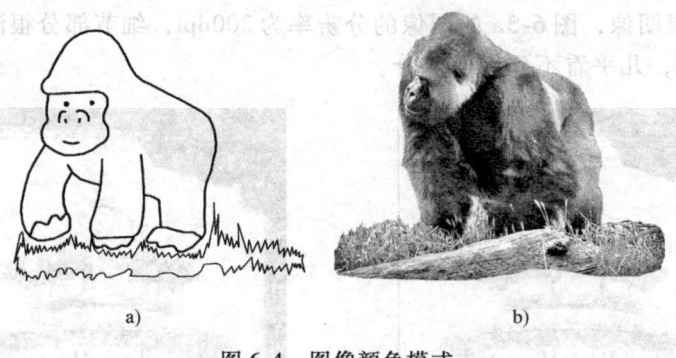

图 6-4 图像颜色模式
a) 二值图像 b) 彩色与灰度图像

2. 颜色深度

颜色深度是指图像中描述每个像素所需的二进制位数,以 bit 作为单位。在实际应用中,彩色或灰度图像的颜色分别用 4bit、8bit、16bit、24bit 和 32bit 二进制数表示,其各种颜色深度所能表示的最大颜色数见表 6-1。从表中看到,当彩色深度达到或高于 24bit 位时,图像的颜色数量已经足够多,基本上还原了自然影像,习惯上把这种图像叫做"真彩色"图像。

表 6-1 各种颜色深度的颜色数量

颜色深度/bit	数 值	颜色数量	颜色评价
1	2^1	2	二值(单色)图像
4	2^4	16	简单色图像
8	2^8	256	基本色图像
16	2^{16}	65 536	增强色图像
24	2^{24}	16 777 216	真彩色图像
32	2^{32}	4 294 967 296	真彩色图像
36	2^{36}	68 719 476 736	真彩色图像

6.2 图像文件

图像的保存与传送以文件的形式进行,而把图像数据以文件形式存放,一般需要某种压缩手段。几乎所有的图像文件都或多或少地采用了数据压缩算法,由于压缩算法不同,导致数据保存格式(即文件格式)也有所不同。

6.2.1 图像文件格式

图像文件格式是图像处理的重要依据,同一幅图像若采用不同的文件格式保存时,图像颜色和层次的还原效果不同,这是由于采用了不同压缩算法的缘故。值得指出的是,在给非图像文件命名时,不要采用图像文件的扩展名,以免发生混淆。

表 6-2 列出了多种图像文件格式及其有关的说明。

表6-2 多种图像文件格式及说明

文件格式	文件扩展名	分辨率	最大颜色深度/bit	说 明
BITMAP	bmp、dib、rle	任意	32	Windows 以及 OS/2 用点阵位图格式
GIF	gif	96dpi	8	256 索引颜色格式,支持镂空形态
JPEG	jpg、jpe	任意	32	JPEG 压缩文件格式
JFIF	jif、jfi	任意	24	JFIF 压缩文件格式
KDC	kdc	任意	32	Kodak 彩色 KDC 文件格式
PCD	pcd	任意	32	Kodak 照片 PCD 文件格式
PNG	png	任意	24	Portable 网络用文件格式,支持镂空形态
PSD	psd	任意	24	Adobe Photoshop 带有图层的文件格式
TARGA	tga	96dpi	32	视频单帧图像文件格式
TIFF	tif	任意	24	通用图像文件格式
WMF	wmf	96dpi	24	Windows 使用的剪贴画文件格式

6.2.2 图像文件的体积与保存

图像文件的体积是指图像文件的数据量,其计量单位是字节(Byte)。数据量大是图像文件的显著特点,即使采用数据压缩算法进行处理,其数据量也是非常可观的。

1. 影响图像文件体积的因素

图像文件的体积与图像所表现的内容无关,而只与图像的尺寸、颜色数量,以及数据压缩形式有关。影响图像体积的因素是颜色深度、画面尺寸和文件格式。颜色越多,画面尺寸越大,数据量越大;文件格式与压缩算法紧密相关,也会影响数据量。

2. 图像文件体积的计算

图像文件的体积与组成图像的像素数量和颜色深度有关,其数据量由下式计算:

$$s = (h \cdot w \cdot c)/8$$

式中,s 是图像文件的数据量;h 是图像水平方向的像素数;w 是图像垂直方向的像素数;c 是颜色深度数值;8 是将二进制位(bit)转换成以字节(Byte)为单位。

例如,某图像采用 24bit 的颜色深度(真彩色图像),其图像尺寸为 800×600 像素,则图像文件的体积为:

$$s = [(800 \times 600 \times 24)/8]B = 1\,440\,000B(合 1.37MB)$$

目前,用于 Windows 桌面显示的图像尺寸通常采用 1024×768 像素,颜色深度是 24bit,则图像文件的体积是:

$$s = [(1024 \times 768 \times 24)/8]B = 2\,359\,296B(合 2.25MB)$$

可以看出,图像体积大的问题很突出,要减小体积,除了采用适当的数据压缩算法以外,在保证图像质量的前提下,可采用颜色深度低的图像格式。

3. 图像体积与文件格式的关系

同一幅图像若采用不同文件格式保存,其体积不同,至于采用什么文件格式最合适,要根据使用场合决定。如数码相机多采用 JPEG 格式,互联网多使用 GIF 格式,用于印刷多采用 TIFF 格式,Windows 环境多采用 BMP 格式。

例如,某真彩色图像的颜色深度为 24bit,分辨率为 300dpi,画面尺寸为 10cm×8cm (1811×944 像素),分别以 GIF、BMP、TGA、JPG 等不同格式保存,其文件体积见表 6-3。

表 6-3 图像体积与文件格式的关系

No	文件格式	颜色深度/bit	文件数据量/KB	说 明
1	JPG	24	293	损失 15% 彩色图像
2	GIF	8	689	256 色图像
3	PSD	24	3267	真彩色图像
4	TGA	24	3267	真彩色图像
5	BMP	24	3268	真彩色图像
6	TIF	24	3476	真彩色图像

6.3 图像的获取

把自然的影像转换成数字化图像就是图像的获取过程,其实质是进行模/数(A/D)转换,即通过相应的设备和软件,把自然影像模拟量转换成能够用计算机处理的数字量。图像通常用扫描仪、数码照相机直接获取,还可从互联网、光盘图片库等来源获取。

6.3.1 获取途径

数字化图像的获取途径主要有两个:

1) 利用设备进行模数转换。首先收集印刷品、照片以及实物等素材,然后用扫描仪扫描,经少许加工,得到数字图像。也可用数码照相机直接拍摄景物,再传送到计算机中进行处理。

2) 从光盘图像库或互联网上获取图像。光盘图像通常采用 PCD 或 JPG 格式。PCD 格式由 Kodak 公司开发,专门用于图像;JPG 是压缩格式。

6.3.2 图像扫描技术

图像扫描借助于扫描仪进行,其图像质量主要依靠正确的扫描方法、设定正确的扫描参数、选择合适的颜色深度,以及后期的技术处理。各种图像处理软件中,均可启动 TWAIN 扫描驱动程序。不同厂家的扫描驱动程序各具特色,扩充功能也有所不同。

扫描时,可选择不同的分辨率进行,分辨率的数值越大,图像的细节部分越清晰,但是图像的数据量会越大。表 6-4 列出了图像在不同场合的分辨率数值,供扫描时参考。

为了保证图像质量,应遵循"先高分辨率扫描,后转换其他分辨率使用"的原则。这就是说,不论图像将来采用何种分辨率,都应采用 300dpi 或更高分辨率扫描。

如果扫描印刷品,应选择扫描仪的去网纹功能,以便去掉印刷品上的网纹。

表 6-4 图像应用于不同场合的分辨率

分辨率/dpi	应 用 场 合	说 明
96	Windows 环境的信息显示 ・画面投影 ・网页制作 ・动画的画面制作 ・视频信号的画面显示	凡是计算机显示场合，一般都使用96dpi的分辨率
300	普通彩色印刷 ・招贴广告制作 ・平面设计作品的印制 ・书籍、报刊、杂志封面设计 ・各种效果图制作	只要是提供印刷，图像的分辨率至少不低于300dpi
600	高级彩色印刷 ・高清晰度彩色印刷品 ・票证印刷 ・产品印样 激光打印输出	高档印刷需要600dpi的分辨率。除此之外，由于大多数激光打印机产品的分辨率是600dpi，因此，打印时须采用与图像相同的分辨率，才能保证最佳图像质量
720～2880	彩色喷墨打印输出 ・一般彩色文稿和图片采用720dpi ・家用照片级打印采用1440dpi ・专业级高清晰度打印采用2880dpi	若想达到喷墨打印机能够输出的最高质量，一般应采用打印机的最高分辨率扫描图像。不过，这样的图像其数据量会非常大
1200～4800	照片底片扫描 ・正片扫描 ・负片扫描	把照片底片直接扫描成大幅的彩色图像，需要相当高的分辨率，这是由于底片尺寸非常小的缘故

6.3.3 数码拍摄技术

数码拍摄是利用数码相机获取图像最简捷的途径，也是摄影爱好、调查取证等的得力手段。拍摄技术包括构图、光圈控制、光线运用等方面。

1. 构图

粗略划分一下，构图分传统构图和个性构图两种形式。传统构图讲求均衡，画面比例规则，具有平衡感；而个性构图则强调个人意愿，画面比例独特，布局大胆且有新意。图 6-5 是 3 种构图形式的照片。

传统构图形式应遵循以下几项规则：

1）画面中的海面、水面、地平面要水平，不可倾斜，如图 6-6 所示。用光学取景框取景时，往往容易忽略是否水平，要刻意审视。使用 LCD 液晶屏幕取景较容易观察。

2）画面要简洁，主体要突出，应大胆除去多余的、与主体无关的元素。在取景时，可运用变焦镜头拉近或推远景物，以便获得理想的画面。如图 6-7 所示。

3）画面要均衡，注意空间的安排。在取景时，要养成换个角度观察、不断调整画面主体摆放位置的习惯，不要急于按动快门。如图 6-8 所示。

4）人物与景物的关系要把握好，要人、景兼顾。留念类的照片忌讳把人物融入到景中，风光摄影类则无此忌讳。画面中，人、景的比例也应适当。如图 6-9 所示。

2. 光圈与快门控制

光圈用于控制照相机镜头透光量的多少，其调整范围一般在 F2.8～F22 之间；快门则用于

图 6-5 构图形式

图 6-6 水平构图
a) 错误，湖面倾斜 b) 正确，湖面水平

图 6-7 简洁构图
a) 画面复杂，主体淡化 b) 画面简洁，主体突出

控制曝光时间的长短，范围从 B 门到 1/1600s 或更短。光圈的大小和快门速度呈线性关系，这是感光指数为常数时的对应关系，如图 6-10 所示。

图 6-8　均衡构图
a）画面主体偏右，偏下　b）画面主体均衡，水中倒影兼顾

图 6-9　人物与景物构图
a）人物过小，融入景物之中　b）人物突出，兼顾景物

从图中看出，为了使数码相机中的 CCD 获得恒定的感光量，保证图像的正常光线，镜头光圈开得越大（数值越小），快门速度就要越快。其规律是：光圈每开大一档，快门则要随之提高一档，反之亦然。

3. 景深控制

景深是衡量照片纵深清晰度的指标。光圈可控制景深，光圈越大，景深越浅，即镜头焦点处的物体清晰，远景模糊。光圈越小，景深越深，即包括焦点在内的远近景物都较清晰，参见图 6-11。当然，为了保持一定的透光量，在调整光圈的同时，快门也要进行相应调整。

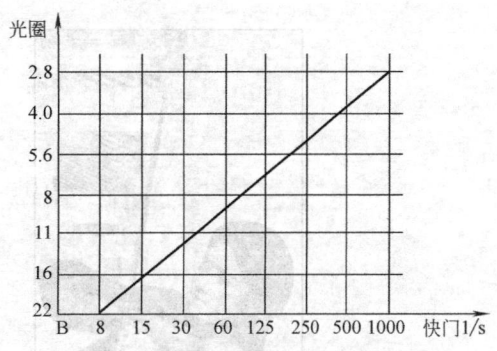

图 6-10　光圈和快门的对应关系

4. 光线运用

为了获得锐度好、光线明亮的数码照片，应在光线比较充足的时候拍摄。在光线不足时拍摄风光，不要打开闪光灯，否则效果不理想。如图 6-12 所示。

夜晚拍摄人物时，一定要使用闪光灯。但在白天拍摄时，有时也要使用闪光灯。在逆光拍摄人物时，为了避免人物黑暗，使用闪光灯是必要的。参见图 6-13。

图 6-11　景深对比

a）深景深，主体与背景均清晰　b）浅景深，主体清晰，背景虚化

图 6-12　光线不足时的拍摄方法

a）打开闪光灯的效果　b）关闭闪光灯的效果

图 6-13　拍摄人物的光线运用

a）逆光无闪光灯　b）逆光使用闪光灯

　　傍晚和早晨是低角度光线，色彩非常丰富，是拍摄风光的好时机，不要使用闪光灯。为了避免"脱焦"现象发生，要支上三脚架拍摄。

6.4 图像的浏览

浏览图像是为了检索图像文件的位置、格式和内容、观察图像效果以及演示图像。图像的浏览可借助图像浏览软件进行。

6.4.1 图像浏览软件简介

目前比较有代表性的图像浏览软件是 ACDSee Pro，安装该软件后，只要用鼠标双击某图像文件名，即可立即启动该软件的图片快速显示界面，如图 6-14 所示。

在图片快速显示界面中，鼠标双击图片，即可打开图片浏览界面，如图 6-15 所示。

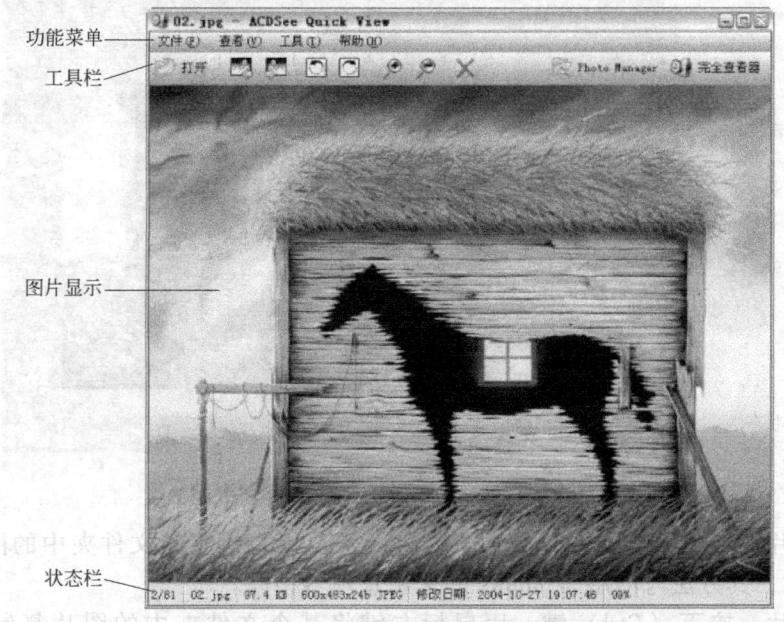

图 6-14 ACDSee Pro 图片快速显示界面

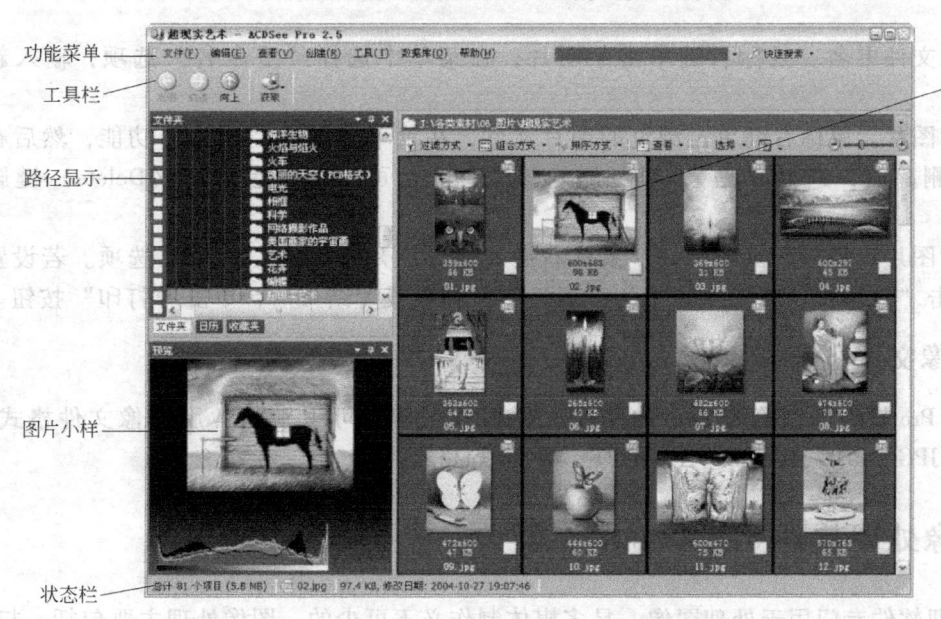

图 6-15 ACDSee Pro 图片浏览界面

6.4.2 图片浏览界面基本功能

1）浏览图片。在左侧路径显示栏中选择路径和文件夹，右侧即可浏览图像文件。

2）显示图片内容。在图片浏览界面中，双击任何一个小图片，即可打开图片编辑界面，如图 6-16 所示。在显示大图片的同时，可通过编辑工具对图片进行编辑。再次双击大图片，则返回图片浏览界面，可继续浏览。

图 6-16　ACDSee Pro 图片编辑界面

3）转移图片。常用于整理和分类图像文件。用鼠标左键将某文件夹中的图片直接拖动到其他文件夹中，其方法与使用 Windows 的资源管理器相同。

4）复制图片。按下〈Ctrl〉键，用鼠标左键将某个文件夹中的图片复制到其他文件夹中。

5）图像文件更名。鼠标右键单击某图片，在菜单中选择"重命名"选项，输入新文件名。

6）删除图片。鼠标右键单击浏览的图片文件，在菜单中选择"删除"功能，然后在确认文件是否删除时，选择"是"，即可删除该文件。也可以按键盘上的〈Delete〉键删除图片。

7）打印图片。将打印机准备好，鼠标右键单击小图片，选择"打印"选项。若设置打印参数，单击"打印机选项"卡片中的"属性"按钮。设置结束后，单击"打印"按钮。

6.4.3 图像文件格式

ACDSee Pro 软件可浏览和显示的图像文件格式很多，可识别的常用图像文件格式有：BMP、GIF、JPG、PNG、PSD、TIF、TIFF、WMF 等格式。

6.5 图像处理软件 Photoshop CS

图像处理软件专门用于处理图像，是多媒体制作必不可少的。图像处理主要包括：扫描、编辑、特效、打印、文件管理等功能。图像处理软件实际上是一个集各种运算方法于一体的操作平台，其中包括图像解码、点运算、组运算、数据变换和代码压缩等。

6.5.1 软件简介

Photoshop CS 图像处理软件由 Adobe 公司开发，主要用于图像的编辑、打印和格式转换。图 6-17 是 Photoshop CS 图像处理软件的界面。

图 6-17 Photoshop CS 图像处理软件的界面

使用该软件时，内存储器的容量要尽可能大一些，至少 512MB。硬盘也应预留尽可能大的空间。屏幕显示分辨率也应不低于 1024×768 像素，且采用 24bit 真彩色模式。

Photoshop CS 软件的独到之处是：分层编辑技术和滤镜标准化技术。分层编辑技术的具体形式是图层，这是一种由程序构成的物理层，由于各层面上所承载的内容均为图像，因此得名"图层"。一幅图片被调入系统后，一般作为最底层，随着编辑操作的进展，可在底层之上形成多个层面，编辑操作可在各个层面上单独进行。

图层编辑有如下特点：

1）所有编辑工具可用于各个图层，独立编辑，互不干扰。
2）图层内容的相对位置可调，可随意取舍。
3）图层间的关系可采用逻辑与、逻辑或、各种形式的叠加等合成方式。
4）带有图层的图像可以 PSD 格式保存，便于下次继续编辑。

图层的示意图见图 6-18。

在 Photoshop CS 软件中，可使用 RGB 和 CMYK 两种彩色模式进行图像编辑。RGB 彩色模式由 R（红）、G（绿）、B（蓝）三基色构成，色彩鲜艳，主要用于制作显示用图像和打印图像。CMYK 彩色模式由 C（青）M（洋红）Y（黄）K（黑）四基色构成，主要用于印刷，常用来制作招贴广告、书籍封面以及一切彩色印刷品的设计与制作。

另外，效果滤镜是 Photoshop CS 软件提供给使用者的一组图像加工工具，它是一组包含各种算法和数据的、完成特定视觉效果的程序。通过改变效果控制参数，可得到不同效果。效果滤镜具有简单易用、效果可调、可重叠使用、可对图像局部施加效果等特点。

6.5.2 图像选区

图像选区是图像上的一个或多个有效编辑区域，由选区工具划定。编辑操作只对选区内的图像局部有效，选区外的图像内容不受影响。借助选区操作，可方便地处理图像上某个指定的区域。

图 6-18　图层示意图
a）图层 1　b）图层 2　c）图层 3　d）图层合成效果

1. 相关工具

划定选区的工具分布在如图 6-19 所示的工具盒顶部，主要有：

1）▭（矩形选框工具）、◯（椭圆选框工具），用于划定标准形状的选区。

2）◱（套索工具）、◪（多边形套索工具）、◩（磁性套索工具），用于划定自由轮廓的选区。

3）✦（魔棒工具），用于自动选取选区。通过调整容差值，可改变自动选取的敏感度。

4）↖（移动工具），用于选区的移动与复制。

2. 替换工具盒中的工具

在工具盒某个右下角带有"▶"标记的工具按钮处，按下鼠标左键片刻，显示其余工具，从中选择需要的工具，即可替换工具盒中原有的工具。

除了选区工具之外，工具盒中所有带有"▶"标记的工具均可替换，没有该标记的工具不能替换。

3. 划定选区

首先选择"文件/打开"菜单，打开一幅图像，然后进行下面的操作。

(1) 划定标准形状的选区

在工具盒中单击▯（矩形选框工具），然后在图像上用鼠标左键画出矩形区域，该区域由闪烁的虚线包围，这就是所谓的"选区"，该选区呈矩形。如图 6-20a 所示。

若希望画出圆形选区，鼠标左键按下▯工具片刻，选择○（椭圆选框工具），然后在图像上画出圆形选区。如图 6-20b 所示。

若想画出正方形或圆形选区，按下〈Shift〉键的同时画选区。

重要提示：把鼠标置于选区内部，可用鼠标左键拖动选区移动。

(2) 划定自由形状的选区

在工具盒中单击▯（套索工具），随后按下鼠标左键不松开，在图像上徒手画出选区，结束时，双击鼠标左键。选区如图 6-20c 所示。这种画法需要具备对鼠标的良好掌控能力。

还可用鼠标左键按下▯工具片刻，选择▯（多边形套索工具）画选区。沿着图形轮廓边缘，每单击一次鼠标，形成一个拐点，当选区接近闭合时，双击鼠标结束。

选用▯（磁性套索工具）时，在图形轮廓边缘单击鼠标，随后松开鼠标沿着图形移动，即可自动画出选区。当选区接近闭合时，双击鼠标结束。

(3) 自动划定选区

单击工具盒中的▯（魔棒工具），在画面顶部辅助工具栏中，选择一个容差值，该值越大，敏感度越低，忽略的色素越多，反之亦然。然后在图像上单击鼠标左键，与单击点近似颜色的一片区域被划成选区。如图 6-20d 所示。

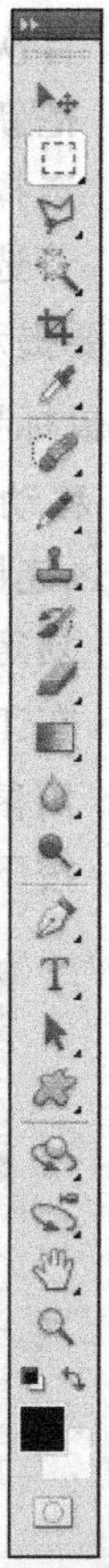

图 6-19　工具盒

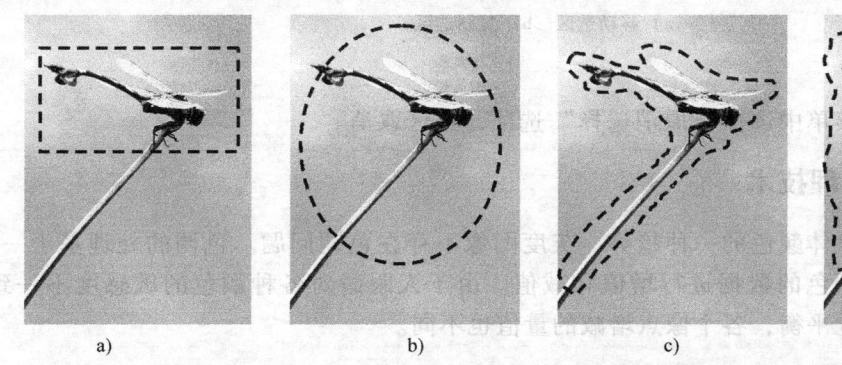

图 6-20　划定各种形式的选区
a) 矩形选区　b) 圆形选区　c) 自由形状选区　d) 自动划定选区

4. 增减选区

选区一般很难一次性完成，可通过多次添加或减少选区来不断地完善选区。在划定选区时，只要使用选区工具，就会显示如图 6-21 所示的辅助工具栏。

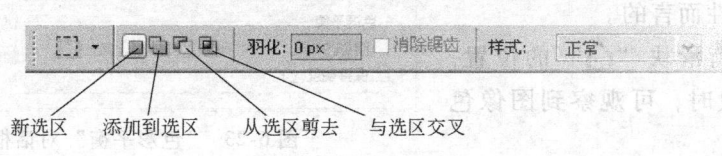

图 6-21　选区辅助工具栏

117

1）首次画选区之前，选择"新选区"按钮。
2）把新画的选区添加到原选区时，先选择"添加到选区"按钮，然后再画选区。
3）选择"从选区减去"按钮后再画选区，就会从原选区中减去新画的选区。
4）若选择"与选区交叉"按钮，新画的选区与原选区共有的区域保留。

重要提示：选区操作多了以后，识别选区很重要。在工具盒中单击 ▣（矩形选框工具），然后把鼠标置于选区内、外，光标是"▶"则为选区，"+"则为非选区。

5. 移动与复制选区

选区连同内部的图像内容可以移动和复制。操作如下：
1）划定选区。
2）在工具盒中单击 ▶（移动工具）。
3）用鼠标左键拖动，即可移动选区及其内部的内容，如图6-22a所示。
4）按下〈Alt〉键，再用鼠标左键拖动，即可实现复制，如图6-22b所示。

a)　　　　　　　　　　　　b)

图6-22　移动与复制选区
a）移动选区　b）复制选区

6. 取消选区

按鼠标右键，在菜单中选择"取消选择"选项，选区取消。

6.5.3　图像色调处理技术

色调是彩色图像整体颜色的一种趋势，灰度图像不存在色调问题。色调的处理基于一定的算法，把描述像点颜色的数据进行增值和减值。由于人眼睛对各种颜色的敏感度不一致，为了达到总体上的视觉平衡，各个像点增减的量值也不同。

1. 色调调整

首先调入一幅彩色图像，接着选择"图像/调整/色彩平衡"菜单，即如图6-23所示的"色彩平衡"对话框。调整色调的步骤如下：
1）分别选择"阴影"、"中间调"和"高光"3个选项。这3个选项是针对图像本身所具有的固有属性而言的。
2）调整色彩平衡滑块"△"的位置，在"预览"选项有效时，可观察到图像色调的变化。

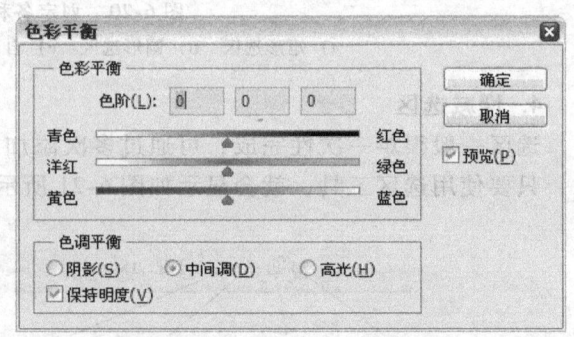

图6-23　"色彩平衡"对话框

3）满意后，单击"确定"按钮。

若希望调整图像某个局部的色调，应首先划出选区，然后再进行色调调整工作。

2. 去色

把彩色图像变成灰度（黑白）图像，需要去色。选择"图像/调整/去色"菜单，图像即刻变成灰度图像。如果希望把图像的某个局部去色，形成某种艺术效果，需要首先划出选区，然后再去色。

6.5.4 图像几何形状处理技术

图像几何形状的处理包括：几何尺寸的放大与缩小、几何形状的改变（如方形变为梯形和平行四边形等）、图像翻转、旋转等。

图像几何尺寸在缩小与放大的过程中，依据缩放比例进行运算。放大时增加像点数量，缩小时，减少像点数量。若不是整倍数缩放，将产生畸变失真。

1. 选区内图像的缩放

缩放选区内图像的步骤如下：

1）划定图像选区。

2）选择"编辑/变换/缩放"菜单，选区四周显示实线框，如图 6-24 所示。用鼠标左键拖动该框上的小方块进行缩放。

重要提示：如果希望保持原比例，按下〈Shift〉键不松开，然后拖动四角上的小方块进行缩放。

3）双击缩放实线框内部，结束缩放。

2. 整个图像的缩放

缩放整个图像的步骤如下：

1）选择"图像/图像大小"菜单，调整图像大小，如图 6-25 所示。

2）修改像素的宽度和高数数值，或者修改打印尺寸的宽度和高度数值。

3）单击"确定"按钮。

提示：不宜对同一图像进行多次缩放，否则图像质量明显下降。

图 6-24 缩放实线框

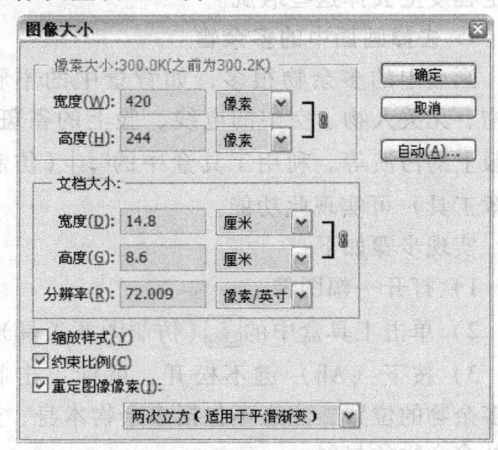

图 6-25 调整图像大小

3. 变形

将矩形图像经过变形，可形成梯形、平行四边形，或翻转过来。

变形步骤如下：

1）调入图像，划定选区。原图如图6-26a所示。
2）选择"编辑/变换/斜切"菜单，鼠标拖拽虚线框，形成类似平行四边形，如图6-26b。

图 6-26 图像变形
a）原图 b）斜切 c）扭曲 d）透视 e）水平翻转 f）垂直翻转

3）选择"编辑/变换/扭曲"菜单，鼠标拖拽虚线框，形成任意多边形，如图6-26c。
4）选择"编辑/变换/透视"菜单，鼠标拖拽虚线框，形成梯形，如图6-26d。
5）选择"编辑/变换/水平翻转"菜单，图像即可对称Y轴翻转，如图6-26e。
6）选择"编辑/变换/垂直翻转"菜单，图像即可对称X轴翻转，如图6-26f。

6.5.5 图像修补技术

图像或数码照片或多或少都有一些瑕疵，如画面中多余的电线、人物、杂物，照片灰暗、亮度不足等。通过对图像的修补，可在一定程度上去掉这些瑕疵。

1. 去掉画面中的多余物

画面中的多余物很多，如背景中的不雅景物、无关人物、空中的电线、脸上的雀斑、衣服上的污渍等。利用工具盒中的 ![] （仿制图章工具）可实现此功能。

实现步骤如下：

1）打开一幅图像。
2）单击工具盒中的 ![] （仿制图章工具）。
3）按下〈Alt〉键不松开，鼠标单击临近多余物的位置，注意不包括多余物本身，然后松开〈Alt〉键。这一操作的目的是为了获取填补多余物的材料。

图 6-27 修补前后的效果
a）修补前 b）修补后

4）鼠标单击多余物，该物体被步骤3单击位置的图像所取代，从而去掉多余物。

图6-27是修补前后的效果。

重要提示：步骤3）和步骤4）要多次进行，不断寻找多余物的最佳替代物，才可实现理想的效果。

2. 亮度、对比度调整

受到拍摄条件和光线的限制，图片和数码照片有时亮度不足，清晰度不够，可通过适当地调整亮度和对比度，使图像较为理想。

调整亮度、对比度的步骤如下：

1）选择"图像/调整/亮度对比度"菜单，显示图 6-28 所示的调整界面。

2）分别调整亮度和对比度滑块"△"的位置，并随时观察图像的变化，直至满意为止。

3）单击"确定"按钮。

调整后的效果见图 6-30b。

提示：亮度和对比度的调整不可过度，尤其是对比度，否则颜色损失较大，层次感变差，细节损失严重。

3. 阴影、高光调整

逆光拍摄时，照片或图片往往较暗，细节部分看不到，实际上这些细节是存在的。可通过阴影和高光的调整使其显现出来。

调整阴影、高光的步骤如下：

1）选择"图像/调整/阴影高光"菜单，显示图 6-29 所示的调整界面。

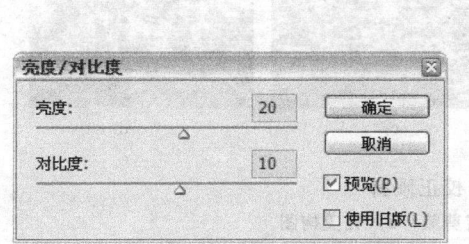

图 6-28　亮度/对比度调整界面

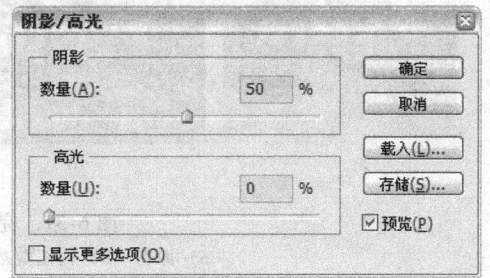

图 6-29　阴影/高光调整界面

2）调整阴影数量滑块"△"的位置，使图像黑暗的细节呈现出来。

3）调整高光数量滑块"△"的位置，使图像明亮部分突显或暗淡。

4）单击"确定"按钮。

调整后的效果见图 6-30c。

提示：调整不可过度，尤其是阴影数量不可太大，否则颜色损失非常大，层次感变差。

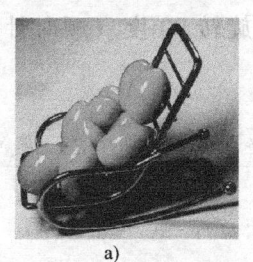 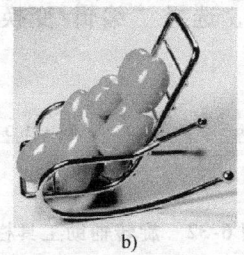 

a)　　　　　　　　　b)　　　　　　　　　c)

图 6-30　图片调整效果

a）原图　b）亮度/对比度调整后　c）阴影/高光调整后

6.5.6　图像剪裁与旋转技术

图像的剪裁与拼接是图像处理的精华所在，比较典型的编辑是：完善构图、校正倾斜、图像旋转等。

1. 完善构图与校正倾斜

完善构图的操作步骤如下：

1）打开一幅图片，如图6-31a所示。

2）在工具盒中单击 ⬜ "裁剪工具"。

3）鼠标左键划定剪裁区域，如图6-31b所示。

重要提示：鼠标置于剪裁区域内部拖拽，可移动剪裁区域，使构图更完美。

4）鼠标置于剪裁区域以外，鼠标变成"↻"形态，按下鼠标旋转拖拽，剪裁区域随之旋转，使之与景物方向一致，如图6-31c所示。

5）双击剪裁区域内部，剪裁结束。此时，倾斜的构图得到校正，如图6-31d所示。

图6-31 完善构图与校正倾斜
a）原图 b）构图剪裁 c）旋转剪裁 d）完美构图

2. 图像旋转

图像的旋转采用较复杂的算法，旋转后产生的误差使图像质量稍微下降一些。图像在旋转时，角度可随意调整。图像的旋转通常用于纠正图片扫描位置不正、版面设计和平面设计。

旋转图像的步骤如下：

1）划定选区。

2）选择"编辑/变换/旋转"菜单，用鼠标左键拖动选区外框做任意角度的旋转。

3）需要精确按角度旋转时，在辅助工具栏的"角度输入框"内输入角度值即可，如图6-32所示。需要旋转90°或者180°时，选择"编辑/变换/旋转90度（顺时针）、旋转90度（逆时针）、旋转180度"菜单即可。

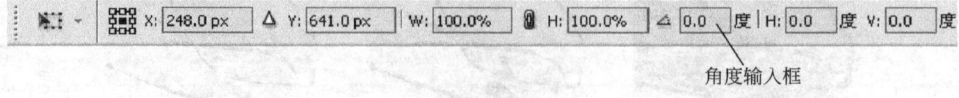

图6-32 旋转辅助工具栏

图6-33是利用图像旋转功能完成的平面设计作品。

6.5.7 图层控制技术

图层在使用剪贴板进行粘贴、与其他素材拼接、输入文字等操作时自动生成，图层操作主要依靠图层控制器进行，该控制器如图6-34b所示，对应的合成图像如图6-34a所示。

a)　　　　　　　　　　　　b)　　　　　　　　　　　　c)

图 6-33　图像旋转的平面设计作品

a) 原图素材　b) 45°逆时针倾斜　c) 平面设计作品

1. 图层的一般应用

1) 选择编辑图层。单击图层控制器中的图层名称,该图层反显。

2) 显示/隐蔽图层。单击图层名称前面的图标"👁",该图标消失,隐蔽该图层。再次单击图标位置,图层恢复显示。

3) 改变图层的覆盖顺序。图层叠放规律是:上层覆盖下层。用鼠标左键拖动图层名称上下移动,可改变图层相互覆盖的顺序,其效果可通过观察合成图像得到确认。

4) 复制图层。用鼠标右键单击图层名称,在菜单中选择"复制图层"选项,随后显示复制画面,在"复制＊＊＊为:"栏中输入图层名称,单击"确定"按钮。

5) 删除图层。用鼠标右键单击图层名称,在菜单中选择"删除图层"选项即可。

 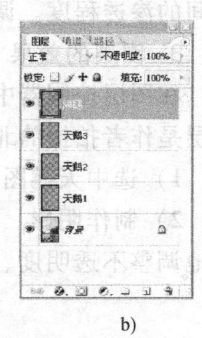

a)　　　　　　　　　　b)

图 6-34　合成图像与图层

a) 多种素材合成的图像　b) 图层控制器

6) 合并图层。在图层控制器中,按〈Ctrl〉键不松开,单击多个图层,这些图层均被选中,呈反显状态。按鼠标右键,选择"合并图层"选项,被选中的图层被合并成一个图层。

提示:若希望合并所有图层,鼠标右键单击任意一个图层名称,选择"拼合图像"选项。

2. 图层之间的关系

合成图像各层之间可以互相覆盖(不透明),但也可呈现某种程度的透明状态。改变操作在图层控制器中进行。

1) 改变不透明度。单击图层控制器中某图层,再单击不透明度输入框右侧的"▶"按钮,移动滑块"△",改变不透明度的百分比。

2) 改变填充数值。单击图层控制器中某图层,再单击填充输入框右侧的"▶"按钮,移动滑块"△",改变填充的百分比。

图 6-35a 是两个图像素材。图 6-35b 是把两个素材合成在一起的效果,荷花在上,不透明度为 70%;人物在下。图 6-35c 是对应的图层控制器。

图 6-35　图层的不透明度效果
a)荷花和人物素材　b)合成效果　c)对应的图层控制器

提示:不透明度和填充的区别在于:不透明度是图层之间的简单关系,而填充则是图层之间的渗透程度。调整时,要随时观察合成图像,以便确定最合适的不透明度和填充程度。

3. 图层的效果

在图层控制器中单击某个图层,即可生成该图层的如下效果。这里的例子有两个图层,底层是作者拍摄的北京大观园的风光照片,位于其上的是天鹅图层。

1)选中天鹅图层。

2)制作阴影。选择"图层/图层样式/投影"菜单,显示图 6-36a 所示的调整画面。适当地调整不透明度、角度、距离、大小等的参数,形成如图 6-36b 所示的效果。

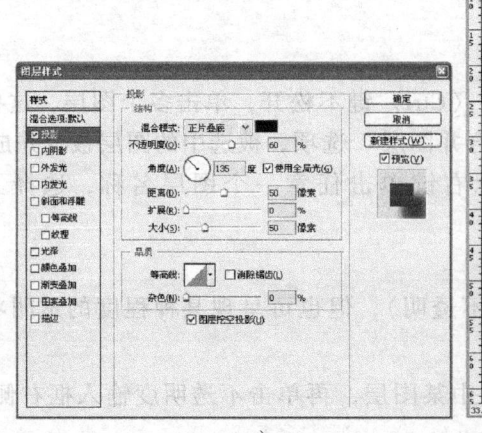

a)　　　　　　　　　b)

图 6-36　图层的投影效果
a)调整画面　b)天鹅的阴影效果

3）添加轮廓线。选择"图层/图层样式/描边"菜单，显示图 6-37a 所示的调整界面。确定边框的大小、位置、不透明度，然后单击"颜色"框，选取一种边框颜色，形成图 6-37b 所示的轮廓线效果。

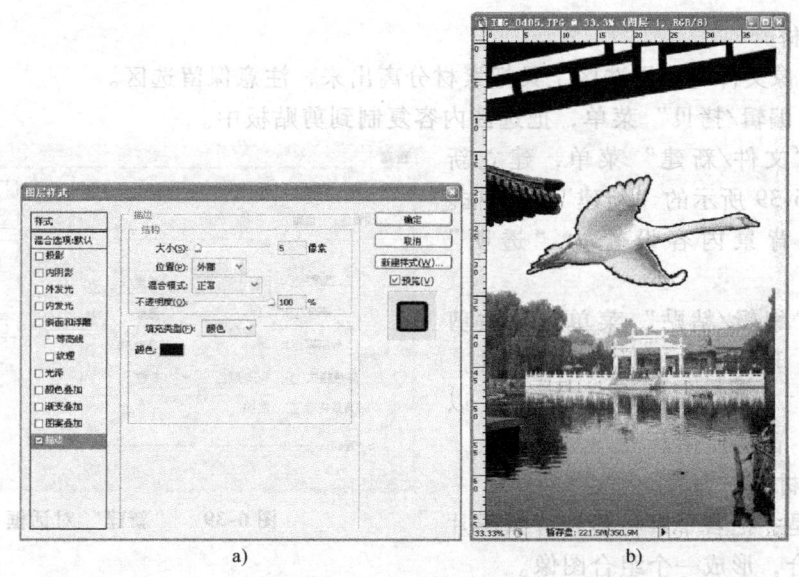

图 6-37　图层的描边效果
a）调整界面　b）天鹅的描边效果

4）制造厚度感。选择"图层/图层样式/斜面和浮雕"菜单，显示 6-38a 所示的调整界面。确定样式、深度、大小、角度等参数，形成如图 6-38b 所示的厚度感效果。

提示：厚度感效果常被用于文字的立体感效果处理。

图 6-38　图层的厚度感效果
a）调整界面　b）天鹅的厚度感效果

6.5.8 图像的组合技术

为了实现图像的组合，需要加工素材、利用图层、依赖剪贴板，这是图像编辑中较为复杂的技术。

1. 准备素材

1）打开图像文件，利用选区工具把素材分离出来，注意保留选区。

2）选择"编辑/拷贝"菜单，把选区内容复制到剪贴板中。

3）选择"文件/新建"菜单，建立新文件。显示图 6-39 所示的"新建"对话框。在画面中，把背景内容设置为"透明"属性。

4）选择"编辑/粘贴"菜单，粘贴剪贴板中的素材，形成具有透明背景的素材。

5）选择"文件/存储为"菜单，以 PSD 格式保存，留待使用。

2. 组合素材

通常做法是：把若干素材移到背景图片上，并予以组合，形成一个组合图像。

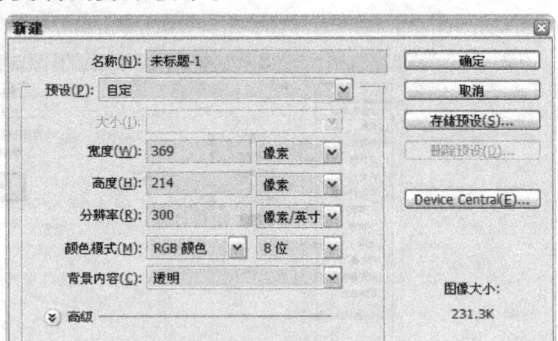

图 6-39　"新建"对话框

1）打开一幅作为背景的图片。

2）打开一个事先准备好的 PSD 格式素材文件。

3）单击工具盒中的 ▶₊（移动工具），用鼠标左键直接把素材拖拽到背景图片上，形成新的图层。如图 6-40 所示。

4）重复步骤 2）、3），把所有素材置于背景图片中。

图 6-40　用鼠标左键直接把素材拖拽到背景图片上

3. 调整组合效果

多个素材的组合需要精细的调整，要用到多种编辑手段。

调整步骤：

1) 单击 (移动工具)。
2) 在图层控制器中，分别选择各个图层，精细调整素材相互之间的关系。
3) 选择"编辑/变换/缩放"菜单，适当调整各个素材的尺寸，图 6-41b 是调整后的效果。

图 6-41 调整组合
a) 具有透明背景的素材 b) 合成效果 c) 相关的图层控制器

提示：必要时，按〈Alt〉键，拖拽素材复制图层，生成多个素材。在组合过程中，可进行移动、水平翻转、复制、改变尺寸等多种处理手段。

4. 合并图层

可根据需要，有选择地合并图层。例如图 6-41 中的 6 个天鹅素材可合并在一起，按〈Ctrl〉键不松开，单击这些图层，按鼠标右键，选择"合并图层"选项。这样就剩下了天鹅、猫、蜗牛、背景图片 4 个图层。

当然，也可用鼠标右键单击图层名称，选择"拼合图像"选项，把全部图层合并在一起。

提示：希望保存带有图层的组合图像，选择"文件/存储为"菜单，以 PSD 格式保存。若希望保存 TIF、JPG、BMP 等格式的图像文件，将全部图层合并在一起后保存。

6.5.9 滤镜应用技术

滤镜是一组现成的工具，主要用来给图像添加特殊效果。只要在菜单中选择某个滤镜名称，再加以适当调整，就能得到需要的效果，而无须了解内部的原理。由于滤镜的使用方法基本相同，本节只举几个例子，其他滤镜读者可自行试用。

重要提示：滤镜的使用没有次数限制，对一幅图像可以多次使用同一滤镜，也可以使用不同的滤镜。对于颜色深度小于 8bit 的图像，一般无法使用滤镜。

1. 浮雕效果

常见的浮雕材料是大理石和石膏，这些材料色调单一，模拟浮雕效果也应符合这一规律。

操作步骤：

1）打开一幅彩色图像，设置需要施加浮雕效果的选区。

2）选择"滤镜/风格化/浮雕效果"菜单，显示浮雕效果调整画面，如图6-42b所示。调整角度、高度和数量滑块，直至满意为止。

提示：为了制作色调单一的浮雕，可在使用浮雕滤镜之前，选择"图像/调整/去色"菜单，把图像变成灰度图像。

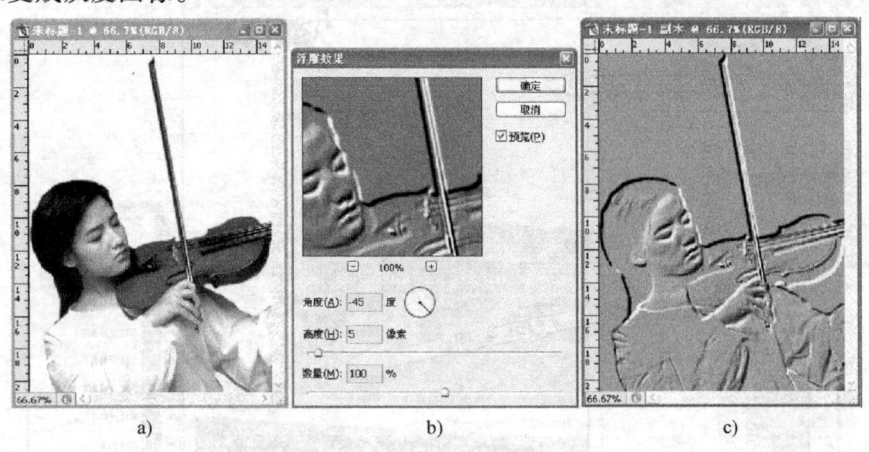

图6-42 实施浮雕效果

a）原图　b）调整画面　c）浮雕效果

2. 扭曲效果

扭曲效果有很多种，例如波浪扭曲、极坐标扭曲、旋转扭曲等。图像被扭曲后，极具装饰性，常用于广告设计和书籍装帧设计等。

实施步骤：

1）打开一幅图像。

2）选择"滤镜/扭曲/旋转扭曲"菜单，显示图6-43b所示的调整画面。左右移动角度滑块，调整扭曲角度。图6-43a是原图，图6-43c是扭曲效果。

提示：若事先划定选区，旋转扭曲只在选区内发生。

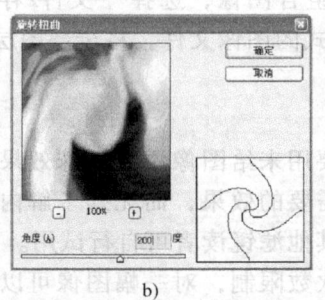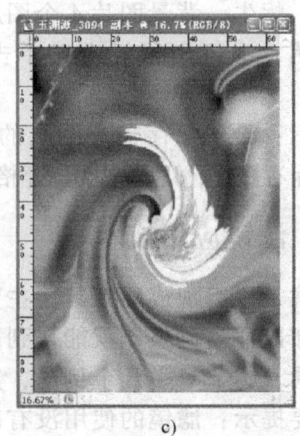

图6-43 实施旋转扭曲效果

a）原图　b）调整画面　c）旋转扭曲效果

3. 镜头光晕效果

镜头光晕效果用于模拟逆光摄影所产生的效果。使用不同焦距的镜头，其光晕效果也有不同。当然，光晕的亮度可以方便地进行调整。

实施步骤：

1）打开图像文件。

2）选择"滤镜/渲染/镜头光晕"菜单，显示图6-44b所示的调整画面。用鼠标左键单击光晕中心，调整亮度滑块，然后选择镜头类型。图6-44a是原图，图6-44c是光晕效果。

图6-44　实施镜头光晕效果

a）原图　b）调整画面　c）镜头光晕效果

4. 轮廓线效果

轮廓线效果是把自然图像用线条来表现，形式如同钢笔素描。

实施步骤：

1）打开一幅图片，如图6-45a所示。

2）选择"滤镜/风格化/查找边缘"菜单，图片呈现图6-45b所示的效果。

图6-45　实施轮廓线效果

a）原图　b）轮廓线效果

提示：在实施查找边缘操作之前，图片最好大幅度提高对比度和亮度，减少细节。

6.5.10 数码照片处理技术

数码照片与图片没有什么不同，所有图像处理手段均适用于数码照片。但限于拍摄条件的限制，照片的色彩、亮度和清晰度缺陷较多，本节集中介绍一些常用的处理技术。

1. 修正曝光度

在拍摄数码照片时，自然光相当复杂，稍不留意就会使照片曝光不足或过度曝光。

修正曝光度的步骤如下：

1）打开一幅照片。该照片曝光不足，如图 6-46a 所示。

2）选择"图像/调整/曝光度"菜单，显示图 6-46b 所示的调整画面。移动曝光度滑块，增加曝光度。位移和灰度系数滑块是否移动视情况而定。调整后的效果如图 6-46c 所示。

提示：只有 Photoshop CS2（9.0 版）或以上版本具备调整"曝光度"的功能。若读者使用的版本低，可选择"图像/调整/亮度对比度"菜单，曝光度也能得到修正。

 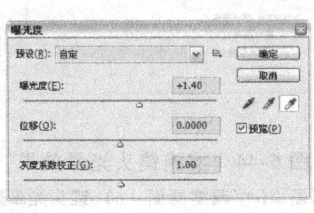 

a)   b)   c)

图 6-46 修正曝光度

a) 曝光不足的照片 b) 调整画面 c) 修正后的照片

2. 调整色调

在人造光线下，数码照片往往会偏色，这是由于人造光的光色与阳光不同造成的。某些数码相机尽管具有色彩平衡可调、灯光摄影模式可选等功能，但拍摄者的疏忽难免造成偏色。为了纠正偏色，色调的调整是必要的。

调整色调的步骤如下：

1）打开一幅色调不正常的照片。

2）选择"图像/调整/照片滤镜"菜单，显示图 6-47 所示的对话框。

3）单击"滤镜"选择框，选择一种颜色的滤镜，该颜色应能抵消原照片的偏色。

4）调整浓度滑块，以恰好纠正偏色为准。

提示：只有 Photoshop CS2（9.0 版）或以上版本具备"照片滤镜"功能。若读者使用的版本低，可选择"图像/调整/色彩平衡"菜单，仔细修正偏色。

3. 提高品质

由于天气、光线、相机本身等条件的限制，数码照片的锐度、色饱和度不尽人意，照片品质受到影响。

提高照片品质的步骤如下：

1）打开一幅品质一般的照片。

2）若曝光度和色调稍差，予以修正。

3）选择"图像/调整/色相饱和度"菜单，显示图 6-48 所示的对话框。向右移动饱和度调整滑块，适当增加饱和度，其程度视照片情况而定。

4）选择"滤镜/锐化/锐化"菜单，增加照片的锐度。若希望锐化的程度可调，选择"滤镜/锐化/USM 锐化"菜单，在调整画面中调整锐化程度。

提示：对于使用 Canon 数码单反相机的读者，若不喜欢软画质的照片，可进行步骤 4），对照片适当进行锐化。但过度锐化会大量损失颜色数量，细节将会丢失。

4. 模拟景深

使用卡片式数码相机和家用数码相机的读者，拍摄的照片通常具有很好的景深，即前景和背景都很清晰。若希望浅景深（近景清晰，远景虚化）的效果，可进行模拟景深的操作。

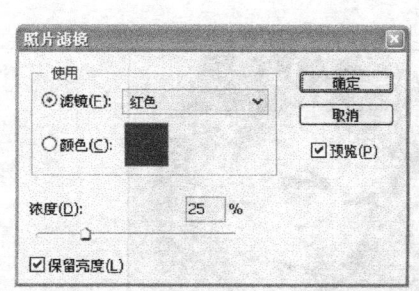

图 6-47　"照片滤镜"对话框

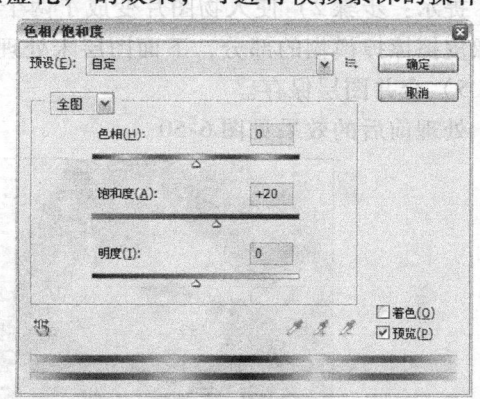

图 6-48　"色相/饱和度"对话框

模拟景深操作的步骤如下：

1）打开一幅照片。

2）划定选区，把近景物包括在内。单击鼠标右键，选择"选择反向"功能，把远景物变为选区。

3）选择"滤镜/模糊/镜头模糊"菜单，显示对话框，移动"半径"滑块，调整柔化程度。画面中的其他控制参数视情况进行调整。

4）单击"确定"按钮。调整前后的效果如图 6-49 所示。

a)　　　　　　　　　　　　　　　b)

图 6-49　模拟景深

a）原照片　b）最终效果

提示：务必随时观察画面左侧的图像进行调整。

5. 人物脸部修饰

在人物照片中，脸部的修饰较为常见，常见的修饰有：去掉雀斑、使面部光滑、柔顺、减少皱纹等。

修饰步骤如下：

1）参照本书前面章节"6.5.5　图像修补技术"中"去掉画面中的多余物"介绍的手

131

段，逐个去掉面部的雀斑，然后用工具盒中的 对局部稍作模糊处理。

提示：对于很小的雀斑，可直接用模糊工具去掉，只需按下鼠标时间稍长即可。

2）在图层控制器中，用鼠标右键单击人物照片图层，选择"复制图层"选项，单击"确定"按钮，得到一个新的图层。

3）选择"滤镜/模糊/表面模糊"菜单，面部即刻变得光滑、柔顺。

4）为了使眉毛、头发等细节得以保留，选择工具盒中的 工具，单击鼠标右键，选择一个合适的"主直径"和"硬度"数值，然后涂抹需要细节的部位。

提示：步骤2）使人物图片变成了两个图层，当前操作的图层在上面，并被表面模糊了，用橡皮擦擦掉模糊的部分，下面图层未处理过的清晰部分就会暴露出来。

5）合并图层保存。

处理前后的效果见图6-50。

a) b)

图 6-50　脸部修饰效果对比

a）修饰前　b）修饰后

6.5.11　文字编辑

文字是多媒体产品以及平面设计中必不可少的。Photoshop CS 的文字最终是位图形式，可满足一般需要。但当设计作品用于印刷时，则小字号的文字清晰度不够，需要使用其他软件制作矢量化文字。

1．输入文字

输入文字的步骤如下：

1）单击工具盒中的 T (横排文字工具)。

2）单击图像，自动生成文字图层，输入文字。

3）单击工具盒中的 ，用鼠标左键拖动文字移动，调整其位置。

4）如图6-51所示，调整文字的字体、字号、字距、行距等参数。

提示：若屏幕上没有字符调整画面，选择"窗口/字符"菜单，显示该画面。

2．变形文字

文字的变形具有装饰性，能够营造活跃、富于变化的气氛。

文字变形的步骤如下：

1）单击图层控制器中的文字图层。

2）单击工具盒中的 T (横排文字工具)。

3）在辅助工具栏中单击 按钮，显示图6-52所示的对话框。

4）在画面中，单击"样式"选择框，从中选择一种变形，例如"旗帜"。

5）调整"弯曲"、"水平扭曲"等参数，如图6-53b所示。

调整前后的效果如图6-53a和图6-53c所示。

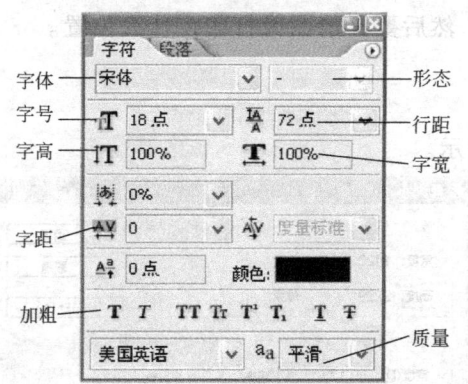

图6-51 调整字符

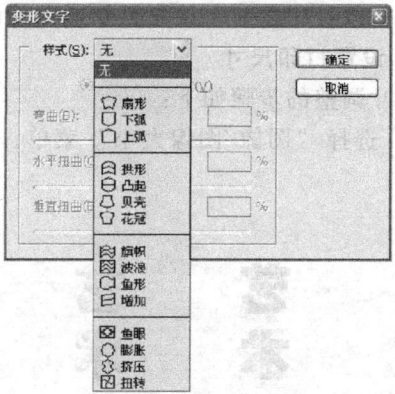

图6-52 创建变形文字

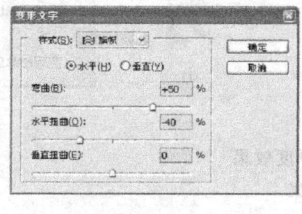

a)   b)   c)

图6-53 变形文字

a）正常文字 b）创建文字变形界面 c）变形效果

3. 旋转文字

旋转文字的步骤如下：

1）单击图层控制器中的文字图层。

2）选择"编辑/变换/旋转"菜单，鼠标拖拽文字旋转。鼠标双击旋转框内部，结束旋转。

提示：鼠标置于框内部，可拖拽文字移动。

4. 添加阴影

为文字添加阴影与图层阴影的制作方法完全一样。在此简单重述：

1）单击图层控制器中的文字图层。

2）选择"图层/图层样式/投影"菜单，显示调整画面。适当地调整不透明度、角度、距离、大小等的参数，直至效果满意。

典型的投影效果如图6-54b所示。

5. 制作厚度

制作文字的厚度与图层厚度的制作方法完全一样，在此简单重述：

1）单击图层控制器中的文字图层。

2）选择"图层/图层样式/斜面和浮雕"菜单，显示调整画面。

3）在"样式"对话框中选择"浮雕效果"，调整"方向"、"深度"和"软化"值。深度值决定了文字凸起的高度，软化值决定了文字外表面的圆滑程度。

文字具有厚度的效果如图6-54c所示。

提示：文字的阴影、厚度，以及其他效果可同时作用于同一组文字，如图6-54d所示。

6.5.12 打印图像

在图像打印之前,首先要知道图像的实际尺寸,然后要弄清图像打印在什么位置。

1. 设置打印尺寸

尺寸调整的步骤如下:

1)选择"图像/图像大小"菜单,如图 6-55 所示。

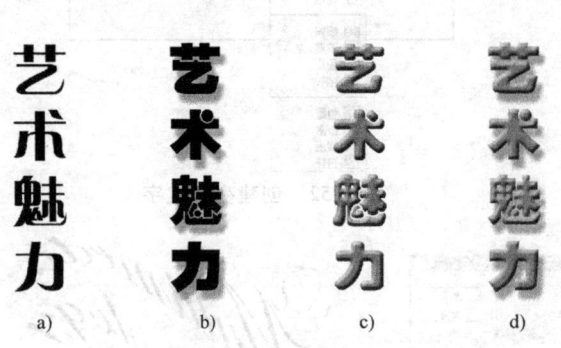
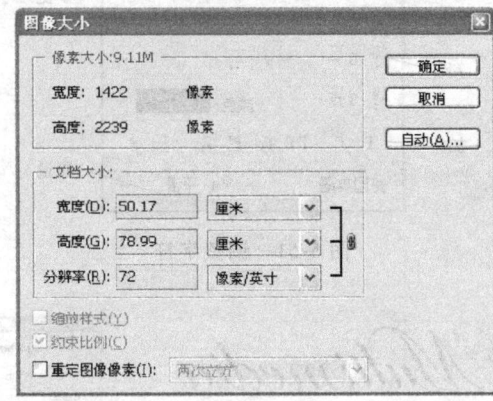

图 6-54　文字效果　　　　　　　　　　图 6-55　调整图像大小
a)普通文字　b)阴影效果　c)厚度效果
d)厚度和阴影同时作用的效果

2)单击"重定图像像素"单选框,取消框内的"√"。

3)在分辨率输入框内输入分辨率数值,其上的宽度和高度会随之变化。需要某打印尺寸时,只要选择合适的分辨率,就能小于或等于该尺寸。

重要提示:图像尺寸的调整不要在"重定图像像素"功能有效的情况下进行,否则像点的数量会有所增减,产生畸变失真。

本操作只改变了像点的密度,像点的总数并无变化,不会产生失真。

2. 设置打印位置

对于在 5in 照片纸上打印图像,在同一张纸的不同位置打印多张照片等场合,这一设置非常必要。

设置打印位置的步骤如下:

1)设置合适的打印尺寸。

2)选择"文件/打印"菜单,显示"打印"对话框,如图 6-56 所示。

3)取消"图像居中"框中的"√"。在"顶"和"左"输入框内输入数值,单位为厘米。

4)单击"打印"按钮,显示打印画面。

5)在打印画面中,若希望确定打印参数,则单击"首选项"按钮;若直接打印,则单击"打印"按钮。

6.5.13 保存图像

Photoshop CS 可以多种格式保存图像。除了 PSD 格式以外,以其他格式保存之前,应首先合并图层。

保存图像的步骤如下:

1)选择"文件/储存为"菜单,显示"存储为"对话框,如图 6-57 所示。

2)在"格式"选择框中选择文件格式。

3）在"文件名"输入框中输入文件名。

4）单击"保存"按钮，随后显示文件格式确定画面。

5）在文件格式确定画面中，根据实际情况选择参数。例如，在步骤2）中若选择 BMP 格式，单击"保存"按钮后，将会显示如图 6-58 所示的"BMP 选项"对话框。在该画面中选择"Windows"选项，然后单击"确定"按钮。

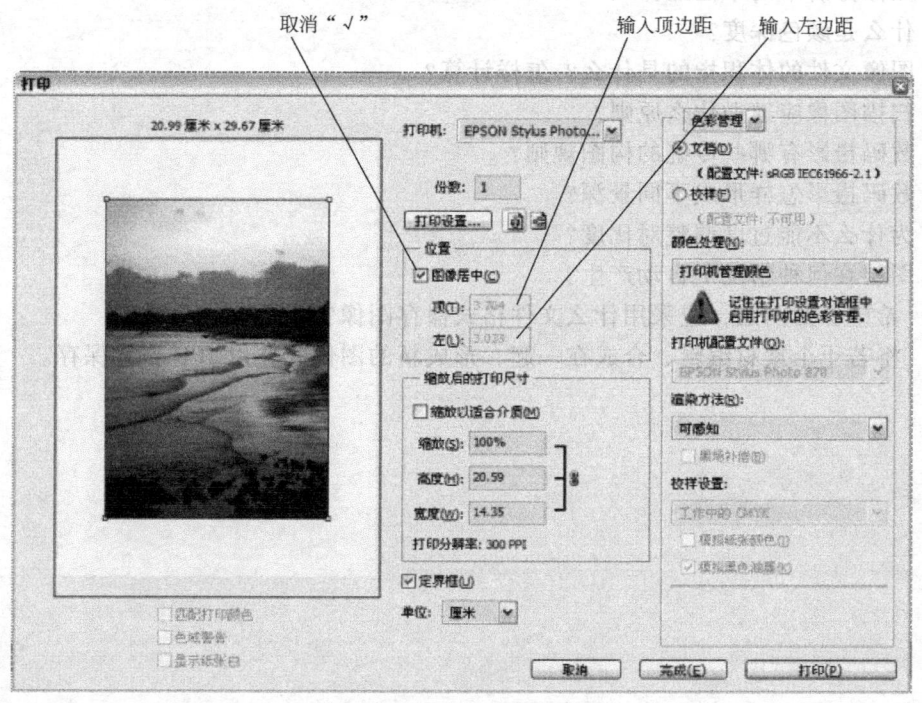

图 6-56 "打印"对话框

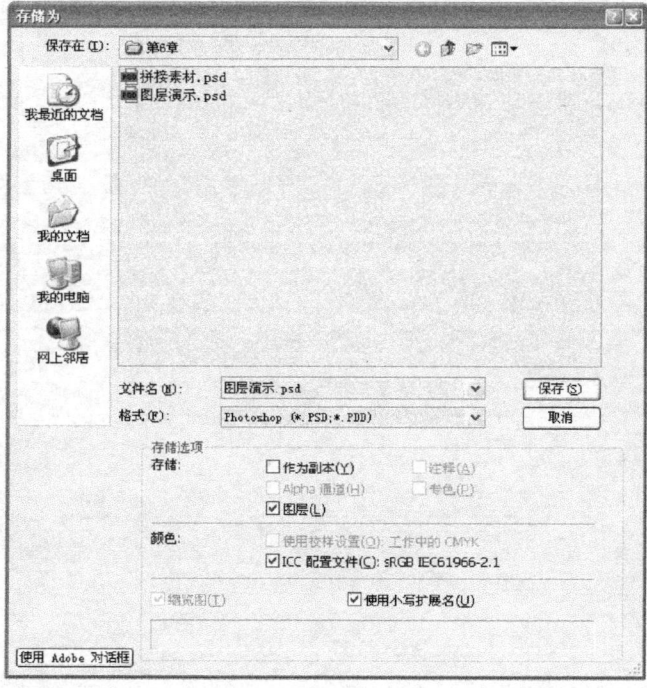

图 6-57 "存储为"对话框

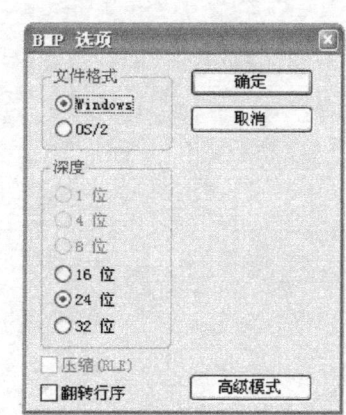

图 6-58 "BMP 选项"对话框

习题六

6.1 什么是图像和图形？
6.2 图像分辨率的单位是什么？
6.3 什么是颜色深度？
6.4 图像文件的体积指的是什么？怎样计算？
6.5 扫描图像应遵循什么原则？
6.6 数码摄影有哪些传统的构图规则？
6.7 数码摄影怎样形成不同景深？
6.8 为什么不能过度调整对比度？
6.9 图层在何种情况下自动产生？
6.10 希望保留图层，应采用什么文件格式保存图像？
6.11 将若干个素材编辑、合成在一起，形成新的图像，并以 JPG 格式保存。

第 7 章　动画与视频制作技术

动画是多媒体产品中最具吸引力的素材，具有表现力丰富、直观、易于理解、吸引注意力、风趣幽默等特点。动画制作需要动画的绘画、制作知识和动画制作软件的使用技巧。

7.1　动画基本概念

7.1.1　什么是动画

英国动画大师约翰·海勒斯（John Halas）对动画有一个精辟的描述："动作的变化是动画的本质"。动画由很多内容连续但各不相同的画面组成。由于每幅画面中的物体位置和形态不同，在连续观看时，给人以活动的感觉。

动画利用了人类眼睛的视觉滞留效应。人在看物体时，物体在大脑视觉神经中的停留时间约为 1/24s。如果每秒更替 24 个画面或更多的画面，那么，前一个画面在人脑中消失之前，下一个画面就进入人脑，从而形成连续的影像。

随着动画的发展，除了动作的变化，还发展出颜色的变化、材料质地的变化、光线强弱的变化等，这些因素都赋予了动画新的本质。

7.1.2　动画的历史

早在 1831 年，法国人约瑟夫·安东尼·普拉特奥（Joseph Antoine Plateau）在一个可以转动的圆盘上按照顺序画了一些图片。当摇动手柄带动圆盘旋转时，圆盘上的图片依次映入眼帘，似乎动了起来，这就是最原始的动画，其示意图如图 7-1 所示。

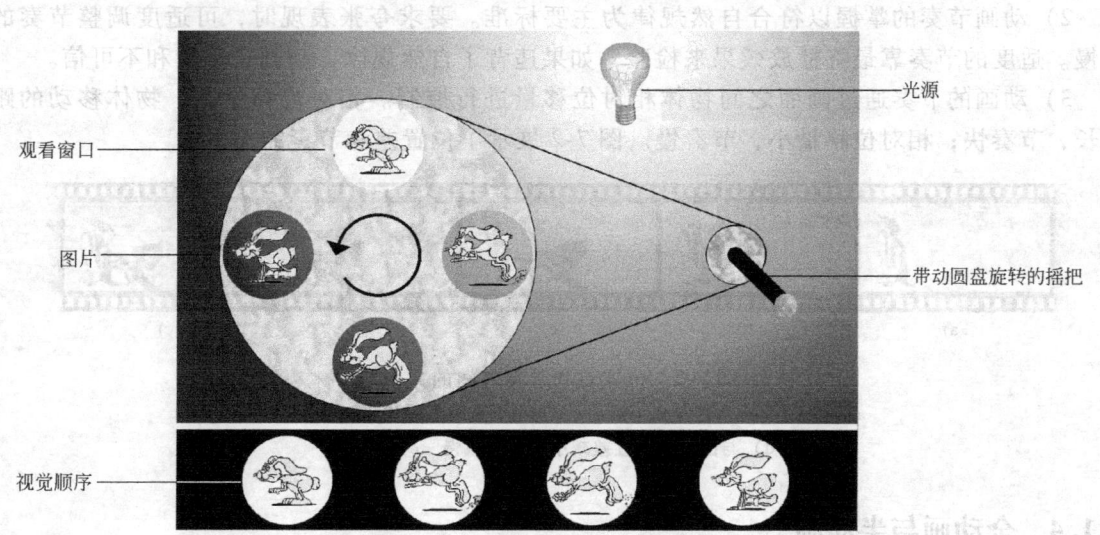

图 7-1　最原始的动画示意图

1906年，美国人J.斯泰瓦德（J. Steward）制作了一部动画短片，名为《滑稽面孔的幽默形象（Humorous Phases of a Funny Face）》，非常接近现代动画概念。

1908年，法国人Emile Cohl首创用负片制作动画影片。所谓负片，是影像色彩与实际色彩恰好相反的胶片，如同今天的普通胶卷底片。采用负片制作动画，从概念上解决了影片载体的问题，为此后动画片的发展奠定了基础。

1909年，美国人Winsor McCay用一万张图片表现一段动画故事，这是迄今为止世界上公认的第一部真正的动画短片。

1915年，美国人Eerl Hurd创造了新的动画制作工艺。他先在赛璐璐片上画动画片，然后再把赛璐璐片上的图片拍摄成动画影片，这种动画片的制作工艺一直沿用至今。

1928年开始，美国人华特·迪斯尼（Walt Disney）逐渐把动画影片的制作推向巅峰。他在完善了动画体系和制作工艺的同时，把动画片的制作与商业价值联系了起来，被人们誉为商业动画影片之父。华特·迪斯尼带领着他的一班人马为世人创造出大量动画精品。例如，《米老鼠和唐老鸭》、《木偶奇遇记》和《白雪公主》等。直到今天，华特·迪斯尼创办的迪斯尼公司还在为全世界的人们创造丰富多样的动画片。

动画从最初发展到现在，其本质没有多大变化，而动画制作手段却发生了日新月异的变化。今天，"电脑动画"、"电脑动画特效"不绝于耳，可见电脑对动画制作领域的强烈震撼。

7.1.3 动画规则

毫无规律和杂乱的画面不能构成真正意义上的动画，动画应遵循一定的构成规则。动画的构成规则主要有以下3个：

1）动画由多画面组成，并且画面必须连续。
2）画面之间的内容必须存在差异。
3）画面表现的动作必须连续，即后一幅画面是前一幅画面的继续。

在动画的表现手法方面，也要遵循一定的规则，归纳起来有以下几项：

1）在严格遵循运动规律的前提下，可进行适度的夸张和发展。
2）动画节奏的掌握以符合自然规律为主要标准。要求夸张表现时，可适度调整节奏的快慢。适度的节奏靠最终播放效果来检验，如果违背了自然规律，动画会怪诞和不可信。
3）动画的节奏通过画面之间物体相对位移量进行控制。相对位移量大，物体移动的距离长，节奏快；相对位移量小，节奏慢。图7-2展示了位置差和节奏的关系。

图7-2 位置差和节奏之间的关系
a）静止 b）从左上角下滑 c）与图b的位置差很大，快速下滑
d）与图c的位置差减小，速度减慢 e）静止

7.1.4 全动画与半动画

全动画与半动画描述了动画内容与画面数量之间的关系，是有关动画的重要概念。

1. 全动画

全动画是指在动画制作中，为了追求画面的完美、动作的细腻和流畅，按照每秒播放 24 幅画面的数量制作的动画，如图 7-3a 所示。全动画对时间和金钱在所不惜，观赏性极佳，迪斯尼公司出品的大量动画产品就属于这种动画。

2. 半动画

半动画又被称为有限动画，制作半动画与制作全动画几乎需要完全相同的动画制作技巧。半动画采用少于每秒 24 幅的画面来绘制动画，常见的画面数为 6 幅或 8 幅，如图 7-3b 所示。以 8 幅画面的半动画为例，为了保证播放速率，画面总数仍应为 24 幅，则每幅画面重复 2 次，即用三幅画面描述一个动作。由于半动画的动作画面少，因此动作的连续性、流畅性较全动画差。但半动画不需要全动画那样高昂的经济开支和巨大的工作量。

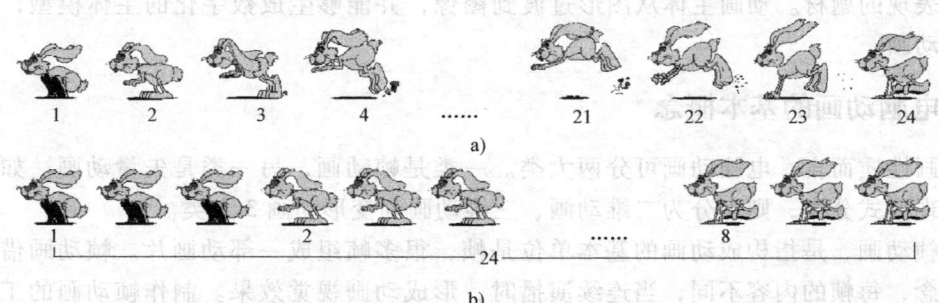

图 7-3　全动画与半动画
a）全动画　b）半动画

7.1.5　动画制作过程

动画的制作是相当艰巨的工程，也是十分耗费时间和金钱的工程。在动画制作中，往往不能像拍摄实景电影那样，先拍摄大量胶片，然后在后期制作中剪掉不需要的部分。在动画制作过程中，要事先准确地策划好每一个动作的时间、画面数，实施时就不会出现多余的画面，以此来避免财力和时间的浪费。

传统动画的大致制作过程如下：

1）制作声音对白和背景音乐。传统动画先制作声音，然后再根据声音计算动画格数。
2）制作关键画面。由动画设计人员绘制动画人物造型和景物等关键画面。
3）绘制动画画面。由动画绘制人员绘制关键画面之间的大量过渡插画。
4）复制成赛璐璐片。把动画制作人员画在纸上的动画轮廓复制到赛璐璐片上。
5）上色。由专门从事上色的人员为赛璐璐片上的人物和景物上色。
6）核实检查动画画稿。在拍摄电影胶片之前进行最后检查。
7）拍摄电影胶片。由电影摄制人员把赛璐璐片画面拍摄成电影。
8）后期制作。对电影胶片进行剪辑和编辑，以达到最好的银幕效果。

近年来，传统动画的制作工艺随着计算机的介入而发生了变化。有些人在完成动画画面的绘制工作以后，不再复制赛璐璐片，而是采用图像扫描仪把画稿转换成数字图像，然后在计算机中进行上色和其他处理，最后利用专门设备把数字图像转换成录像带，供电视播放用。计算机的出现，使传统动画在经历了几代人不断探索、艰辛劳动和不断创新之后，被注入了新的活力。

7.2 电脑动画

人们习惯上把用计算机制作的动画称为电脑动画。电脑动画经历了以下几个阶段：

第一个阶段：用计算机画出简单的线条和几何图形，计算机把绘画过程记录下来。在需要时，由计算机重复绘画过程，使人们看到活动的画面。

第二个阶段：电脑动画中活动的主体从简单的线条、几何图形过渡到比较复杂的图形。画面上的变化模式和多种颜色的运用使这一阶段的动画具有良好的视觉效果，开始体现电脑动画的风格。

第三个阶段：以先进的软件和硬件作为条件，逼真地模拟手工动画，并进一步制作手工动画难以表现的题材。动画主体从图形过渡到图像，并能够生成数字化的主体模型，进而产生纯电脑动画。

7.2.1 电脑动画的基本概念

就动画性质而言，电脑动画可分两大类。一类是帧动画，另一类是矢量动画。如果按照动画的表现形式分类，则可分为二维动画、三维动画和变形动画3大类。

所谓帧动画，是指构成动画的基本单位是帧，很多帧组成一部动画片。帧动画借鉴传统动画的概念，每帧的内容不同，当连续演播时，形成动画视觉效果。制作帧动画的工作量非常大，计算机特有的自动动画功能只能解决移动、旋转等基本动作过程，不能解决关键帧问题。帧动画主要用在传统动画片的制作、广告片的制作，以及电影特技的制作方面。

矢量动画是经过计算机计算而生成的动画，其画面只有一帧，主要表现变换的图形、线条、文字和图案。矢量动画通常采用编程方式和某些矢量动画制作软件来完成。

二维动画又叫平面动画，是帧动画的一种，它沿用传统动画的概念，具有灵活的表现手段、强烈的表现力和良好的视觉效果。

三维动画又叫空间动画，可以是帧动画，也可以制作成矢量动画。主要表现三维物体和空间运动。它的后期加工和制作往往采用二维动画软件完成。

变形动画也是帧动画的一种，它具有把物体形态过渡到另外一种形态的特点。形态的变换与颜色的变换都经过复杂的计算，形成引人入胜的视觉效果。变形动画主要用于影视人物、场景变换、特技处理、描述某个缓慢变化的过程等场合。

7.2.2 制作动画的条件

合适的计算机硬件设备和相应的应用软件是制作动画的必要条件。

1. 硬件环境

制作动画的计算机首先能够使用和加工各种媒体。满足动画制作需求的计算机没有特别要求，还要应有高速的 CPU 主频，足够大的内存容量，以及大量的硬盘空间。

彩色显示器对于动画制作十分重要，在经济条件允许的情况下，尽量选用屏幕尺寸大、色彩还原好、响应时间短的显示器。显示适配器的缓存容量与动画系统的显示分辨率有紧密的关系，其容量应尽可能大，保证较高的显示分辨率和良好的色彩还原。

制作动画的主要工作是用鼠标器绘制画面，要求鼠标器具有反应灵敏、移动连续、无跳跃、手感舒适的特点。另外，制作动画也需要一些特殊的多媒体配件，例如数字手写绘画输入板、视频压缩卡等。

2. 软件环境

目前，大多数动画制作和处理软件都运行在 Windows 环境中，为了保证动画系统稳定、可靠的运行，Windows 中不要同时运行其他应用程序，同时应关闭任务栏中的各个任务项。

7.2.3 动画制作软件

动画制作软件通常具备大量的编辑工具和效果工具，用来绘制和加工动画素材。不同的动画制作软件用于制作不同形式的动画，Flash、Magic Morph 等软件用于制作各种形式的平面动画，如网页动画、变形动画等。3D Studio Max、Cool 3D、Maya 等软件用于制作各种三维动画，如三维造型动画、文字三维动画、特技三维动画等。但在实际的动画制作中，一个动画素材的完成往往不只使用一个动画软件，而是多个动画软件共同编辑的结果。

7.3 网页动画制作技术

网页动画随着国际互联网的兴起和发展应运而生，网页动画对于信息的传播、视觉冲击的强化、美化网页起到非常重要的作用。随着网络传输速率不断提高，多媒体技术在网络上的应用也日益广泛，小巧而新颖的网页动画也随之受到网页设计者和使用者的青睐。

7.3.1 基本概念

网页动画主要应用在网页制作、网络广告、电子贺卡、产品展示，以及网络游戏等方面。与文字、图片和声音配合在一起，构成了多媒体信息的集合。

除了国际互联网以外，网页动画还用于电视字幕制作、片头动画、MTV 画面制作、PPT 演示、多媒体光盘等领域。广泛的适用性使网页动画受到越来越多的关注。矢量动画和帧动画都可以作为网页动画。

1. 网页动画的特点

1）数据量小。为了便于网络信息的传输，网页动画除了采用压缩算法对数据进行压缩以外，还采用约束了画面尺寸和采用适当的颜色管理功能等措施，使数据量进一步减少。

2）表现力强。在网页上演播活动的画面，更容易引起人们的注意。并且，演播内容的不断更替，使画面信息量得到增加。

3）视觉效果好。如果设计和制作得当，会产生非常好的启示、引导和展示效果。

4）模式多样化。在网页上，可以使用交互式矢量动画，例如采用 Flash 动画制作软件制作的动画；也可以使用帧动画，如 GIF89a 格式的动画。

2. 网页动画的制作途径

1）将平面动画、三维动画等多种动画形式加工和整理，然后利用网页动画转换软件将其转换成网页动画，是比较灵活的动画制作方式。不过，考虑到网络的承载能力和信息传输能力，在转换前，应减少原动画的数据量，如减少颜色数量、缩小画面尺寸、减少画面数量等。

2）使用专门的网页动画制作软件直接生成网页动画。其成品可以是矢量动画，也可以是帧动画。该种途径制作的网页动画具有交互性，特别适合网络应用，其传输效率和使用效率比较高，动画形态和制作方法也比较灵活。

7.3.2 GIFCON 工具软件

GIFCON 软件的全称是"GIF Construction Set"，由 Alchemy Mind works 公司开发，主要用

141

于把普通动画转换成 GIF 格式的网页动画。

GIFCON 软件是英文版，小巧、易用，对计算机的硬件环境没有特殊的要求，目前的计算机都能满足要求。

1．基本功能

GIF 格式网页动画文件采用 GIF89a 多画面文件格式，演播时，各帧画面依次快速显示，产生动画效果。其主要功能有：

1）制作具有透明属性的图片和交错图。

2）自动连接多帧画面，生成具有多画面的 GIF89a 文件。

3）为动画画面增加文字动画或制作独立的文字动画。

4）向动画中插入命令组，以此控制动画的演播状态和 loop（循环往复播放）状态。

5）把 AVI 格式的电影文件转换成 GIF89a 格式的文件。

6）从 GIF89a 文件里提取单帧图像。

7）自动把 FLC 格式的动画文件转换成 GIF89a 格式的文件。

8）自动识别动画的演播速度和循环演播的次数。

9）自动把文件名连续而且顺序递增的多帧画面连接成动画文件。

GIFCON 软件主要用于加工、拼接和转换构成动画的图像序列，并把它们连成一体，形成 GIF89a 格式的文件。该软件不具备绘制动画和图像处理能力，动画素材的绘制和加工要依靠专门的动画制作软件和图像处理软件来完成。

2．界面与特点

双击 GIFCON 软件图标，启动该软件，显示如图 7-4 所示的主窗口。

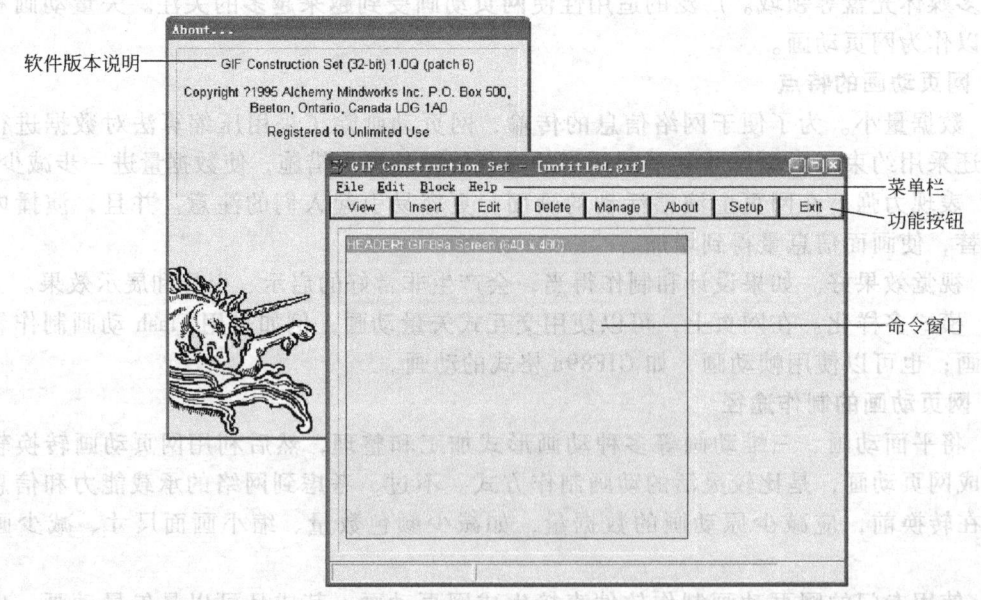

图 7-4　GIFCON 软件主窗口

主窗口顶部是菜单栏，下面排列着 8 个功能按钮。再下面是命令窗口，在制作网页动画时，窗口中顺序排列着各种控制命令。这些命令用于控制动画的画面排列和播放模式等，全部重要操作均在命令窗口中进行。

7.3.3 动画生成流程

1. 准备素材

GIF89a 格式网页动画由多幅画面组成,每幅画面的内容、画面数量、保存画面的文件格式等都应在准备素材阶段确定下来。

为了便于说明,假设动画素材的画面数为 8 幅,采用 Photoshop CS 绘制,每幅画面一个文件,格式为 BMP 格式(256 色模式):兔子 01.bmp~兔子 08.bmp,如图 7-5 所示。

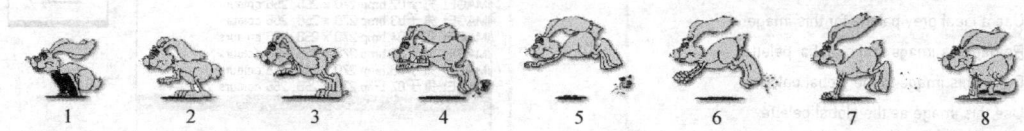

图 7-5 素材图片序列

2. 插入命令和图像素材

操作步骤:

1) 选择"File/New"菜单,清除命令窗口,创建新文件。此时,命令窗口中只留有一条"HEADER"命令。

2) 单击"Insert"按钮,显示一组工具按钮,如图 7-6 所示。单击"Loop"按钮,命令窗口显示 LOOP 命令行。

3) 双击 LOOP 命令行,显示设置画面。在"Iterations"输入框中输入循环次数。若希望无限循环,输入数字"0"。

4) 单击"Insert"按钮,显示图 7-6 所示的工具盒,单击"Control"按钮,命令窗口显示 CONTROL 命令行。

5) 双击 CONTROL 命令行,显示图 7-7 命令设置窗口。选中"Transparent colour(透明色)"选项,单击右侧的 ![] (取色)按钮,选取某种颜色,该颜色即变成透明色。

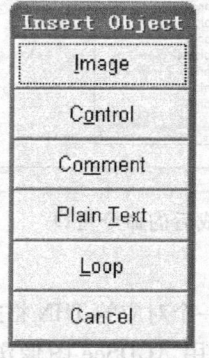

图 7-6 工具盒

图 7-7 命令设置窗口

6) 在"Delay(延迟时间)"输入框中输入延迟数值,基本单位是 1/100s,这里假定输入 10。

7) "Remove by(被隐去的颜色)"输入框默认的状态为 Nothing(无指定),如果在步骤 5) 中设置了透明色,并希望把背景色设置成透明属性,则在该输入框中选择"Background"(背景)选项。

8) 单击"Insert"按钮,在工具盒中单击"Image"按钮,显示打开文件窗口。

9) 指定文件路径,以及所有需要插入的素材图片文件名,如图 7-5 所示的 8 个文件:兔子 01.bmp~兔子 08.bmp,然后单击"打开"按钮。

143

随后显示 Palette（调色板）设置画面。选择第一项和最后一项，如图 7-8 所示。意思是：使用图像自身的调色板，并应用在所有准备插入的图像中。

8 个文件被插入到命令窗口中的情形如图 7-9 所示，每个 IMAGEt 行代表一个图片文件。

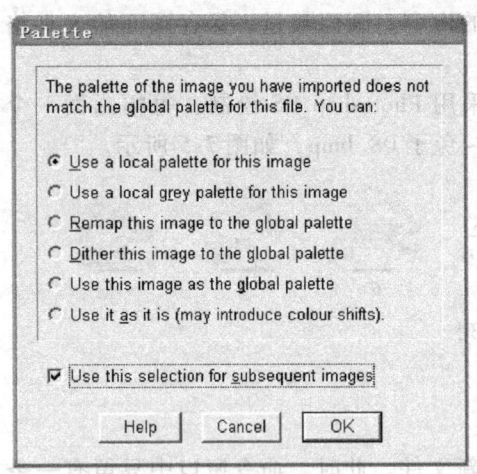
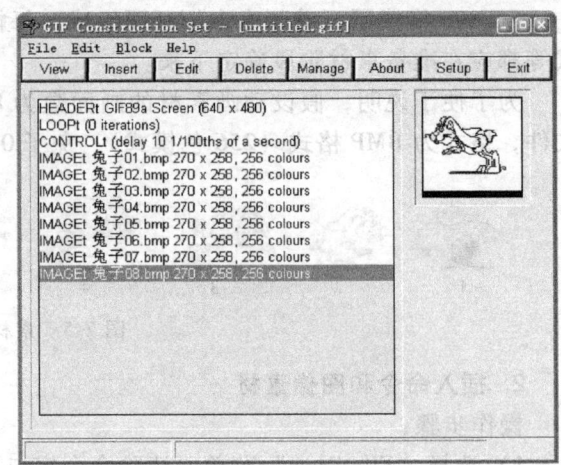

图 7-8　调色板设置窗口　　　　　　　图 7-9　已经插入图像文件的命令窗口

10）单击"View"按钮，预览动画效果。单击鼠标右键，停止演示。若希望调整动画节奏，再次双击主窗口中的 CONTROL 命令，修改"Delay（延迟时间）"参数。

11）动画效果满意后，单击 CONTROL 命令行，按〈Ctrl〉+〈C〉键，把该行复制到剪贴板中。然后边按〈↓〉键换行，边按〈Ctrl〉+〈V〉键把命令行复制到各 IMAGEt 行之间。直至所有的 IMAGEt 行之间都有 CONTROL 命令行为止。如图 7-10 所示。

重要提示：每个 CONTROL 命令行可单独设置"Delay（延迟时间）"参数，这意味着每个画面的停留时间可以不同，即：动画的节奏是可变的。

3. 保存动画

在主窗口中，选择"File/Save as"菜单，显示 Save as（保存文件）窗口。指定文件夹和文件名，单击"保存"按钮，显示 Message

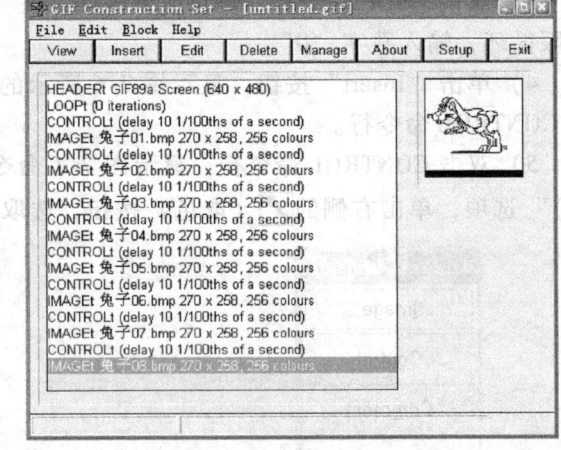

图 7-10　完成后的命令窗口

（提示信息），单击"OK"按钮。动画保存后，GIFCON 软件会自动生成一个对应的 THN 格式文件。

选择"File/Exit"菜单退出 GIFCON。制作完成的网页动画可以用 ACDSee 图像浏览软件观看，也可用 Internet Explorer 浏览器观看。

7.3.4　Flash 动画制作软件

国际互联网目前采用流媒体技术传送信息，Flash 动画、位图图像、甚至数据量比较大的帧动画和视频，都可以在线连续观赏。Flash 动画制作软件主要用于网页动画的设计与制作，其动画制品被广泛使用在各个领域。

1. 软件简介

Flash 动画制作软件的前身是 Future Splash，后被 Macromedia 公司收购，更名为 Flash。

Flash 软件可制作帧动画和矢量动画。帧动画数据量大，占用较大的网络资源；矢量动画数据量小，网络负担不大。

2．界面特点

Flash 软件的界面如图 7-11 所示。界面包括菜单、工具盒、时间轴、动画编辑窗口、属性工具栏等。

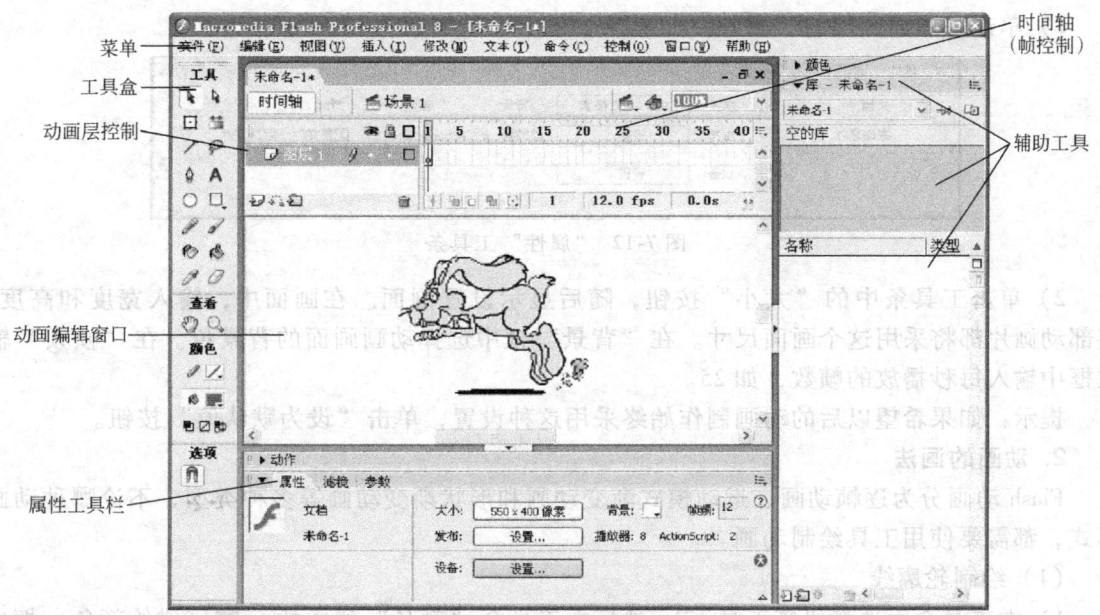

图 7-11　Flash 软件的界面

3．绘制工具

工具盒中的工具按照功能分为 4 大类，即编辑工具类、查看类、颜色类、选项类。编辑工具类用于绘制线条、图形和文字等；查看类用于缩放显示比例和移动画面；颜色类用于选择作画颜色；选项类用于提供辅助工具，精确地设置其他类工具的控制参数。

部分工具的功能如下：

- ——选取图形和操作对象。
- ——调整图形外框节点，实现图形的缩放和形状调整。
- ——绘制直线。
- ——选择对象的编辑区域，具有魔术棒属性和多边形属性。
- ——创建路径。
- ——输入与编辑文字，可改变字体、字号、颜色、对齐方式等。
- ——绘制椭圆和正圆。
- ——绘制矩形，矩形可带有圆角。
- ——绘制曲线。
- ——绘图笔刷，笔刷的宽窄和形状可调。
- ——创建和修改一定形状轮廓线的颜色、形态。
- ——用当前色填充封闭图形。当前色可以是单色，也可以是渐变色。
- ——颜色取样。
- ——擦除对象的线条与颜色，擦除的模式和形状可调。

7.3.5 动画绘制技术

1. 设置动画制作状态

在制作动画之前,必须按照动画设计的要求设置 Flash 的工作状态,例如画面的尺寸、标尺的单位、动画的播放速度等。具体操作步骤如下:

1) 单击主画面底部的"属性"工具条,该工具条如图 7-12 所示。

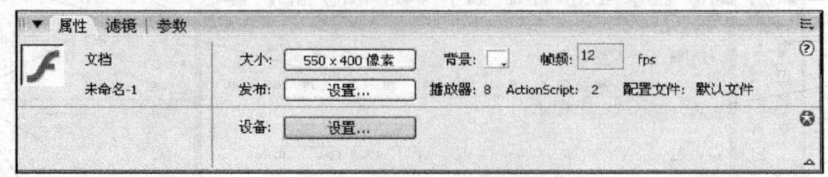

图 7-12 "属性"工具条

2) 单击工具条中的"大小"按钮,随后显示设置画面。在画面中,输入宽度和高度,整部动画片都将采用这个画面尺寸。在"背景"框中选择动画画面的背景色。在"帧频"输入框中输入每秒播放的帧数,如 25。

提示:如果希望以后的动画制作始终采用这种设置,单击"设为默认值"按钮。

2. 动画的画法

Flash 动画分为逐帧动画、运动模式渐变动画和形状渐变动画等多种类型,不论哪种动画形式,都需要使用工具绘制动画。

(1) 绘制轮廓线

1) 在工具盒中选择铅笔工具,然后在工具盒"颜色"栏中的(描绘颜色)框中选择一种颜色,如黑色。

2) 在工具盒底部选项的右侧,选择一种铅笔模式。"伸直"模式画出的图形有拐点,不圆滑,由直线构成轮廓,如图 7-13a 所示;"平滑"模式画出的图形很圆滑,如图 7-13b 所示;用"墨水"模式画出的图形不加任何修饰,保持原貌,如图 7-13c 所示。

(2) 填充颜色

在绘制动画时,填充颜色是最常用的手法,常说的"上色",就是指填充颜色的操作。填充颜色的操作如下:

1) 在工具盒中,单击颜料桶工具。

2) 设置渐变色。在屏幕右上角单击颜色框,显示出调色板。在类型框中选择"线性"填充模式。调色板画面如图 7-14 所示。

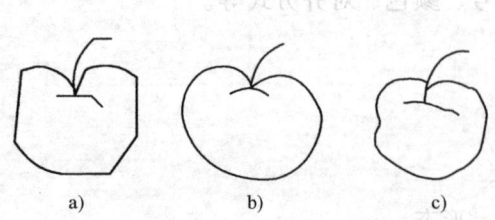

图 7-13 采用 3 种模式绘制的图形
a) 伸直图形 b) 平滑图形 c) 墨水图形

图 7-14 调色板

单击渐变色条左侧的色标, 选取某种颜色; 单击渐变色条右侧的色标, 选取另一种颜色。

3）在工具盒底部选项栏目的左侧，选择一种封闭模式。一般选择"封闭小空隙"默认模式。

4）单击图形内部，填充渐变色。若在图形内部单击不同位置，则渐变色的中心位置也随之改变，其效果如图7-15所示。

（3）画圆和方框

1）画圆。首先在工具盒中选择 ◯（椭圆工具），在调色板中选择某种颜色或设置渐变色，然后画椭圆。如果画正圆，按下〈Shift〉键并保持住，再画圆。

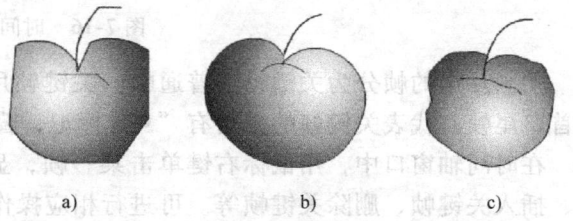

图7-15　填充效果
a) 渐变色的中心位置在左上角　b) 渐变色的中心位置在右上角　c) 渐变色的中心位置在底部

2）画方框。选择 □（矩形工具），在调色板中选择颜色。单击工具盒底部"选项"栏中的"边角半径设置"按钮，设置圆角大小，然后画方框。若画正方形，按下〈Shift〉键，再画方框。

提示：若画空心图形，在工具盒的"颜色"栏中单击 ⃠（没有颜色）按钮，然后再画。

（4）删除图形

在工具盒中选择 ▶（选择工具），用鼠标画出一个范围，把需要删除的图形包围在内，按键盘上的〈Delete〉键，或选择"编辑/清除"菜单。

若删除局部，在工具盒中选择 ✐（橡皮擦工具），在"选项"栏中选择擦除模式，通常采用默认的"标准擦除"模式。然后用鼠标在图形上涂抹，被涂抹的部分就会消失。

（5）移动图形

在工具盒中选择 ▶（选择工具），用鼠标画出一个范围，把需要移动的图形包围在内，然后拖动图形移到新的位置。

提示：在Flash中，边框和填充颜色是分离的，如果直接拖动图形移动，将使边框和填充颜色分离。

（6）改变图形形态

在工具盒中选择 ▶（选择工具），把鼠标对准图形边缘的轮廓线，拖动轮廓线移动，从而改变了图形的形态。

（7）输入文字

单击工具盒中的 A（文本工具），画出文本框，输入文本内容。然后用光标条覆盖文本，在"属性"工具栏设置字体、字号、颜色、对齐方式等。希望移动文字时，鼠标对准文本输入框，拖动文字移动。最后单击非文本输入区结束文字编辑。

提示：在结束文字编辑后，如果再次单击文本，可继续编辑和修改文字。

3. 制作帧动画

（1）基本方法

制作帧动画主要是和时间轴打交道，时间轴窗口如图7-16所示。

时间轴窗口中的标尺数字表示帧号，帧号下方一个方格表示一帧。时间轴窗口的底部有一组按钮和显示信息，用于控制播放状态和显示当前帧、帧速率和时间。

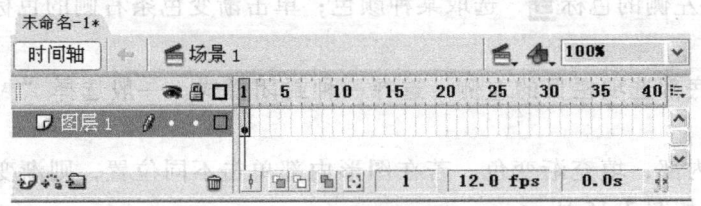

图 7-16 时间轴窗口

动画片中的帧分为关键帧和普通帧。关键帧用于表现动作的转折、关键动作的位置,以及首、尾帧。代表关键帧的方格有"●"标记,普通帧则无标记。

在时间轴窗口中,用鼠标右键单击某一帧,显示功能菜单,在菜单中选择插入帧、移除帧、插入关键帧、删除关键帧等。可进行相应操作。

(2) 制作步骤

1) 绘制关键帧。在第1帧中,绘制一个动画图形。

2) 增加关键帧。选择"插入/关键帧"菜单,增加第2帧,它是前一帧的复制品。当前窗口变为第2帧。可在该窗口中绘制或修改图形。

3) 不断进行步骤2),直至动画完成。图7-17a是完成的8帧动画,对应的时间轴窗口见图7-17b。

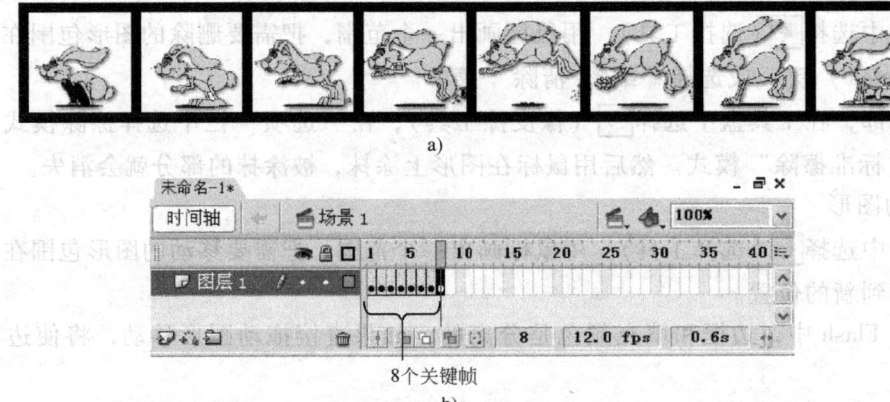

图 7-17 完成的动画
a) 动画内容　b) 时间轴窗口

4) 选择"控制/播放"菜单,预览动画效果。发现问题时,单击帧号,继续修改。

4. 测试效果

为了使动画在国际互联网上能够正常使用,通常在完成动画后,还要模拟网络环境进行测试。选择"控制/测试影片"菜单,随之显示测试预览窗口,在该窗口中观察模拟效果。

7.3.6 自动动画制作

自动动画的常见模式有:直线移动、按照一定的路径移动、物体变形等。

1. 直线移动

制作步骤:

1）在第 1 帧的左上角画一个圆球，如图 7-18a 所示。

2）在时间轴窗口中，用鼠标右键单击后面的某一帧，如第 20 帧，在菜单中选择"插入关键帧"选项。当前帧变为第 20 帧。

3）单击工具盒中的 ▶（移动工具），把圆球拖动到新位置，如图 7-18b 所示。

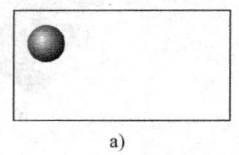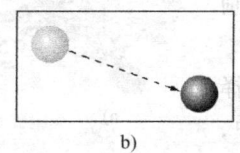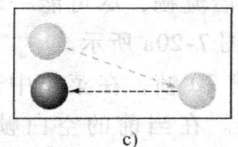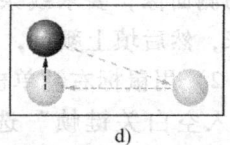

图 7-18　直线移动的自动动画
a）第 1 帧的图形　b）在第 20 帧上移动图形　c）在第 40 帧上移动图形　d）在第 60 帧上移动图形

4）在时间轴窗口中，用鼠标右键单击第 1 帧，在菜单中选择"创建补间动画"选项。用鼠标右键单击第 20 帧，在菜单中选择"创建补间动画"选项。

观察时间轴窗口，第 1 帧和第 20 帧有"●"标记，是关键帧，它们之间的帧自动生成，有一方向向右的箭头，表示直线移动从第 1 帧到第 20 帧。

5）选择"控制/播放"菜单，预览动画效果。

提示：若希望圆球继续沿直线移动，可以继续创建关键帧。单击第 20 帧，把该帧作为当前帧。用鼠标右键单击第 40 帧，选择"创建补间动画"选项，移动圆球，如图 7-18c 所示。用鼠标右键单击第 60 帧，选择"创建补间动画"选项，移动圆球，如图 7-18d 所示。

6）选择"控制/播放"菜单，预览动画效果：圆球从第 1 帧的位置依次移动到第 20 帧、第 40 帧、第 60 帧的位置。

2．按照自由路径移动

操作步骤：

1）按照前面介绍的直线移动内容先制作一个 30 帧动画，如图 7-19a 和图 7-19b 所示。

2）单击第 30 帧，把该帧作为当前帧。

3）在时间轴窗口中，单击 ✚ （添加运动引导层）按钮，添加引导图层。

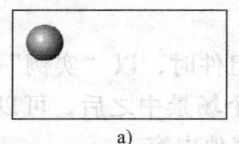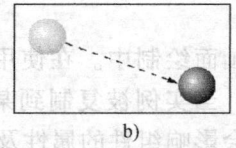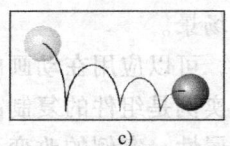

图 7-19　自由路径移动的动画
a）第 1 帧的图形位置　b）第 30 帧的图形位置　c）用"钢笔"画的自由路径

4）单击工具盒中的 ✎ （铅笔工具），在工具盒底部的"选项"栏中选择"平滑"效果，然后画出自由路径，如图 7-19c 所示。

5）单击工具盒中的 ▶（移动工具），把当前帧和第 1 帧的圆球分别对准自由路径的终点和起点。

6）选择"控制/播放"菜单，预览动画效果：圆球沿着自由路径跳动。

如果图形不随着路径移动，可能有两个原因：其一，图形没有和路径重合，可分别单击第 1 帧和最后一帧，调整图形位置，使图形中心对准路径；其二，没有创建直线动画。

3. 物体变形

物体变形是指将物体由方的变成圆的、由花朵变成石头、由女人变成男人等。

变形步骤：

1）在第 1 帧上，用 ✏（铅笔工具）画一个女士的侧面像，要求线条简洁流畅，尽可能一笔画下来，然后填上颜色，如图 7-20a 所示。

2）用鼠标右键单击第 20 帧，在菜单中选择"插入空白关键帧"选项。在当前的空白帧中，用 ✏（铅笔工具）绘制男士侧面像，填上颜色后，如图 7-20b 所示。

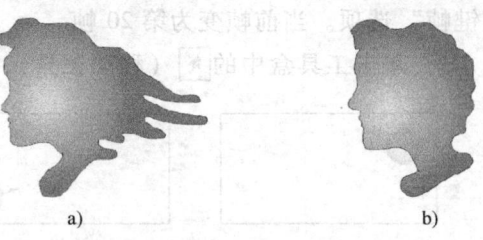

图 7-20　绘制变形素材
a）女士侧面像　b）男士侧面像

3）单击第 1 帧到第 20 帧之间的任意一帧，在屏幕底部的"属性"工具栏中，单击"补间"选择框，选择"形状"选项。

4）选择"控制/播放"菜单，观看动画效果。

4. 组件应用技术

组件是一种把图形、按钮和影片剪辑进行模块化的特殊对象。主要用于在重复编辑同一个对象或类似对象时提高工作效率。组件一旦被定义，可以无数次地在 Flash 动画软件中的任何地方使用组件。

在动画中使用组件，可在很大程度上减少动画文件的数据量。这是由于组件包含了有关图形的全部信息，多次重复使用的只是相同数据，数据压缩算法将把这种形式的数据冗余去掉，只记录源组件的数据。

组件的创建方法有两种：

1）在场景区域中绘制动画图形，然后选定该图形，选择"插入/转换成组件"菜单，将其定义为组件。

2）选择"插入/新建组件"菜单，在显示出来的对话框中，为组件命名和选择组件的类型（影片剪辑、按钮和图形），单击"确定"按钮后，进入组件编辑场景。然后，在组件编辑场景中，使用各种绘制工具绘制动画图形。绘制完毕，返回主场景中。

若希望编辑和修改创建好的组件，首先进入该组件的编辑场景中，然后进行编辑。编辑结束后，返回主场景。

组件创建后，可以应用在动画的画面绘制中。在使用组件时，以"实例"的形式应用在不同的场合中。实例是组件的复制品，当实例被复制到某个场景中之后，可以改变实例的形态、动画效果及属性。实例的改变不会影响组件的属性及其他内容。

在主场景中，首先选定使用场合，例如某个层和某一帧。然后打开图库面板，用鼠标左键把需要的组件拖拽到场景中，此时的组件转化为实例。随后可以调整实例的位置，并可以对实例进行编辑和修改，形成新的图形。

7.3.7　为动画添加声音

用 Flash 制作的动画作品可以有声音，声音文件可以采用 MP3 格式和 WAV 格式。

添加声音步骤：

1）选择"文件/导入/导入到库"菜单，选择路径和声音文件名，单击"打开"按钮。

2）单击某一帧（该帧将是声音的开始点），单击"属性"工具栏的"声音"输入框，指定已经导入的声音文件名。

3）在"同步"输入框中，指定同步的模式，如"事件"、"开始"、"停止"或"数据流"。

4）选择"控制/播放"菜单，演播动画和声音。

7.3.8 保存动画

Flash 动画格式可以有多种，如 AVI、GIF、FLA、SWF、EXE 格式等。后三者是该软件的特色格式。其中的 EXE 格式是动画文件、播放器、环境打包后的格式，可直接在 Windows 环境中运行。

1. 保存可编辑文件 FLA

FLA 格式文件主要用于编辑和存档，一般在保存 FLA 格式文件之后，还要保存成品动画文件，以便用于国际互联网和其他场合。

选择"文件/另存为"菜单，显示保存文件画面。默认文件格式是".fla"。输入文件名，单击"保存"按钮。

2. 保存其他格式的动画文件

选择"文件/导出影片"菜单，显示导出文件画面。在该画面中选择路径，指定保存类型：

1）SWF 格式——Flash 的成品播放文件，通常用在国际互联网上。

2）AVI 格式——标准视频文件，通常用在多媒体产品和演示软件中。

3）GIF 格式——GIF89a 格式的网页动画文件，主要用在国际互联网、PowerPoint 演示文稿以及多媒体产品中。选择其中一种格式，输入文件名，单击"保存"按钮。

7.4 变形动画制作技术

变形动画根据给定的来源图像和目标图像产生变形过程，如图 7-21 所示。变形动画采用了比较复杂的算法，根据人为指定的变形路径，计算变形过程中的像点位移和色彩变换。被广泛用于多媒体动画素材、广告、影视娱乐业中。

图 7-21 变形动画的视觉效果

7.4.1 基本概念

变形动画是帧动画的一种，用于描述来源图像和目标图像之间的变形过渡过程。来源图像和目标图像是两个位图，可采用 Photoshop CS 编辑和加工。变形控制点是变形过程的依据，通过人为设置这些变形控制点，使变形过程具有了可控性。变形控制点的数量越多，描述变形过程的帧数越多，变形效果就越精确和细腻。

Magic Morph 是比较典型的变形动画制作软件，简称"MMorph"。该软件的数据量为 3.3MB 左右，很小巧，运行在 Windows 9x/Me/NT/2000/XP 环境中。

值得指出的是：变形过程需要占据大量内存，因此内存容量应不小于 256MB。

安装 Magic Morph 变形动画软件后，启动该软件，主界面如图 7-22 所示。

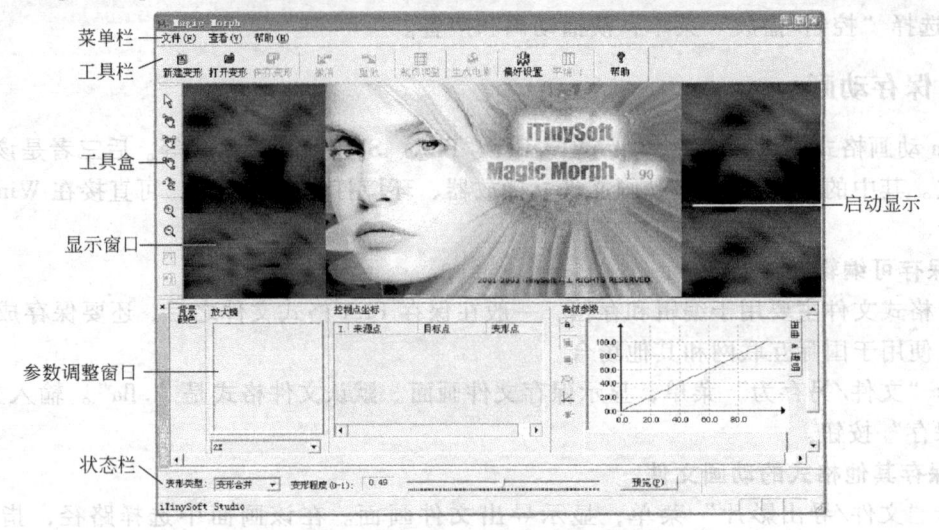

图 7-22　变形动画软件的主界面

7.4.2　前期工作

利用图像处理软件制作并保存来源图像和目标图像，是前期工作的主要内容。

来源图像和目标图像是变形素材，为了保证变形质量，加工和制作时，应注意以下问题：

1）画面尺寸应一致。相同的画面尺寸是变形的基本条件。

2）参与变形的两个主体外形轮廓应接近，相对位置、色调也应保持一致或接近，这样使变形过程更为自然。

3）两个素材尽量采用相同的文件格式保存。

为便于说明，以图 7-23 所示的来源图像和目标图像为例，两个文件均为 256 色 BMP 格式，文件名分别为"image_1.bmp"和"image_2.bmp"。

图 7-23　来源图像和目标图像内容
　　a）来源图像　b）目标图像

7.4.3　变形制作流程

1. 调入来源图像和目标图像

调入步骤：

1）选择 ![新建变形] （新建变形）按钮，显示图 7-24 所示的来源图像和目标图像选择画面。

2）在该对话框中，分别单击"选择来源图像"和"选择目标图像"按钮，调入"image_1.bmp"和"image_2.bmp"文件。文件被调入后，如图 7-25 所示。

2. 设置变形控制点

变形控制点是变形的依据，通过鼠标在来源图像和目标图像上进行设置。如果变形控制点位置不准确，将直接影响变形效果。

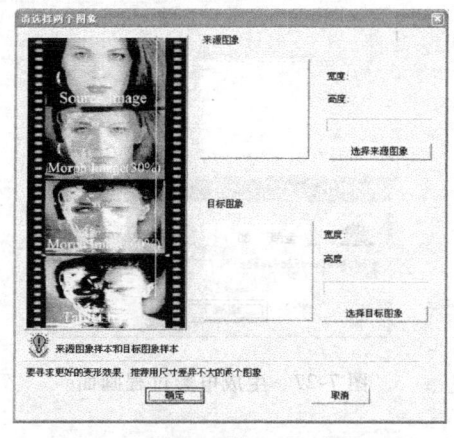

图 7-24　来源图像和目标图像选择

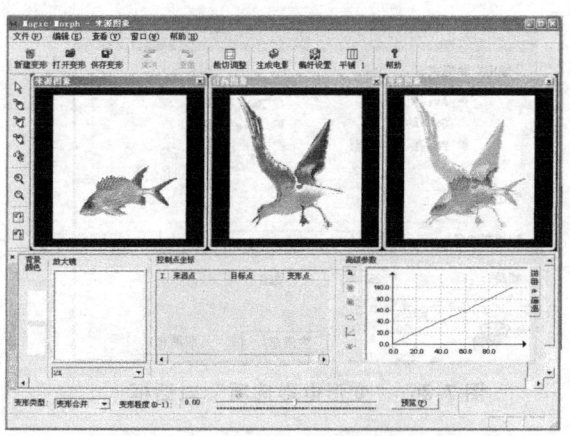

图 7-25　来源图像和目标图像

设置步骤：

1）单击状态栏中的"变形类型"选择框，选择一种类型，如"变形合并"。

2）单击工具盒中的 ![] （依次添加控制点到来源图像和目标图像）按钮，单击来源图像轮廓线上的一点，然后再单击目标图像轮廓线上某点。其效果可参照"变形图像"窗口。

提示：在图像轮廓线上寻找位置单击时，可借助放大镜窗口详细观察准确的位置。

3）不断进行步骤 2），直至图像轮廓线上有足够的变形控制点。

提示：变形控制点越多，变形越精细，效果越好。

3. 有关变形控制点的编辑

需要调整变形控制点的位置时，鼠标右键单击，在菜单中选择"移动点"选项，然后拖拽变形控制点移动。

欲删除变形控制点，鼠标右键单击，在菜单中选择"删除点"选项，然后单击来源图像上的某个点，则该点和目标图像上对应的点就消失了。

4. 保存变形

所有变形控制点的位置和个数可予以保存，单击 ![保存变形] （保存变形）按钮，显示"另存为"画面。在该画面中，指定路径，命名文件，文件的扩展名为".mor"。

提示：若要修改变形控制点的位置和个数，可通过单击 ![打开变形] （打开变形）按钮，调入该文件到图像窗口中，便于继续编辑。

5. 生成变形动画

单击 ![生成电影] （生成电影）按钮，显示图 7-26"变形电影选项"对话框。在该对话框中进行如下设置：

1）选择 6 个输出文件格式中的一个，如"Gif 动画"。

提示：对话框右侧的 BMP 序列、JPEG 序列、GIF 序列是一组图片序列，供灵活使用。

2）在"输出帧"框中，输入变形过程所需的最大帧数，数值越大，变形越流畅。

3）单击"输出文件名"框右侧的 ... 按钮，显示"另存为"画面。在该对话框中指定路径和文件名，单击"保存"按钮退出。

4）在"帧/秒"框中，输入小于 30 帧/s 的数值，通常采用默认值 25 帧/s。

5）单击"生成"按钮，生成过程开始。显示如图 7-27 所示的生成电影过程画面。

提示：如果变形动画采用 GIF 格式，可通过 ACDSee 软件演播。若采用 AVI 格式，则可通过 Windows Media Player 播放。其他格式则需要相应的软件进行播放。

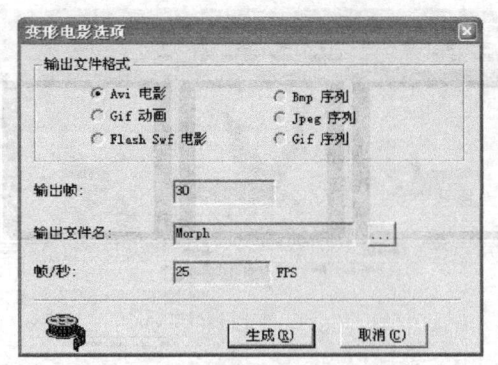

图 7-26 "变形电影选项"对话框

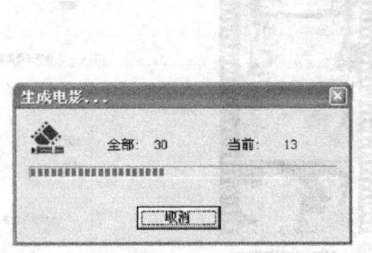

图 7-27 生成电影过程画面

7.5 三维动画制作技术

三维动画是一种用计算机模拟空间造型和运动的动画形式，是纯粹的计算机技术的产物。三维动画的本质是：通过计算机的运算和处理，建立三维物体模型，并使该物体在三维空间运动。三维动画已经发展了很多年，从最初的三维物体造型，发展到目前的虚拟现实技术，在三维模型的建立手段、计算方法，以及三维真实效果等方面，具备了很高的技术水平。

用三维动画表现内容主题，具有概念清晰、直观性强、视觉效果真实等特点，特别适用于学校教学、科研、产品介绍、广告设计，以及军事领域，三维动画同时也是多媒体产品中比较常见的媒体形式。

三维动画的制作主要依靠动画制作软件来完成，典型的三维动画制作软件有：

1) 3DS MAX——三维造型与动画制作软件。通过建立物体的三维造型，设置物体的三维运动模式，实现制作三维动画的目的。

2) Cool 3D——文字三维动画软件。处理的对象主要是文字和简单图案。文字的三维模型由软件自动建立，而三维运动模式则由使用者确定。

3) MAYA——三维动画制作软件。具有强大的动画绘制功能和置景功能，适合制作大型三维动画作品。

三维动画制作软件的基本功能包括：

1) 物体的三维造型——建立物体的三维模型，并对物体施加颜色、纹理、材质等。

2) 场景设计——物体所处的三维空间设计，主要处理场景布局、灯光构成及其运动模式、视角位置等。

3) 三维成像——经过计算，对物体和场景进行渲染，使其具有强烈的表现力，达到真实、细腻的视觉效果。

4) 文件处理——具备输入文件、编辑文件和输出文件的能力。主要完成三维动画文件的编辑、打印、保存，以及视频输出。

7.5.1 软件概述

1. 关键技术

三维动画采用了物体的三维造型，表面材料粘贴，三维动画设计，光线运用和图像输出等关键技术。物体的三维造型分多边形造型和曲面造型两类，分别采用不同的算法。

(1) 多边形造型

主要用于生成多边形物体，采用5种基本方法：

1）直接法。在正交坐标系中确定物体的顶点坐标，形成多边形。

2）厚度法。为多边形增加厚度。

3）变换法。通过对基本三维物体（圆柱、圆锥、球体、正多面体等）的变换，形成新的更为复杂的物体造型。

4）布尔运算法。对两个三维造型进行合并、相交、相减运算，生成新的物体造型。

5）编程法。通过动画系统的程序员接口，编制物体的三维造型程序，实现三维造型。

（2）曲面造型

曲面造型过渡圆滑、外形流畅，适于精确、真实地表现物体的形状。基本方法有5种：

1）点控制法。曲线由输入的点构成，每4个点构成一个面，多个面组合构成物体。

2）线控制法。由点构成的多条曲线构成一个曲面，若改变曲线形状，则曲面相应改变。

3）旋转与平移曲面。曲线绕轴旋转就会得到曲面；将曲线沿另一条曲线移动，形成平移曲面。

4）变换法。通过对基本曲面（圆柱、圆锥、球体、正多面体等）的变换，形成新的更为复杂的物体造型。

5）编程法。通过动画系统的程序员接口，编制与曲面相关的程序，实现复杂曲面。

2. 3DS MAX 软件简介

3DS MAX 是使用比较广泛的三维动画制作软件，该软件由 Autodesk 公司开发，专门用于制作三维物体的造型与动画。3DS MAX 软件具有如下特点：

1）面向对象。把圆柱体、球体等造型和操作命令都看做对象，对其进行控制、组合和加工。

2）界面色彩丰富。为清晰区分三维空间中对象的关系，界面施加色彩，便于突出对象。

3）时间轴视图显示。沿时间轴显示的视图为编辑动画提供了基准，便于把握动画节奏。

4）记录编辑步骤。自动跟踪并记录编辑的每一步，如果需要，则可返回前面任何一步操作。

5）提供大量模块化功能。其一，强化了捕捉（SNAP）功能；其二，提供了双腿运动模式（BIPED）的动画模块，对描述人物运动的动画制作起到一定作用。

6）可扩展。提供外挂的程序接口，可使用 Visual C++语言自行编制应用程序。

7）支持 Windows NT 网络。界面设计与 Windows NT 类似，一个作业可在网络上的多个计算机中分头进行，提高了制作效率。

7.5.2 界面特点与基本功能

1. 界面特点

3DS MAX 软件的界面顶部是功能菜单，依次向下是工具栏、命令面板、编辑画面、状态栏、动画控制按钮等。功能菜单提供文件操作、编辑状态设置、颜色控制等功能。工具栏提供常用的编辑工具。命令面板提供各种命令按钮，对物体进行三维处理。编辑画面用来生成和编辑三维物体造型，默认状态为4个视图（Top 俯视图、Front 主视图、Left 左侧视图、Perspective 透视视图），其视图的状态和选择由屏幕右下角的视图控制按钮进行。

3DS MAX 软件的基本功能模块见图7-28。

按照动画制作流程，基本功能模块分别是：2D Shaper（二维造型模块）、3D Lofter（三

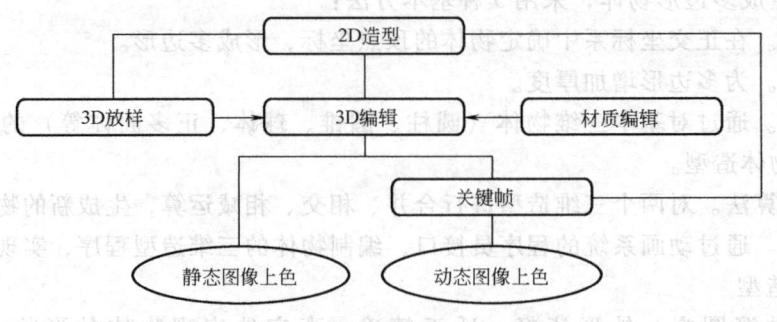

图 7-28 3DS MAX 基本功能模块

维放样模块)、3D Editor（三维编辑器）、Keyframer（关键帧发生器）、Material Editor（材质编辑器）。

2. 视图控制

(1) 当前视图

在编辑画面中有 4 个视图显示，如图 7-29 所示。用鼠标左键单击某个视图左上角的视图名，该视图被激活，成为当前视图。图中 Perspective 视图为当前视图。

(2) 视图种类及其更换

3DS MAX 软件的视图分 3 类：正交视图、用户效果视图和视觉效果视图。其中，正交视图有 6 个：Top

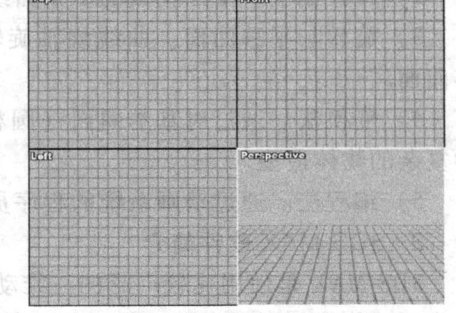

图 7-29 编辑画面中的视图显示

(俯视图)、Bottom (底视图)、Front (主视图)、Back (后视图)、Lift (左侧视图)、Right (右侧视图)。用户效果视图有 2 个：Perspective (透视视图)、User Views (用户视图)。视觉效果视图有 2 个：Camera (摄影机视图)、Spot (聚光灯视图)。

屏幕上的 4 个视图不是一成不变的，可以更换其中任意一个视图或者全部视图。方法是：用鼠标右键单击某个视图（例如 Top 俯视图）左上角的视图名，在菜单中选择"Views"选项，选择需要更换的视图名称，例如 Right (右侧视图)，则 Top 俯视图被更换成右侧视图。

使用快捷键也可以更换视图。方法是：单击屏幕上的某个视图名，然后在键盘上按如下键即可实现更换：〈B〉——底视图、〈C〉——摄影机视图、〈F〉——主视图、〈K〉——后视图、〈L〉——左侧视图、〈P〉——透视视图、〈R〉——右侧视图、〈T〉——俯视图、〈U〉——用户视图。

7.5.3 三维造型及其编辑原理

所谓三维造型，是指在 X 轴、Y 轴、Z 轴三维空间上表现物体的方法。制作物体的三维造型是制作三维动画的第一步，它是三维动画的基础。

三维造型从某种意义上说，是一种艺术，即所谓的三维造型艺术。制作物体的三维造型如同制作雕塑，制作者应具备起码的空间想象能力和掌握基本的透视关系。

三维动画效果的好坏主要由 4 个因素决定：物体三维造型的精确度、质感、投射光线和运动模式。其中，物体三维造型的精确度是关键，它解决"像不像"的真实性问题。

1. 建立方块的三维造型

所谓方块是一个立方体，在 3DS MAX 中，立方体的三维造型按照如下的步骤建立：

1) 如图7-30所示，首先制作一个平面方形，该方形是将要建立的方块截面。
2) 规定一个路径，该路径的方向垂直于平面方形，路径的长度是将要建立的方块厚度。
3) 利用建模程序将平面方形沿着规定的路径延展，直至路径的终点结束。

2. 建立圆球的三维造型

圆球三维造型的原理参见图7-31。其步骤如下：
1) 首先制作平面圆形，该圆形将是圆球的截面。
2) 规定一个圆形的360°旋转路径，其旋转轴心通过平面圆形的圆心。
3) 将圆形按照旋转路径旋转360°，形成圆球。

3. 建立空心碗的三维造型

空心碗的三维造型是空心的，与实心的方块和圆球不同。在制作时，须仔细筹划。空心碗的三维造型原理如图7-32所示。其步骤如下：

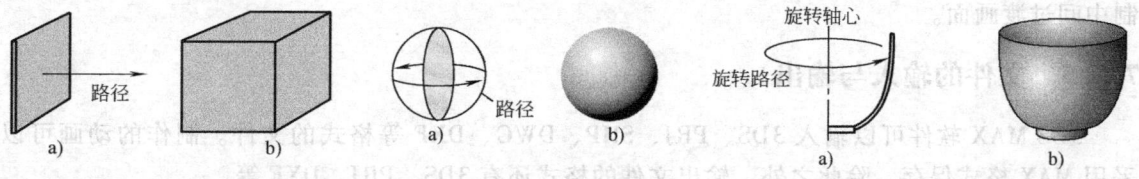

图7-30 方块的三维建模原理　　图7-31 圆球的三维建模原理　　图7-32 空心碗的三维建模原理
a) 平面方形　b) 方块　　　　　a) 平面圆形　b) 圆球　　　　　a) 碗的半截面　b) 空心碗

1) 制作碗的半截面平面图。
2) 规定旋转路径，其旋转轴心线通过碗的半截面左侧边缘。
3) 将碗的半截面经过360°旋转，形成空心碗的三维造型。

4. 建立组合三维造型

自然界中的物体形状千变万化，很少有像方块、圆球和碗这样简单的物体。将多个三维造型组合在一起，拼凑成需要的物体形状，是建立三维造型常用的手法。现在以建立图7-33所示的茶壶的造型为例，说明建立组合三维造型的原理。
1) 分别制作壶身、壶盖、壶嘴和壶把的截面形状。
2) 规定各自的路径。壶身和壶盖为旋转路径，壶嘴和壶把为延展路径。
3) 将壶身和壶盖截面旋转360°，形成两个物体的三维造型；壶嘴和壶把截面沿曲线路径延展，形成二者的三维造型。

复杂形状的物体需要更多的三维造型组合。要建立一个完美的物体，需要惊人的组合数量，花费很多时间和精力。

图7-34是稍微复杂一些的三维造型。从造型上看出，一个物体是由多个形状各异的造型构成的。

7.5.4 动画与关键帧

3DS MAX软件制作的动画是帧动画，具备的动画模式多种多样，主要的动画模式有：
- 对象自身运动——三维造型对象在画面上进行旋转、翻转、移动等运动。
- 场景运动——颜色背景、平面场景、立体场景进行平移、纵深方向的运动。
- 灯光运动——照亮对象的一个灯光或多个灯光运动，产生移动的光影效果。

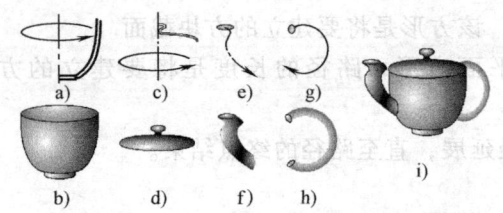

图 7-33 茶壶的三维建模原理
a) 旋转路径 b) 壶身 c) 旋转路径 d) 壶盖
e) 延展路径 f) 壶嘴 g) 延展路径 h) 壶把
i) 茶壶的三维造型

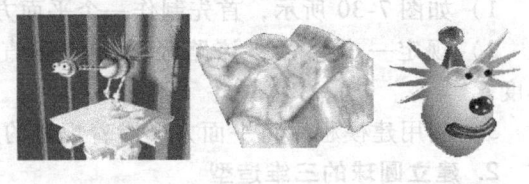

图 7-34 稍微复杂一些的三维造型

- 摄影机运动——观察对象和场景的视角发生运动，产生漫游效果。

各种运动模式不是无规律、无目的运动，动画的全过程是在关键帧之间顺序进行的。动画中的关键帧概念源自传统的手工动画。制作动画时，往往先设计和制作关键帧，然后再绘制中间过渡画面。

7.5.5 文件的输入与输出

3DS MAX 软件可以输入 3DS、PRJ、SHP、DWG、DXF 等格式的文件。制作的动画可以采用 MAX 格式保存。除此之外，输出文件的格式还有 3DS、PRJ、DXF 等。

制作多媒体产品、计算机显示的三维动画，常采用标准格式的动画输出形式，动画以文件形式保存在磁盘、光盘，以及其他介质中。

7.6 视频处理技术

视频来自于数字摄像机、数字化的模拟摄像资料、视频素材库等。视频处理需要专门的工具软件，如果需要专业的加工，则要使用专用的设备，例如非线性编辑机等。

7.6.1 基本概念

视频信息是连续变化的影像，通常是指实际场景的动态演示，例如电影、电视、摄像资料等。视频信息带有同期音频，画面信息量大，表现的场景复杂，常采用专门的软件对其进行加工和处理。

1. 什么是视频

视频是一组连续画面信息的集合，与加载的同步声音共同呈现动态的视觉和听觉效果。就可视部分而言，视频和动画没有本质的区别，只是二者的表现内容和使用场合有所不同而已。视频用于电影时，采用 24 帧/s 的播放速率；用于电视时，采用 25 帧/s 的播放速率（PAL 制）。动画和视频之间可以借助软件工具进行格式转换，为二者的应用提供了很大方便。

视频信息可以采用 AVI 文件格式保存，也可采用 MPG 压缩数据格式保存。随着数据压缩技术的发展，采用更高压缩比的 DVD 格式也用于视频信息的保存。压缩的视频信息具有实时性强、可承载数据量大、对计算机的处理能力要求很高等特点。

2. 常见的视频处理功能

1) 视频剪辑。剪除不需要的片段，连接多段视频。连接时，还可以添加过渡效果等。
2) 视频叠加。把多个视频影像叠加在一起，产生多个影像重叠的视觉效果。
3) 视频和声音同步。在纯视频信息上添加声音并精确定位，保证视频与声音同步。

4）添加特殊效果。使用滤镜加工视频影像，使影像具有各种特殊效果。

3. 视频非线性编辑

非线性编辑是指用计算机系统取代传统制作工艺中的 A/B 卷编辑机、特技机、编辑控制器、调音台、时基校正器、切换台等专业设备，实现视频的数字化编辑、特技与合成。由于数字化视频编辑可在时间轴上随意修改视频信号，自由度大，具有非线性，因此叫做"非线性编辑"。

数字化的非线性编辑具有很多优势和特点，主要表现在：

1）在完成视频编辑后，可以方便、快捷地对其随意修改，而不损害图像质量。

2）视频制作时，可以先把胶片或磁带的模拟信号转换成数字信号，并存储在硬盘上；然后通过非线性编辑软件对硬盘上的数字化视频信号进行反复编辑；最后再一次性输出。这种处理方式可避免由于多次重复编辑而带来的信号失真。

线性编辑是指利用传统设备进行模拟化视频编辑，特点是按部就班，在时间轴上具有前后紧密联系。

4. 非线性编辑工作站

20 世纪 90 年代初，发达国家开始将计算机技术、多媒体技术与影视制作相结合，制作影视节目，推出了所谓的"桌面演播室"，这就是今天的视音频非线性编辑工作站。

非线性编辑工作站利用视音频采集卡将磁带上的视音频模拟信号转换成数字信号，并存储在 SCSI 接口形式的硬盘阵列中。然后，使用视频编辑软件对数字视频信号进行编辑和加工，或进行特技合成。最后，通过视频卡输出到录像带上，记录成模拟信号供播放用。

目前，非线性编辑广泛应用于影视后期制作中，如在为广告片头添加特效、编辑合成，为影视剧、MTV 后期剪接中，非线性编辑不可或缺。

5. MPEG 标准的发展

MPEG（Moving Pictures Experts Group）意为"动态图像专家组"。该专家组始建于 1988 年，专门负责为 CD 建立视频和音频标准，其成员均为视频、音频及系统领域的技术专家。

MPEG 标准有 MPEG-1、MPEG-2、MPEG-4、MPEG-7 四个版本，以满足不同带宽和数字影像质量的要求。在发展过程中，由于 MPEG-2 标准表现出色，已适用于 HDTV，使得原打算为 HDTV 设计的 MPEG-3 标准还没出世就被抛弃了。MPEG-7 标准则是目前的标准。

1988 年，MPEG-1 标准问世，总体评价是：文件小，但质量差。

1994 年，MPEG-2 标准发布。利用 MPEG-2 标准，人们制作出 DVD，大幅度延长了视频播放时间和提高了画面清晰度。除了作为 DVD 的指定标准外，MPEG-2 标准还可用于为广播、有线电视网、电缆网络，以及卫星直播提供广播级的数字视频。该标准的内容如下：

1）采用 MPEG-2 标准的传输速率在 3~10Mbit/s 之间。

2）在 NTSC 制式下，分辨率可达 720×486 像素。

3）能够提供广播级的视频影像和 CD 级的音质。

4）音频编码可提供左、中、右、两个环绕声道、重低音声道。

5）可提供较宽范围的可变压缩比，以适应不同的画面质量、存储容量、带宽的要求。

1998 年 11 月，MPEG-4 标准诞生。高压缩比和上乘的图像质量使该标准被广泛用于 DVD 光盘制作、家庭摄像、网络实时影像播放、可视电话、电子新闻、数字电视、交互式图形应用、多媒体应用等领域。MPEG-4 标准具有如下特点：

1）不仅针对一定比特率下的视频、音频编码，更加注重多媒体系统的交互性和灵活性。

2）主要应用于视像电话、视像电子邮件等。

3）对传输速率要求较低，在 4800～64 000bit/s 之间，分辨率为 176×144 像素。

4）利用很窄的带宽，采用帧重建、数据压缩技术，实现了用最少的数据获得最佳图像。

5）能够把 DVD 中的 MPEG-2 视频文件转换为体积更小的视频文件。

2001 年初，MPEG-7 标准完成。该标准对各种不同类型的多媒体信息进行标准化描述，以实现快速、有效的搜索，被称为"多媒体内容描述接口"。MPEG-7 标准的基本内容如下：

1）MPEG-4 中定义的音频、视频对象的描述同样适用于 MPEG-7 标准，利用 MPEG-7 标准的描述可以增强其他 MPEG 标准的功能。

2）作为国际化的标准，具有很好的兼容性。

3）能够快速、有效地搜索出用户所需的不同类型的多媒体影像资料。

目前，人们已经投入 MPEG-21 标准的研制过程中，它由 MPEG-7 发展而来。据说该标准主要规定了数字节目的网上实时交换协议。

6. 数码摄像机

数码摄像机是获取视频素材的得力工具，发展迅猛，而且其家庭普及率也不断地上升。图 7-35 是几款常见的数码摄像机。

图 7-35　几款常见的数码摄像机

（1）数码摄像机的关键部件

数码摄像机的关键部件是 CCD，与数码相机类似，用于把自然影像转换成电信号。但是，数码摄像机使用的视频 CCD 采用长方形光敏单元，而数码相机则采用正方形光敏单元。视频 CCD 在水平和垂直方向上没有明显的图像质量差异，但对角线方向的图像锯齿感较强。它采用隔行读取方式，在电子快门的控制下，每次在水平方向上轮换读取画面的奇数行和偶数行信号，隔行读取可以降低闪烁感，这与数码照相机 CCD 的工作原理大为不同。

（2）数码摄像机的特点

数码摄像机既可以拍摄活动的视频影像，又可以拍摄静止的图像。由于种种技术原因，早期数码摄像机在拍摄静止图像时，其表现一般不如数码相机。随着光学系统、图像传感器、处理电路等技术的发展，数码摄像机的静态摄影质量得到了提高，有些品牌的数码摄像机甚至超过了普及型数码相机。

数码摄像机在拍摄视频影像和静态图像时，采用不同的像素数量，如图 7-36 所示。

7.6.2　视频处理软件

1. 软件简介

比较典型的视频处理软件 Adobe Premiere 由 Adobe 公司开发，属于非线性视频编辑软件，有"电影制作大师"之称。该软件具有如下特点：

1）具有视频、音频同步处理能力。

2）提供可视化的编辑界面，操作简单明了。

3）可完成视频影像的剪辑、加工和修改。

图 7-36 不同拍摄方式对应的 CCD 像素数量
a）拍摄静止图像使用的像素数量 b）拍摄动态影像使用的像素数量 c）转换后的标准化视频像素数量

4) 叠加和合成多个视频素材，形成复合作品。
5) 运用视频滤镜对视频影像进行加工，以生成特殊视觉效果。
6) 完成视频片段的连接，以及产生连接的过渡效果。
7) 在动态底图上播放影片。

视频处理软件自身占用空间比较大，被处理的视频信号的数据量也很大，这就使得视频处理需要占用大量的存储空间。如果条件允许，应尽可能配备多个大容量的硬盘，内存储器的容量也应尽可能加大。

2. 主操作界面

启动 Premiere，随后显示装载工程设置画面。选择一种模式，如"PAL Video for Windows"，这是用于 Windows 的 PAL 制视频模式。单击"好"按钮，显示如图 7-37 所示的主界面。

1) 工程窗口——用于存放与视频编辑有关的素材。
2) 播放窗口——用于播放打开的视频文件。
3) 信息窗口——用于显示剪辑、过渡，以及其他有关信息。
4) 导航器窗口——是时间线窗口的辅助工具，提供快速、简便的编辑工具。
5) 转换窗口——排列着各种过渡转换模式，可从中选取需要的模式。
6) 时间线窗口——位于屏幕底部，是主编辑窗口。窗口的横轴是时间轴，标有时间刻度。所有的视频、音频素材均在该窗口中进行编辑和处理。

7.6.3 视频剪辑

视频剪辑主要包括：对视频影像进行剪裁和连接等工作。视频剪裁的目的是去掉某个视频片段中不需要的部分。视频影像的连接采用首尾相接方式，可把多个视频素材连接成一个整体。

1. 剪裁

操作步骤：

1) 选择"文件/导入/文件"菜单，显示导入画面。在画面中指定视频文件，如"多媒体片头.avi"，单击"打开"按钮。随后工程窗口的项目栏中列出该文件的首画面图标和文件名。

2) 用鼠标拖拽视频文件的首画面图标至时间线窗口中的"视频1A"栏内，该栏和"音频1"栏分别显示条形"多媒体片头.avi"。时间线窗口顶部的数字刻度代表时间长度。

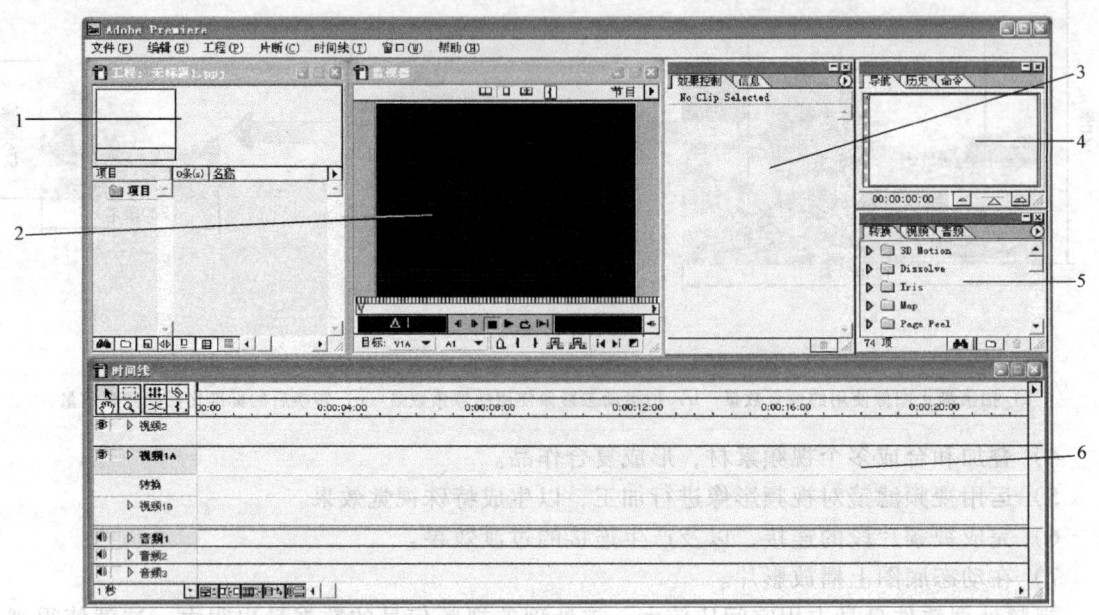

图 7-37 主界面
1—工程窗口 2—播放窗口 3—信息窗口 4—导航器窗口 5—转换窗口 6—时间线窗口

3) 单击监视器窗口底部的播放按钮,播放视频文件,确认需要剪裁的部分。

4) 单击时间线窗口顶部的"剃刀工具",在"视频 1A"栏的视频条上分别单击需要剪裁的开始位置和终了位置,该区域也在"音频 1"栏同步显示,如图 7-38 所示。

5) 用鼠标右键单击"视频 1A"栏的剪裁区域,显示菜单。在菜单中选择"波动删除"功能,该剪裁区域被删除。提示:可单击"监视器"的播放按钮"▶",观察删除后的效果。

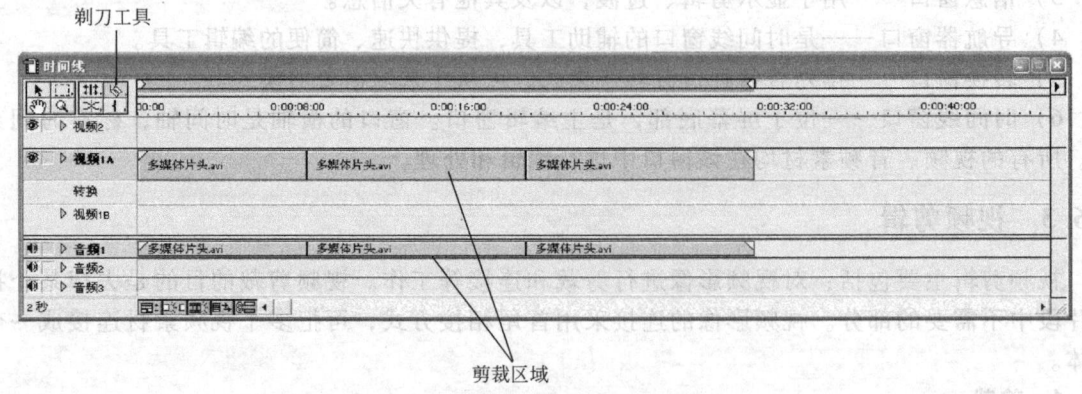

图 7-38 设置剪裁区域

2. 连接

操作步骤:

1) 选择"文件/导入/文件"菜单,导入第 2 个视频文件"小动物.avi"。

2) 用鼠标拖拽"小动物.avi"文件图标至"视频 1A"栏"多媒体片头.avi"条形之后,如图 7-39 所示。

162

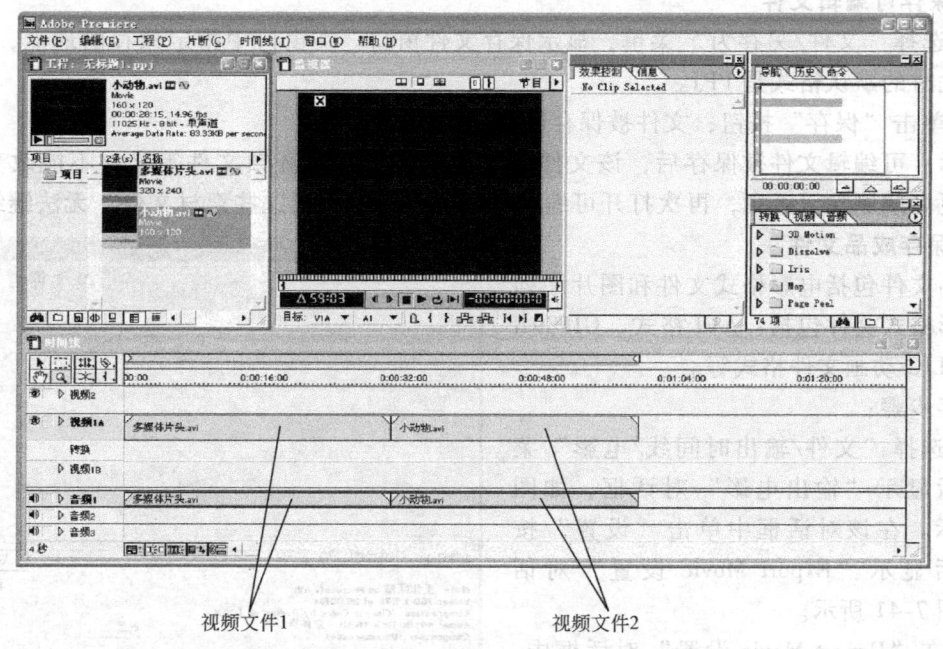

视频文件1　　　　　　　　　　视频文件2

图 7-39　连接两个视频文件

3）单击"监视器"的播放按钮"▶",观察连接效果。

提示：如果要把多个视频素材连接在一起,可依次导入参与连接的视频文件,然后把各个文件的图标依次拖拽到"视频1A"栏中。

7.6.4　为视频配音

视频和音频是捆绑在一起的,这就是所谓"声画同步"。通过视频处理软件提供的编辑功能,可取消原有的同步关系,为视频配上新的声音,形成面目一新的视频作品。

配音步骤：

1）准备一段声音,时间长度与视频画面的长度相等,采用 WAV 格式,文件名假定为"音乐解说.wav"。

提示：可利用音频处理软件编辑制作声音。

2）选择"文件/导入/文件"菜单,导入"音乐解说.wav"音频文件。

3）取消声画同步。在时间线窗口的底部,单击⊗🔗（切换同步模式）按钮,该按钮变成 🔗（解除同步）形态。

提示：再次单击"切换同步模式"按钮,可恢复同步关系。

4）单击▶（选择工具）,单击"音频1"栏,按〈Delete〉键,将音频删除。

5）将"音乐解说.wav"文件拖拽到"音频1"栏内。

6）单击"监视器"的播放按钮"▶",观察效果。

7.6.5　保存视频文件

视频文件可以两种类型进行保存,一种是可编辑文件,扩展名是"ppj"；另一种是成品文件,常采用 AVI 视频格式、GIF 动画格式等。

1. 保存可编辑文件

1）选择"文件/另存为"菜单，显示保存文件窗口。在窗口中指定保存的地点，为文件命名，此时的默认格式是 PPJ。

2）单击"保存"按钮，文件被保存起来。

提示：可编辑文件被保存后，该文件使用的视频文件、音频文件等素材不能改变路径，更不能更名或删除。否则，再次打开可编辑文件时，将找不到这些素材文件，无法继续编辑。

2. 保存成品文件

成品文件包括电影格式文件和图片序列等。电影格式文件包括：AVI 格式、GIF89A 格式、FLIC 动画文件格式等。

保存步骤：

1）选择"文件/输出时间线/电影"菜单，随后显示"输出电影"对话框，如图 7-40 所示。在该对话框中单击"设置"按钮，随后显示"Export Movie 设置"对话框，如图 7-41 所示。

2）在"Export Movie 设置"对话框中，单击"文件类型"框，显示文件清单，从中选择需要的文件格式。

图 7-40　"输出电影"对话框

3）希望设置画面尺寸、音频采样频率，以及其他各项参数，单击"Export Movie 设置"对话框顶部的"一般"输入框，从中分别选择"视频"和"音频"，设置相关的参数。

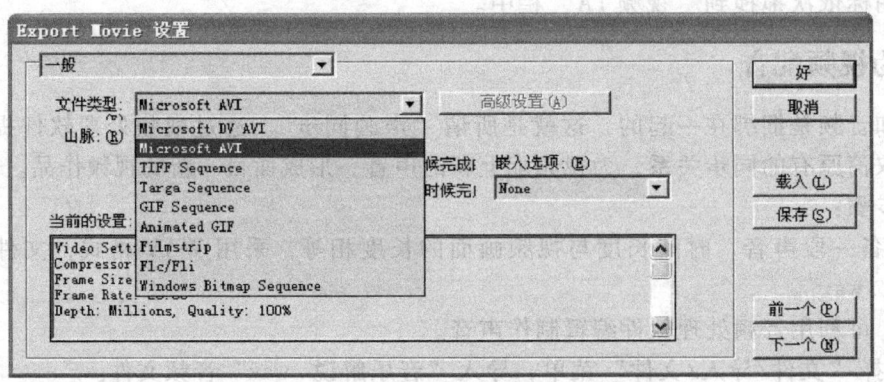

图 7-41　"Export Movie 设置"对话框

4）设置结束后，单击"好"按钮。返回"输出电影"对话框。

5）在"输出电影"对话框中，指定路径和文件名，单击"保存"按钮。

重要提示：如果视频画面尺寸很大或音频采样频率很高，保存的时间会很长，数据量也大得惊人。

3. 退出视频编辑软件

所有编辑制作完成后，选择"文件/退出"菜单，退出 Premiere 软件。

7.6.6　视频格式转换

目前流行的视频格式很多，大多采用压缩格式，如 RM、RMVB、WMV 等。利用软件可以把文件在各种视频格式之间进行转换,这种软件就叫做"视频格式转换软件"。在此介绍一款典型的软件,名为"WinAVI Video Converter"。该软件可以把 DVD 光盘直接转换成各种常用的压缩格式,大大方便了欣赏和互联网传送。

软件界面如图 7-42 所示。

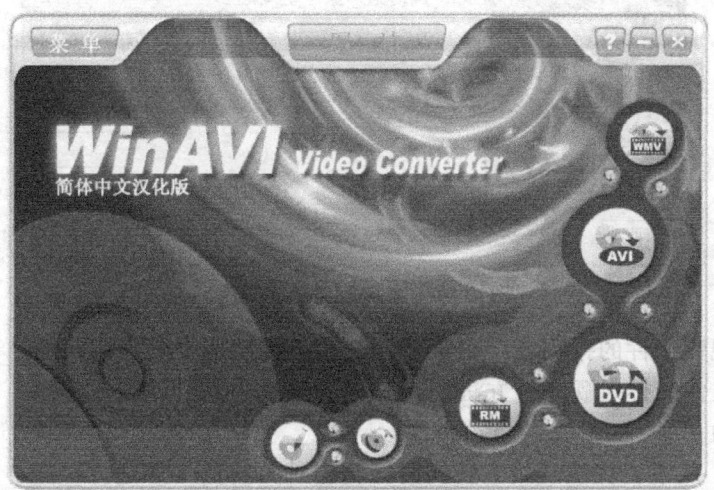

图 7-42　视频转换器

该软件的界面很简洁,一目了然。如果需要转换成什么视频格式,只要单击对应格式的按钮即可。然后指定要转换的视频文件,确定是否拼接,即可开始转换。

在此,以把 DVD 光盘转换成 RMVB 压缩视频文件为例,简要介绍其使用方法。单击"RM"按钮,显示图 7-43 所示的读入文件画面。

在 DVD 光盘的"VIDEO_TS"文件夹中,指定带有"VOB"扩展名的视频文件,可一次指定多个。单击"打开"按钮,显示图 7-44 所示的画面。

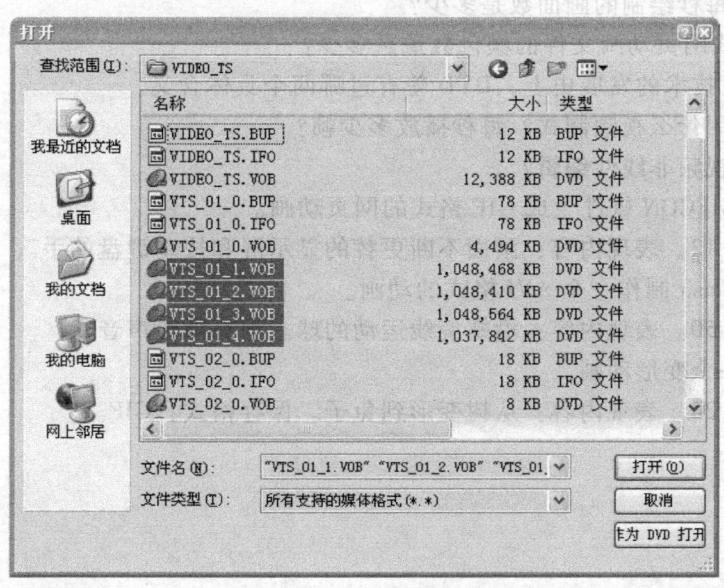

图 7-43　读入文件画面

在输出模式选择框中,若选择"合并为一个文件",则如图 7-44 所示的 4 个 DVD 视频文件将合并为一个 RMVB 压缩格式的文件。若选择其他,则不合并。

图 7-44　确定是否拼接文件

提示：DVD 视频文件的排列顺序很重要，合并是按照这个顺序进行的。可通过图 7-44 左上角的箭头调整文件的排列顺序。方法是：先单击某文件行，再单击箭头，该文件行就会向箭头所指方向移动。

单击"确定"按钮，转换开始。转换时间根据计算机的主频速度决定。

习题七

7.1　英国动画大师约翰·哈拉斯（John Halas）对动画的精辟描述是什么？
7.2　什么是视觉滞留效应？
7.3　动画的 3 个构成规则是什么？
7.4　什么是帧动画？
7.5　全动画每秒绘制的画面数是多少？
7.6　GIF 格式网页动画文件的颜色数量是多少？
7.7　在 DVD 技术的发展史上，DVD 曾有过哪两个具体含义？
7.8　我国采用什么视频制式？每秒播放多少帧？
7.9　什么是视频非线性编辑？
7.10　使用 GIFCON 软件生成 GIF 格式的网页动画。
　　　帧数：12。表现内容：画面不断更替的显示屏和按动键盘的手。
7.11　使用 Flash 制作一个 AVI 格式的动画。
　　　帧数：50。表现内容：沿螺旋线运动的球。配有同步声音。
7.12　制作一个变形动画。
　　　帧数：20。表现内容：从树变形到兔子。保存格式：GIF。

第8章 数字音频处理技术

数字音频信号是多媒体技术经常采用的一种形式,它的主要表现形式是语音、自然声和音乐。通过这些媒介,能够有力地烘托主题的气氛,尤其对于自学型多媒体系统和多媒体广告、视频特技等领域,数字音频信号显得更加重要。

数字音频信号的处理主要表现在数据采样和编辑加工两个方面。其中,数据采样的作用是把自然声转换成计算机能够处理的数据音频信号;对数字音频信号的编辑加工则主要表现在剪辑、合成、静音、增加混响、调整频率等方面。

8.1 基本概念

声音是振动的波,是随时间连续变化的物理量。声音有3个重要指标:
1) 振幅(Ampliade)——波的高低幅度,表示声音的强弱。
2) 周期(Period)——两个相邻波之间的时间长度。
3) 频率(Frequency)——每秒钟振动的次数,以 Hz 为单位。

声音是人类进行交流和认识自然的主要媒体形式,语言、音乐和自然之声构成了声音的丰富内涵,人类被一直包围在丰富多彩的声音世界当中。

8.1.1 声音的基本特点

1. 声音的传播方向

声音依靠介质的振动进行传播。声源实际上是一个振动源,它使周围的介质(空气、液体、固体)产生振动,并以波的形式进行传播,人耳如果感觉到这种传播过来的振动,再反映到大脑,就意味着听到了声音。

声音以振动波的形式从声源向四周传播,人类在辨别声源位置时,首先依靠声音到达左、右两耳的微小时间差和强度差异进行辨别,然后经过大脑综合分析而判断出声音来自何方。从声源直接到达人类听觉器官的声音被称为直达声,直达声的方向辨别最容易。

在现实生活中,森林、建筑、各种地貌和景物存在于我们周围,声音从声源发出后,须经过多次反射才能被人们听到,这就是反射声。就理论而言,反射声会影响方向的准确辨别。但实际中,反射声不会使人丧失方向感,起关键作用的是大脑的综合分析能力。经过大脑的分析,不仅可以辨别声音的来源,还能丰富声音的层次,感觉声音的厚度和空间效果。

2. 声音的三要素

声音的三要素是音调、音色和音强。就听觉特性而言,这三者决定了声音的质量。

1) 音调——代表了声音的高低。音调与频率有关,频率越高,音调越高,反之亦然。当人们提高唱盘的转速时,声音频率提高,音调也提高。当使用音频处理软件对声音进行处理时,频率的改变可造成音调的改变。如果改变了声源特定的音调,则声音会发生质的转变。

2) 音色——具有特色的声音。声音分纯音和复音两种类型。所谓纯音,是指振幅和周期均为常数的声音;复音则是具有不同频率和振幅的混合音,大自然中的声音大部分是复音。复音中的低频音是"基音",它是声音的基调。其他频率音称为谐音,也叫泛音。各种声源都有自己独特的音色，如各种乐器、不同的人、各种生物等，人们根据音色辨别声源种类。

3）音强——声音的强度，也称响度，音量也是指音强。音强与声波的振幅成正比，振幅越大，强度越大。CD音乐盘、MP3音乐以及其他形式的声音强度是一定的，可以通过播放设备的音量控制改变聆听的响度。使用音频处理软件可以改变声源的音强。

3. 声音的频谱与质量

声音的频谱有线性频谱和连续频谱之分。线性频谱是具有周期性的单一频率声波；连续频谱是具有非周期性的带有一定频带所有频率分量的声波。纯粹的单一频率的声波只能在专门的设备中创造出来，声音效果单调而乏味。自然界中的声音几乎全部属于非周期性声波，这种声波具有广泛的频率分量，听起来声音饱满、音色多样且具有生气。

声音的质量简称音质，音质的好坏与音色和频率范围有关。悦耳的音色、宽广的频率范围，能够获得非常好的音质。

4. 声音的连续时基性

声音在时间轴上是连续信号，具有连续性和过程性，属于连续时基性媒体形式。构成声音的数据前后之间具有强烈的相关性。除此之外，声音还具有实时性，对处理声音的硬件和软件提出很高的要求。

8.1.2 数字音频文件

数字音频文件是数字化音频的软载体，主要有4种格式，包括WAV格式、MIDI格式、CDA格式、MP3格式。WAV和MIDI格式在4.3节中曾经介绍过。CDA格式是CD-DA音频文件的一种表述形式，用于CD音乐光盘，可通过音频处理软件将其转换成WAV、MP3等其他文件格式。MP3格式采用MPEG数据压缩技术，具有数据量小，音质好，适用的播放器多等特点。

8.1.3 音质与数据量

这里的数字音频主要指WAV格式的波形音频文件。数字音频的声音质量好坏，取决于采样频率的高低、表示声音的基本数据位数和声道形式。音频文件的数据量由下式算出：

$$v = fbs/8$$

式中，v代表数据量；f是采样频率；b是数据位数；s是声道数。例如CD质量的参数为：$f=44.1\text{kHz}$，$b=16\text{bit}$，$s=2$，则每秒钟的数据量为：

$$v = (44\,100\text{Hz} \times 16\text{bit} \times 2) \div 8 = 176\,400\text{B}(约合172\text{KB})$$

如果以CD激光盘音质（44 100Hz的采样频率，16位，立体声，172KB/s）记录一首5min（300s）的乐曲，则数据量是：

$$172\text{KB/s} \times 300\text{s} = 51\,600\text{KB}（合50.39\text{MB}）$$

由计算结果看出，音频文件的数据量问题不容忽视。为了节省存储空间，通常在保证基本音质的前提下，适当降低采样频率。在一般场合，人的语音采用11.025kHz的采样频率、8bit、单声道已经足够；如果是乐曲，22.05kHz的采样频率、8位、立体声已能满足要求。

8.2 数字音频采样

将自然声或其他种类的声音转换成可处理的标准数字音频信号，这就是数字音频的采样。这是获得数字化声音的基本手段。

8.2.1 基本概念

1. 采样原理

数字音频采样的基本过程是：首先输入模拟声音信号，然后按照固定的时间间隔截取该信号的振幅值，每个波形周期内截取两次，以取得正、负向的振幅值。该振幅值采用若干位二进制数表示，从而将模拟声音信号变成数字音频信号。

模拟声音信号是连续变化的振动波，而数字音频信号则是阶跃变化的离散信号。

截取模拟声音信号振幅值的过程叫做采样，得到的振幅值叫做采样值，采样值用二进制数的形式表示，该表示形式被称为量化编码。

2. 采样频率

在一定的时间间隔内采集的样本数被称为采样频率。采样频率越高，在一定的时间间隔内采集的样本数越多，音质就越好。当然，采集的样本数量越多，数字化声音的数据量也越大。如果为了减少数据量而过分降低采样频率，音频信号增加了失真，音质就会变得很差。

音频数据的采样频率 $f_{采样}$ 与声音还原频率 $f_{还原}$ 的关系如下：

$$f_{采样} = 2 \cdot f_{还原}$$

从式中看出，音频数据的采样频率是还原模拟声音频率的两倍。例如，要求还原的声音频率为22kHz，则采样频率应取44kHz。

3. 声道数

声道数是声音通道的个数，指一次采样的声音波形个数。单声道一次采样一个声音波形，双声道（立体声）一次采样两个声音波形。双声道比单声道多一倍的数据量。

8.2.2 CD音乐采样

所谓CD音乐采样，是指使用专用软件对CD盘上的音乐、语言，以及其他形式的声音进行数字转换，生成多种格式的数字音频信号。

用于转换的专用软件很多，本节以Easy CD-DA Extractor软件为例进行介绍。该软件简称CDDA，英文版，主要用于将激光盘上的音乐和声音转换成WAV格式、MP3格式等多种格式的音频文件。

1. 基本功能

1）自动识别CD-ROM中是否有音乐激光盘，如果有，自动调入音乐目录。
2）播放选定的曲目，以便确定该曲目是否是需要转换的曲目。
3）具备通过国际互联网进行查询、咨询服务以及升级的功能。
4）可转换多种音频格式，如WAV、MP3、WMA等格式。

2. 采样流程

采样流程是把光盘上的音乐转换成可处理音频格式的过程。

1）插入CD音乐光盘。
2）启动CDDA软件，主界面如图8-1所示。主界面顶部是菜单；光盘驱动器栏目自动列出当前使用的驱动器；曲目清单中列出了光盘上的所有曲目音轨；底部是播放器。
3）单击某个音轨，该音轨反显。再单击播放器中的播放按钮"▶"，聆听乐曲内容，以便确定是否是需要转换的音轨。
4）确定后，单击音轨曲目前面的"□"，使其内部显示"√"，表示该曲目被选中。

提示：音轨曲目可选择多个或者全部。用鼠标单击相应音轨曲目前面的"□"即可。

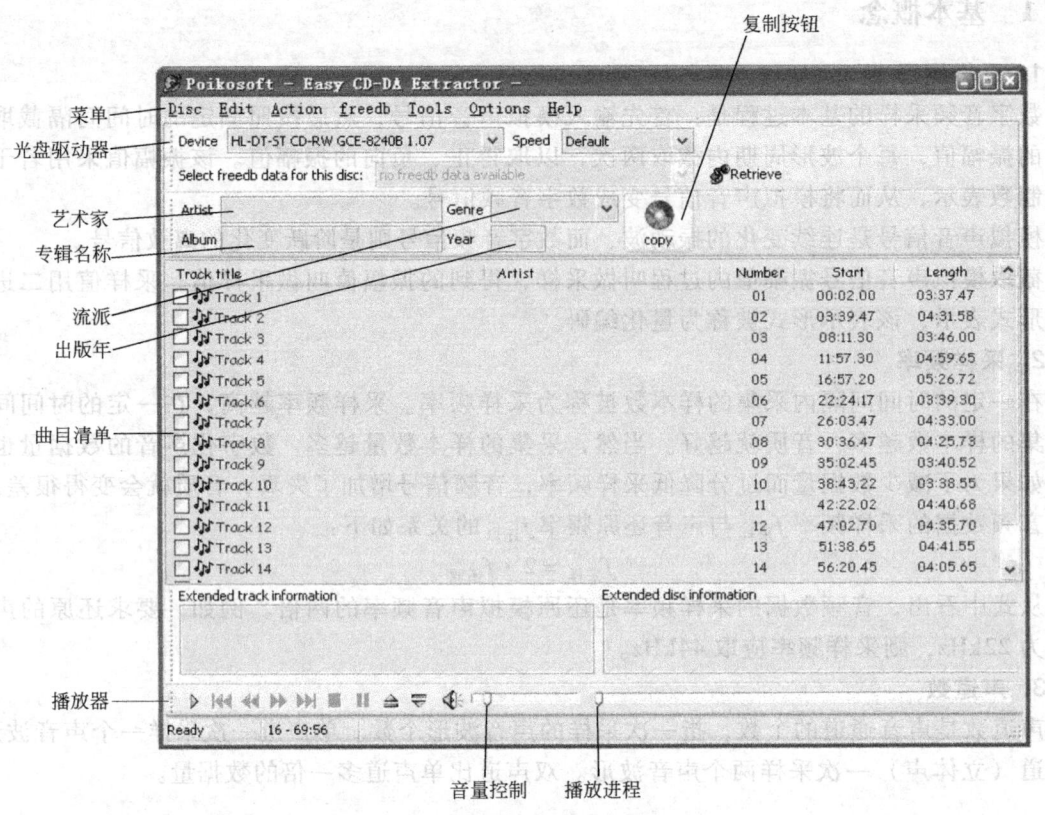

图 8-1 CDDA 软件的主界面

5）如果认为有必要，在"艺术家""专辑名称""流派""出版年"输入框中输入相应内容，这些内容将会写入到转换后的音频文件中，用播放器播放时，将会显示这些内容。

6）单击"复制按钮"，显示参数调整画面。在画面中选择输出路径、文件格式和采样频率，选择 WAV 格式见图 8-2。选择 MP3 格式见图 8-3。

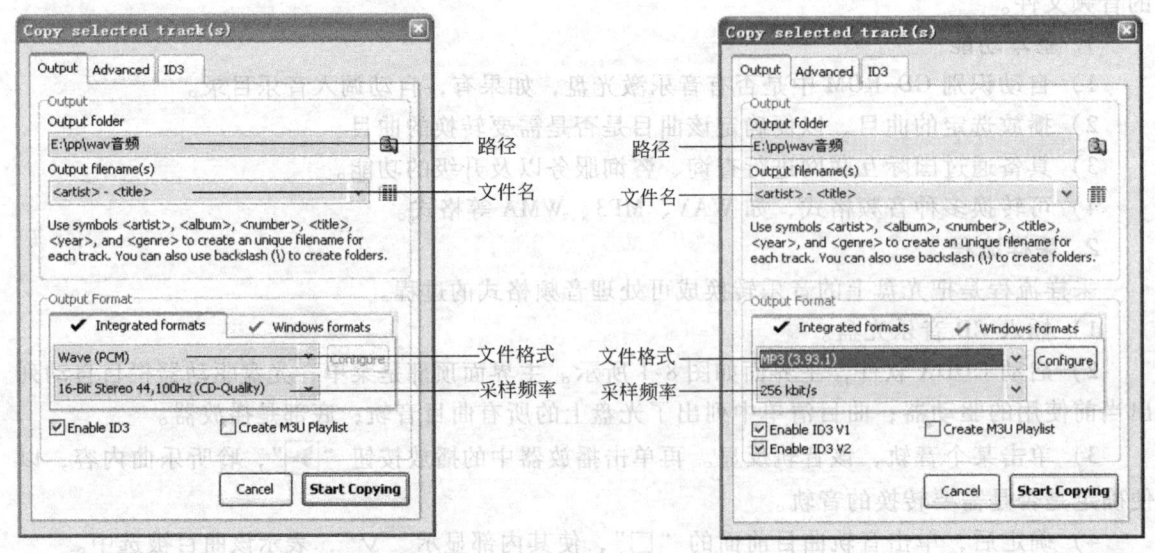

图 8-2 选择 WAV 的参数调整画面　　　　图 8-3 选择 MP3 的参数调整画面

提示：采样频率越高，音质越好，但数据量越大。选择 MP3 格式时，须根据声音还原设备的解压缩能力来决定。如市场上某些廉价的 MP3 播放器，内置的解压缩芯片不支持高采样频率，结果是只能看到曲目，不能播放。

7）单击"Start Copying"按钮，开始转换。

提示：若在步骤4）中选中了多个音轨曲目，则自动转换全部选中的曲目。

8.2.3 自然声采样

自然声不同于光盘音乐，获得自然声可以直接录音。

录制自然声，一般需要专业的录音设备，以便保证良好的信噪比。如果采用计算机进行录音，应配备质量较好的声卡和话筒。如果到野外录音的话，一般采用便携式录音设备录制前期声，然后在室内进行后期加工和处理。

在录音时，应注意调整输入信号的强度，使其不超过录音设备的动态范围，否则将产生削顶失真，音感阻塞，严重时无法辨别声音的内容。信号强度过低，也不能获得满意的声音，原因是信号与噪声的比值小，噪声相对比较明显，影响了音质。

话筒是录制自然声所必需的，话筒主要有动圈话筒和电容话筒等类型。动圈话筒的音质好，动态范围宽，适于录制音乐；电容话筒灵敏度高，频率范围窄，适于录制语音。但话筒类型对录音的影响是多方面的，并不绝对。由于话筒的输出信号非常微弱，因此话筒的输出信号线不宜过长。如果使用无线话筒，则话筒与接收装置的距离不宜太远。

使用软件录制声音的一个重要指标是采样频率。采样频率越高，录制的声音质量越好，但记录声音的数据长度就越长，数据量也就随之增大。一般情况下，语音采用单声道形式，音乐采用立体声形式。在要求不高的场合，音乐也可采用单声道形式。

声音的采样要在占用空间和音质之间寻求最佳点。在满足起码的音质要求的同时，降低采样频率，能大幅度减少数据量。

8.3 一般音频编辑技术

音频编辑借助音频处理软件进行，一般的音频编辑包括录制音频、确定编辑区域及其相关操作、删除片断、设置静音、剪贴片段等。

8.3.1 GoldWave 软件简介

GoldWave 是一个比较典型的数字音频处理软件，运行在 Windows 9x/Me/2000/XP 环境中。它集声音编辑、播放、录制和转换于一身，可处理的音频文件格式包括：WAV、MP3、OGG、VOC、IFF、AIF、AFC、AU、SND、MAT、DWD、SMP、VOX、SDS、AVI、MOV 等，也可以从 CD、VCD、DVD，以及从其他视频文件中获取声音。

处理功能包括剪辑、合成多个声音素材、制作回声、混响、改变音调和音量、频率均衡控制、音量自由控制、声道编辑等。

GoldWave 软件通常是绿色汉化版，把该版本的全部文件复制到硬盘的某逻辑区，然后在桌面建立该软件"GoldWave.exe"文件的快捷方式即可。

1. 主界面

双击 GoldWave.exe 软件的快捷图标，显示主界面，如图 8-4 所示。

提示：首次启动时，可能提示错误信息，退出重新启动即可。

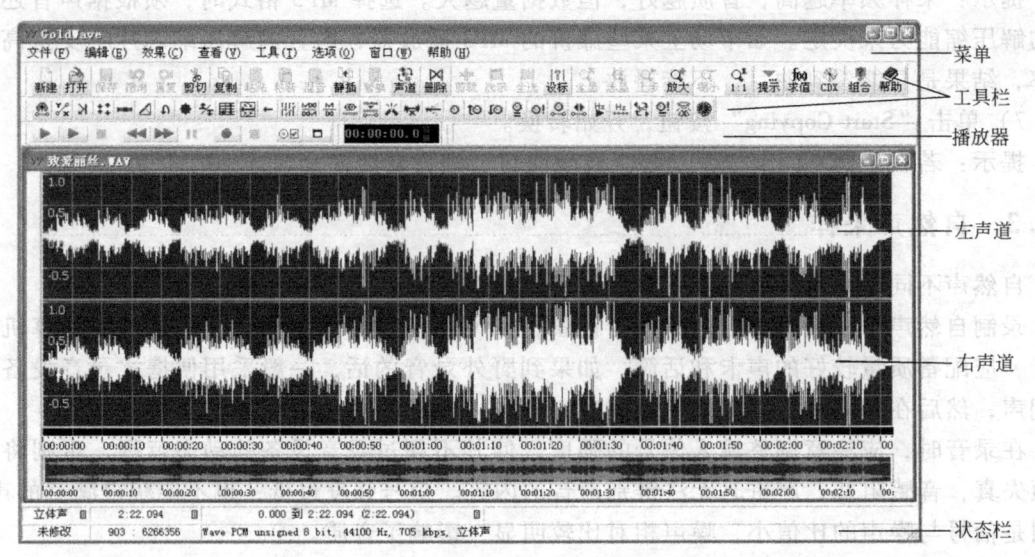

图 8-4　GoldWave 软件的主界面

主界面的顶部为菜单，用于文件及其他编辑操作；工具栏中的工具按钮用于编辑和产生特效；窗口中的左声道和右声道波形是主要编辑区，坐标轴是时间轴；底部的状态栏提示当前编辑的时间宽度、采样频率等。

2. 重要设置

GoldWave 软件在使用之前，通常要设置运行参数。目的是减少对硬件资源的占用，提高运行效率。

设置步骤：

1）选择"选项/保存"菜单，显示图 8-5 所示的"保存选项"对话框。

2）在该画面的"声音文件夹"栏目中，单击"记住最后使用过的文件夹"选项，使其有效。这种设置比较方便。当然，若总是在一个文件夹中打开或保存文件，也可选择另一个选项"总是启用此文件夹"。

3）在"临时保存"栏目中，单击"内存"选项，使其有效。然后单击"确定"按钮。

提示：此设置非常重要。内存储器是半导体介质，没有机械动作，可高速、可靠地运转。如果"硬盘"选项有效，则使用硬盘做临时存储用，不仅速度慢、而且硬盘磨损严重。

3. 录音

录音步骤：

1）选择"文件/新建"菜单，显示如图 8-6 所示的"新建声音"对话框。

2）确定"声道数"，通常语音为单声道，乐曲为立体声。确定"采样速率"，原则是：高音质音乐采用 44100Hz，一般音质采用 22050Hz。"初始化长度"是录音时间，输入录音时间的长度，其格式是：分：秒．毫秒。例如 5：12.88（5min 12s 88ms）。

3）设定结束后，单击"确定"按钮。

4）若用话筒录音，将话筒插好；若用线路录音，将设备连接好，单击播放器中的"⬤"（开始录音）按钮，开始录音。在录制过程中，一条垂直线从左至右移动，指示录音的进程。当垂直线到达时间轴的终点时，录音自动结束。

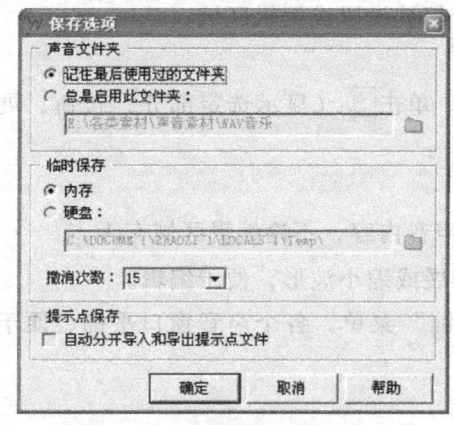
图 8-5 "保存选项"对话框

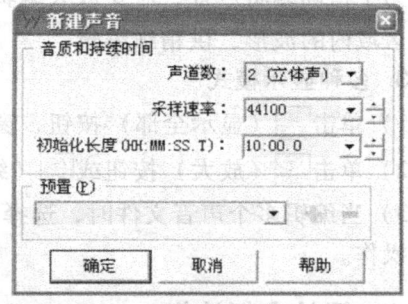
图 8-6 "新建声音"对话框

提示：如果在录音过程中希望中断录音，单击播放器中的"■"（停止录音）按钮即可。

5）录音结束后，单击播放器中的绿色播放按钮，聆听录音效果。

6）选择"文件/另存为"菜单，指定路径、WAV、MP3 等格式和文件名，保存文件。

8.3.2 编辑区域

1. 定义鼠标按键

选择"选项/窗口"菜单，显示"显示窗口选项"画面。在该画面的底部，单击"分别使用鼠标右键和左键选定声音片断"选项，使其有效（显示"√"）。单击"确定"按钮。

2. 设置编辑区域

（1）灵活设定编辑区域

用鼠标左键单击声道波形的某一位置，该位置即被定义为编辑区域的起始位置；用鼠标右键在起始位置的右侧单击波形图，确定编辑区域的结束位置。编辑区域被确定后，以深蓝色作为背景颜色，而编辑区域以外的区域为黑色，以示区别。如图 8-7 所示。

重要提示：编辑区域只能定义一个，当定义新编辑区域时，原有区域自动消失。

（2）把全部声音设成编辑区域

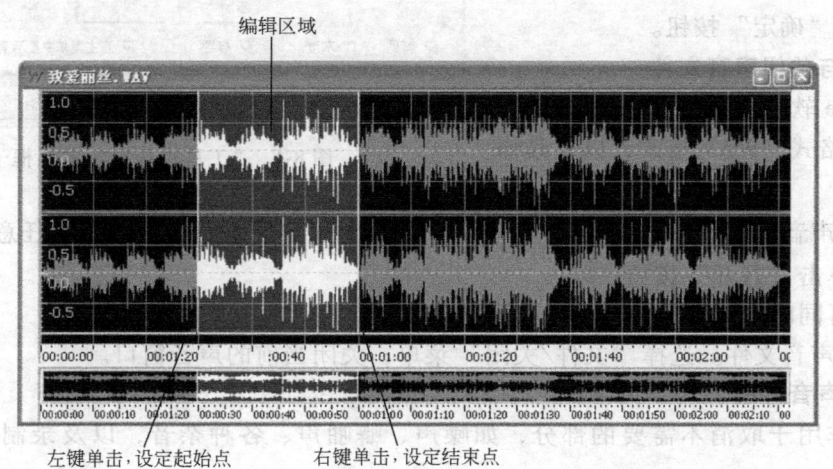

图 8-7 编辑区域

173

单击工具栏中的 ■（全部选定）按钮，整个声音都被设置成编辑区域。

（3）展开编辑区域

为了精确编辑声音，需要放大编辑区域中的波形。单击 ■（显示选定部分）按钮，展开编辑区域内的波形，供精细编辑。

3. 多种显示模式

1）单击 ■（显示全部）按钮，窗口中显示所有声音内容，不论编辑区域有否。

2）单击 ■（放大）按钮或 ■（缩小）按钮，伸展或缩小波形，便于编辑。

3）当编辑多个声音文件时，选择"窗口/横向平铺"菜单，各个声音窗口平铺，便于比较和操作。

8.3.3 简单音频编辑

简单音频编辑包括更换工具按钮、删除片段、静音处理、剪贴片段、声音反向、生成回声效果等。不论声音素材是单声道还是双声道，编辑操作同样有效。

1. 增减工具

工具栏上的各种工具可以根据需要增减，以方便使用。如果屏幕显示分辨率足够高，软件主界面足够大，也可把尽可能多的工具置于工具栏中。

在工具栏上，增减工具的步骤如下：

1）选择"选项/工具栏"菜单，显示图 8-8 所示的"工具栏选项"对话框。

2）画面当前处于"主要"选项卡位置。右侧"当前主工具栏按钮"窗口中是目前工具栏中使用的工具。若要增加工具，在左侧"可用主工具栏按钮"窗口中选择一个工具，用鼠标拖拽到右侧"当前主工具栏按钮"窗口中。若要减去某个工具，则用鼠标把右侧"当前主工具栏按钮"窗口中的工具拖拽到左侧"可用主工具栏按钮"窗口中。

3）单击"确定"按钮。

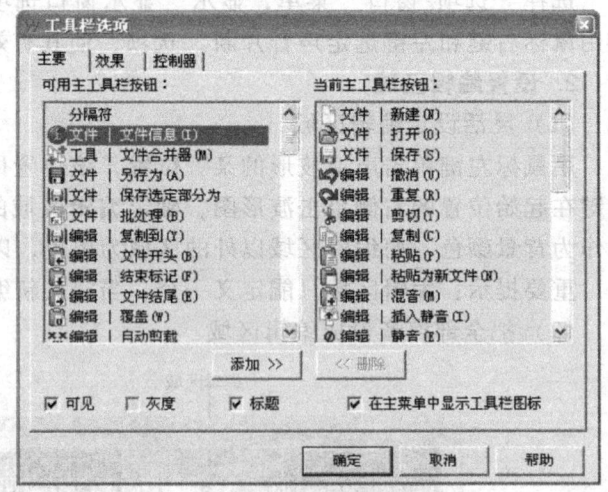

图 8-8 "工具栏选项"对话框

2. 打开与关闭声音文件

GoldWave 软件可以直接打开、编辑和保存 MP3 格式、WAV 格式，以及其他多种格式。

1）打开声音文件。单击 ■（打开）按钮，显示打开声音文件画面，指定任意一种格式的声音文件，单击"打开"按钮。

提示：可同时打开多个声音文件。但受内存容量的限制，文件不能过多。

2）关闭声音文件。选择"文件/关闭"菜单，关闭当前的声音窗口。

3. 删除声音片段

这个操作用于取消不需要的部分，如噪声、噼啪声、各种杂音，以及录制时产生的口误等。

删除声音片段的步骤如下：

1）分别用鼠标左、右键确定编辑区域。

2）单击 ![删除] （删除）工具，编辑区域被删除，其中的声音也一并被删除。

提示：要准确地确认编辑区域，需要仔细聆听，在放大显示状态下，反复调整区域。

4. 静音处理

静音处理可以把声音片段处理成一段寂静无声的片段，通常用于去除语音之间的噪声、音乐首尾的噪音、设置两段声音之间的静音间隔等。

静音处理的步骤如下：

1）用鼠标左、右键确定编辑区域。

2）单击 ![静音] （静音）工具，编辑区域变成静音，时间长度不变。

提示：默认状态下，工具栏中没有静音工具按钮，需要添加该工具。

5. 剪贴片段

剪贴片段则用于重新组合声音，将某段"剪"下来的声音粘贴到当前声音的其他位置，或者粘贴到其他声音素材中。

剪贴片段的步骤如下：

1）用鼠标左、右键确定编辑区域，该区域将是被剪贴的内容。

2）单击 ![复制] （复制）工具，将编辑区域的内容复制到剪贴板中。

3）单击任意声音文件波形图的某一位置（该位置是粘贴的起始位置），单击 ![粘贴] （粘贴）工具，剪贴板内的声音被粘贴到波形图中，原有声音被"挤"向后边。

提示：如果希望把剪贴板内容生成新的文件，单击 ![粘贴] （粘贴为新文件）工具，生成新的文件窗口。这个操作经常用于把某部分从声音素材中分离出来。

6. 恢复操作

一旦发生操作失误，单击 ![撤消] （撤销）工具，可恢复错误发生之前的状态。若单击 ![重复] （重复）工具，可恢复单击撤销工具之前的状态。

7. 声音反向

声音反向是把声音数据反向排列，形成倒序声音。倒序声音可用于声音的加密传送，只有对方采用相同的软件，并进行相同的倒序处理，才能把声音还原。

声音反向的步骤：

1）用鼠标左、右键确定编辑区域，把需要进行倒序处理的内容包括在内。

2）单击 ![反向] （反向）工具，编辑区域内的声音变成倒序。

8. 生成回声

制作回声最理想的对象是语音，乐曲和歌曲不宜制作回声，这是由于乐曲和歌曲比较连续，不易听出回声的缘故。

产生回声的基本原理见图8-9。

在原声1次波上叠加2次波，且2次波比1次波有所延迟，音量小，叠加后的听觉效果就是回声。当然，如果叠加3次波、4次波乃至更多，则可以产成回声不断的听觉感受。

生成步骤：

1）设置编辑区域，把需要制作回声的部分包括进去。

2）单击 ![回声] （回声）工具，显示图8-10所示的"回声"对话框。

3）在画面中，移动"回声"滑块，确定叠加波形的数量，

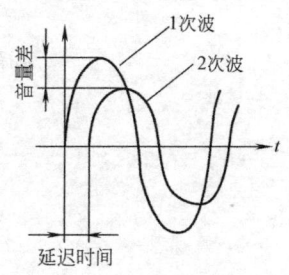

图8-9 回声的基本原理

通常取 2～4。

4）移动"延迟"滑块，调整各次波的延迟时间。

5）移动"音量"滑块，确定叠加波形的衰减音量。

6）若希望回声采用立体声，单击"立体声"选项，使其有效。

7）希望回声不绝于耳，单击"产生尾声"选项，使其有效。这是多次波叠加的效果。

8）设置完成后，单击"确定"按钮。

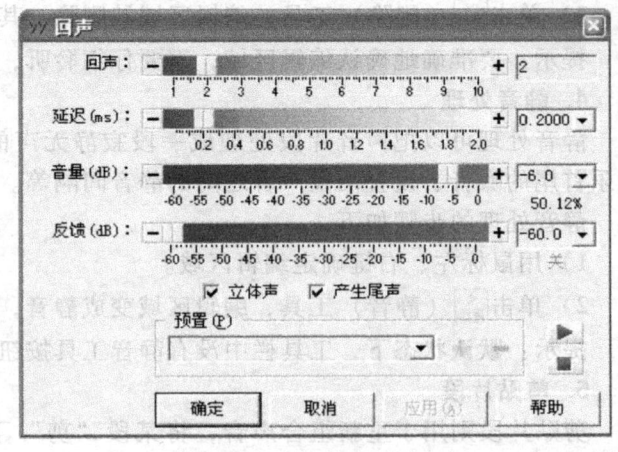

图 8-10 "回声"对话框

提示：延迟时间不宜过长，否则声音分离，不像回声。设置完成后，可先单击回声设置画面中的"▶"（试听当前设置）按钮，试听效果，满意后单击"确定"按钮结束操作。

8.4 高级音频编辑技术

高级音频编辑包括设置播放控制工具、淡入淡出、混响时间、频率均衡控制、时间调整、响度控制、声道编辑、音频合成等。

8.4.1 设置播放控制工具

工具栏中的播放器有很多控制工具，如图 8-11a 所示。这些工具用于监听编辑效果，方便音频编辑。

最常用的播放控制工具是两个播放按钮，一个绿色，一个黄色。两个播放按钮的功能可以自行设定。通常认为：绿色按钮用于聆听编辑区域开始端的声音，黄色按钮用于聆听编辑区域结束端的声音最为方便，可方便地确认编辑区域是否准确。

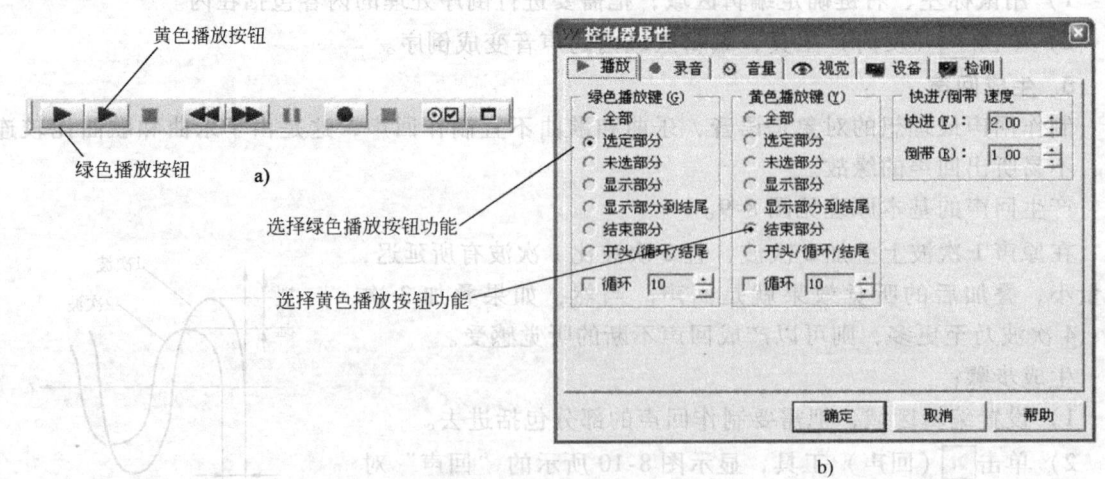

图 8-11 播放控制工具的定义
a）播放器中的播放按钮 b）"控制器属性"对话框

设置步骤：

1）选择"选项/控制器属性"菜单，显示图8-11b所示的"控制器属性"对话框。
2）在对话框中，单击"绿色播放键"栏目中的"选定部分"选项，使其有效。
3）单击"黄色播放键"栏目中的"结束部分"选项，使其有效。
提示：绿色和黄色播放键栏目的底部均有"循环"选项，可设定循环播放的次数。
4）单击"确定"按钮，结束设置。

8.4.2 淡入淡出

"淡入"和"淡出"是指声音的渐强和渐弱，通常用于产生渐近渐远的听觉效果。两个声音素材交替切换时，也经常采用这种处理方式。

制作淡入、淡出效果的步骤如下：

1）确定编辑区域。一般编辑区域总是位于声音素材的开始或末尾。
2）制作淡入效果。单击 (淡入) 按钮，显示图8-12a所示的"淡入"对话框。调整滑块，改变淡入的初始音量。初始音量为0时，无需动滑块。单击"确定"按钮。
3）制作淡出效果。单击 (淡出) 按钮，显示图8-12b所示的"淡出"对话框。调整滑块，确定淡出的最终音量。若最终音量为0，则不动滑块。单击"确定"按钮。

淡入与淡出效果见图8-12c所示。在乐曲的开始和结束阶段有渐进和渐远的听觉感受。

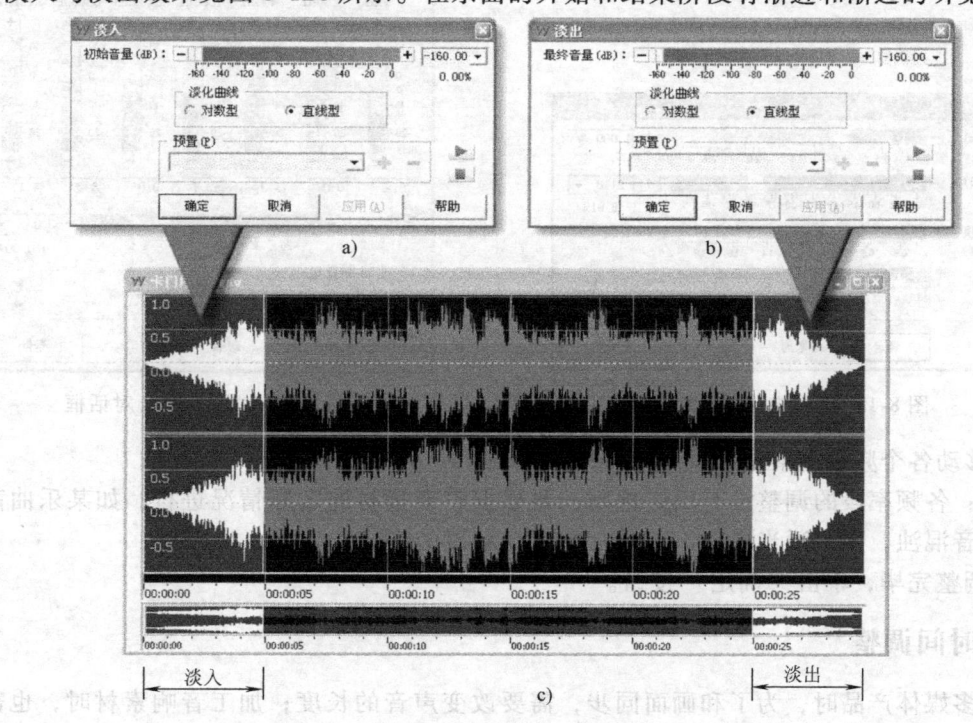

图8-12 淡入与淡出效果
a)"淡入"对话框 b)"淡出"对话框 c)波形效果

8.4.3 混响时间

混响时间的长短是润色音色的技术手段，混响时间稍长，声音显得圆润；混响时间更长一些，声音具有空旷感。

混响原理与回声原理近似，把滞后一小段时间的声音叠加到原声上，叠加的声音音量和延迟时间可调,以产生不同的混响效果。

制作步骤:

1) 确定编辑区域。

2) 单击 ■(混响)按钮,显示图 8-13 所示的"混响"对话框。

3) 调整"混响时间"滑块,确定混响时间,单位是秒。混响时间越长,空旷效果越明显。调整"音量"滑块,改变叠加到原声上的声波幅度。调整"延迟深度"滑块,改变延迟时间,从而影响混响总体效果。

8.4.4 频率均衡控制

频率均衡控制是指对低音、中音、高音各个频段进行提升和衰减的控制。该控制使声音的层次和频段分布更为理想,在全频段上的音响效果更好。

控制步骤:

1) 确定编辑区域。

2) 单击 ■(均衡器)按钮,显示如图 8-14 所示的"均衡器"对话框。从图中看到,这是一个 7 段均衡器,每个频率段可单独调整。

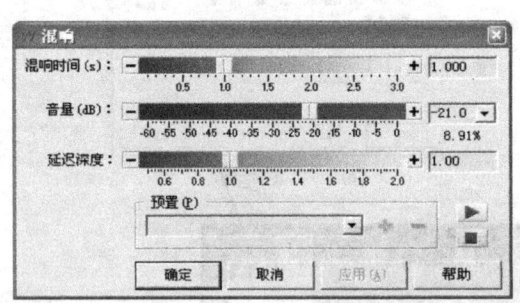

图 8-13 "混响"对话框

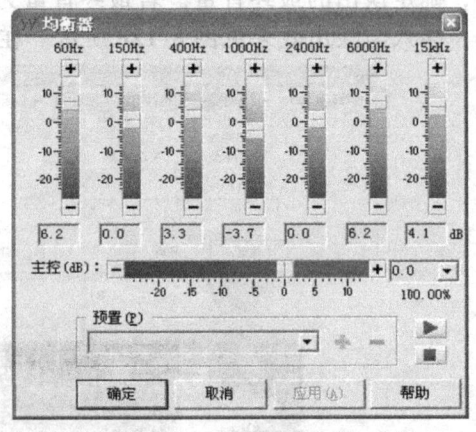

图 8-14 "均衡器"对话框

3) 移动各个频段的滑块,调整该频段的强弱。

提示:各频率段的调整没有固定规则,要根据声音素材的实际情况进行。如某乐曲高音不清,中音混浊,则可适当提高 15kHz、1000Hz 频段的幅度。

4) 调整完毕,单击"确定"按钮。

8.4.5 时间调整

制作多媒体产品时,为了和画面同步,需要改变声音的长度;加工音响素材时,也需要精确地控制长度,这就需要进行时间的调整。

调整步骤:

1) 设定编辑区域。

2) 单击 ■(时间弯曲)按钮,显示如图 8-15a 所示的"时间弯曲"对话框。在"变化"选项和"长度"选项二者之间任选一个,改变其数值,即可改变声音的时间长度。聆听效果时,会发现音调也随之发生变化。

3) 若希望改变时间长度时,而音调不变,在图 8-15a 所示的对话框中单击"FFT"按钮，显示图 8-15b 画面。在画面下边，改变"FFT 大小"框中的数值，数值大，效果好；根据视听效果改变"重叠"的数值。最后单击"确定"按钮。

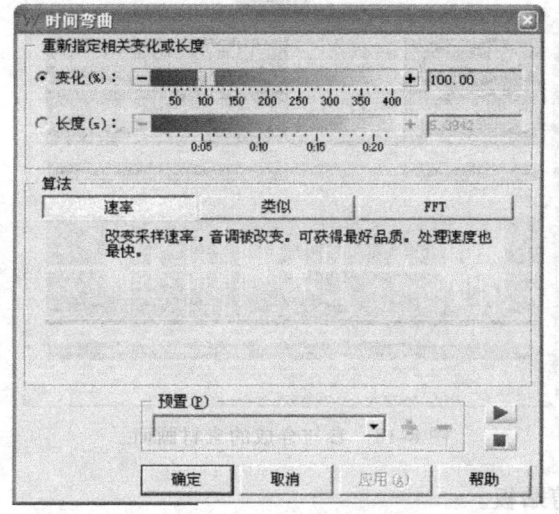 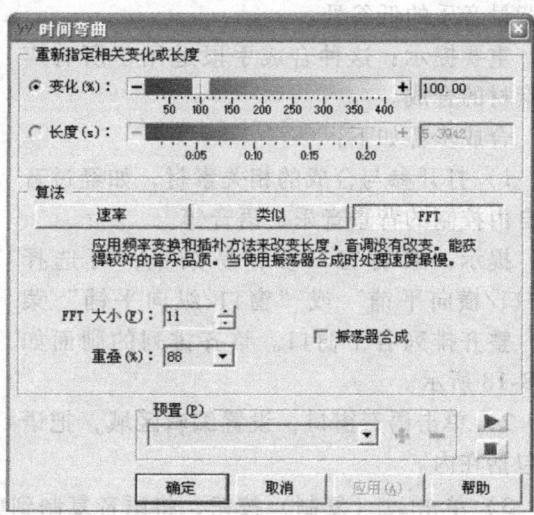

图 8-15 "时间弯曲"对话框
a) 直接改变速率 b) FFT 模式

8.4.6 音量自由控制与合成

声音的音量可根据音量曲线自由控制，此举常用于多种声音素材的合成。在一首乐曲中，可随意安排某处或多处的音量减小或增加。音量自由控制的典型例子如图 8-16 所示。图中背景音乐采用了音量自由控制，在中间某段形成低谷。在曲线低谷时，插入语音。待语音结束后，曲线恢复原有音量值。

1. 音量自由控制

控制步骤：

1）打开语音文件，聆听并记录下该语音的时间长度。

2）打开背景音乐文件，寻找合适的语音插入点，然后设置编辑区域。该区域应略大于语音文件时间 2~4s。例如，语音长度为 20s，则编辑区域为 22~24s，如图 8-16 所示。

3）单击 （外形音量）按钮，显示"外形音量"对话框。鼠标拖拽该画面中的线段形成低谷，与图 8-16 中的背景音乐曲线类似，如图 8-17 所示。

4）单击"确定"按钮。

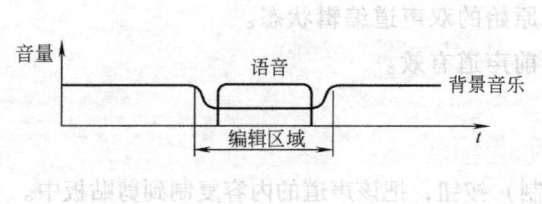 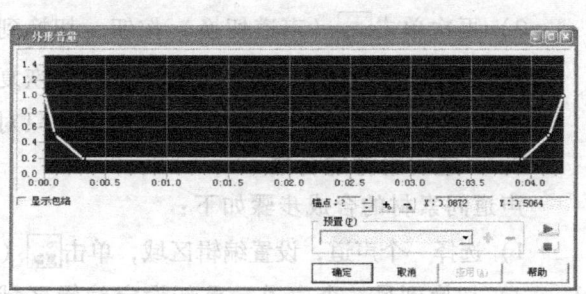

图 8-16 音量自由控制原理　　　　　　图 8-17 "外形音量"对话框

2. 合成

把语音与背景音乐合成在一起，其位置在背景音乐的低谷处。

重要提示：这种合成手段适用于所有声音素材的合成。

合成步骤如下：

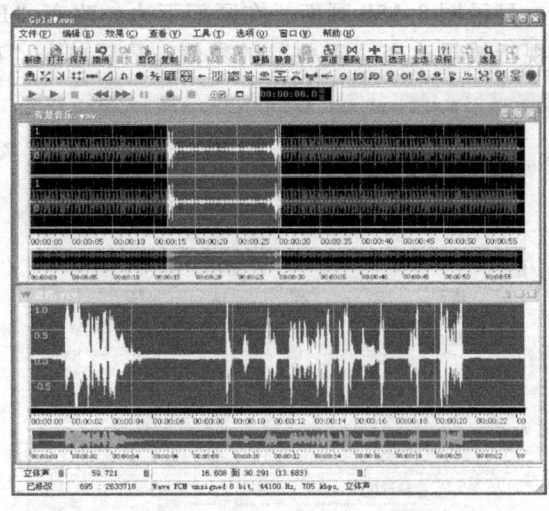

1）打开参与合成的相关素材，如经过音量自由控制的背景音乐、语音等。

提示：素材窗口多，易杂乱，可选择"窗口/横向平铺"或"窗口/纵向平铺"菜单，整齐排列各个窗口。整齐排列的画面如图8-18所示。

2）单击语音窗口，设置编辑区域，把语音包括在内。

图8-18 参与合成的素材画面

3）单击 ![复制] （复制）按钮，将语音复制到剪贴板。

4）单击背景音乐窗口，在低谷的开始位置单击鼠标左键，确定合成起点。

5）单击 ![混音] （混音）按钮，显示如图8-19所示的"混音"对话框。在对话框中，调整音量滑块，改变将要合成的语音音量。若语音原有音量很小，在此右移滑块，适当调高音量。

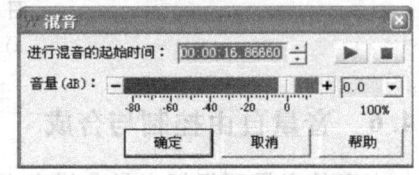

6）单击"确定"按钮，语音被合成在背景音乐的低谷处。

图8-19 "混音"对话框

提示：单声道音频合成到双声道音频中时，自动变成均等的双声道。若双声道音频向单声道合成时，则把两个声道合二为一，变成单声道。

8.4.7 声道编辑

本节前面介绍的所有编辑手段都是在两个声道间同步进行的。声道编辑提供：在两个声道中选择一个进行编辑，把声音素材合成到任意一个声道，制作声像左右漂移效果等功能。

1. 选择当前声道

选择当前声道的步骤如下：

1）单击 ![声道] （声道切换）按钮，左声道处于当前编辑状态，右声道亮度变暗，处于非编辑状态。

2）再次单击 ![声道] （声道切换）按钮，切换到右声道，使其成为当前编辑的声道。

3）再单击一次 ![声道] （声道切换）按钮，恢复到原始的双声道编辑状态。

提示：选择声道后，所有音频编辑手段只对当前声道有效。

2. 声道间素材的合成

声道间素材的合成步骤如下：

1）选择一个声道，设置编辑区域，单击 ![复制] （复制）按钮，把该声道的内容复制到剪贴板中。

2）切换到另一个声道，重新设定编辑区域。根据需要，单击粘贴按钮或合成按钮，把剪贴板中的内容粘贴（插入效果）或合成到当前声道中。

提示：若使用粘贴功能，由于是插入操作，因而将改变当前声道的时间长度，与另一个声道的同步关系被破坏，应予以充分注意，除非有意制作该效果。

3. 制作声像漂移效果

声像漂移是一种听觉感受，声音在左、右声道之间来回漂移，忽左忽右。声像漂移必须在双声道编辑状态下进行，不可只有一个编辑声道。

制作声像漂移效果的步骤如下：

1）设定编辑区域。

2）单击 (声像) 按钮，显示"声像"对话框，如图 8-20a 所示。该画面的上半部分是左声道（图中浅色部分），下半部分是右声道（图中深色部分），中间有一条直线。

3）用鼠标拖拽图 8-20a 中的直线或上或下移动，如图 8-20b 所示。该线段表示声音从平衡点到右声道最大值，然后通过平衡点逐渐过渡到左声道为最大值，再回到平衡点。听觉感受是：声音先从中间向右漂移，然后通过中间向左漂移，最后恢复到中间。

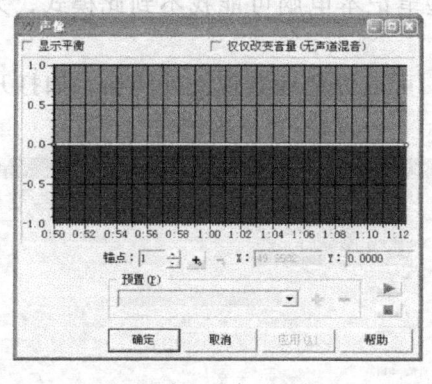 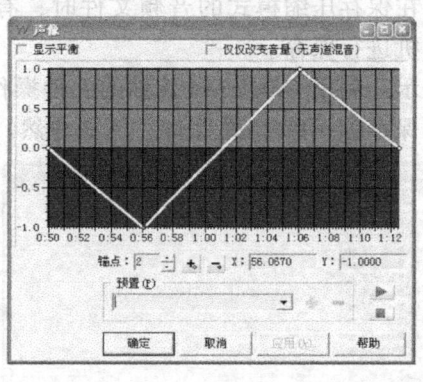

a) b)

图 8-20 "声像"对话框

a) 调整前 b) 调整后

8.4.8 多格式保存

GoldWave 软件可以多种格式保存声音文件，在此以常见的 WAV 格式和 MP3 格式为例进行介绍。

1. 保存 MP3 文件

MP3 声音文件应用广泛，除了用电脑播放以外，使用最广泛的是手机、小型 MP3 随身听和 MP4 播放器。在保存 MP3 声音文件时，需要考虑使用什么设备进行播放，从而决定采用何种文件模式。

保存 MP3 文件的步骤如下：

1）选择"文件/另存为"菜单，显示保存声音文件画面，如图 8-21a 所示。

2）在画面中指定保存的路径；单击"保存类型"框，选择"MPEG Audio（*.mp3）"。

3）单击"属性"框，在列表中选择一种文件模式，见图 8-21a 中的属性列表。

提示：若采用计算机播放 MP3 声音文件，采用"44 100Hz，320kbps，立体声"模式。该模式数据量大，音质好。

若采用 MP3 随身听播放，在"44 100Hz，320kbps，立体声"到"44 100Hz，96kbps，立体声"之间选取。越廉价的随身听，使用的 kbps 数值越低。有些随身听甚至更低，只能使用

"22 050Hz，96kbps，立体声"。kbps 数值越低，数据量越小，音质越差。

4）单击"保存"按钮。

2. 保存 WAV 文件

WAV 声音文件的数据量很大，为了在音质和数据量之间寻求平衡，在保存时，要选用不同的文件模式。

保存步骤：

1）选择"文件/另存为"菜单，显示保存声音文件画面，如图 8-21b 所示。

2）指定路径，并输入文件名。

3）单击"属性"框，在列表中选择一种文件模式，见图 8-21b 中的属性列表。通常在列表中选择"Unsigned 8bit，立体声"模式，若要求音质更好一些，可选择"Unsigned 16bit，立体声"模式，或选择"MPEG Layer-3 56 kbit/s，24 000Hz，Stereo"压缩模式。

4）单击"确定"按钮。

提示：在保存压缩模式的音频文件时，有些笔记本电脑可能找不到此模式，无法保存。可使用台式机进行保存。

重要提示：利用 GoldWave 软件的文件操作，可以方便地实现文件转换。如打开 WAV 格式文件后，保存为 MP3 格式文件，反之亦然。

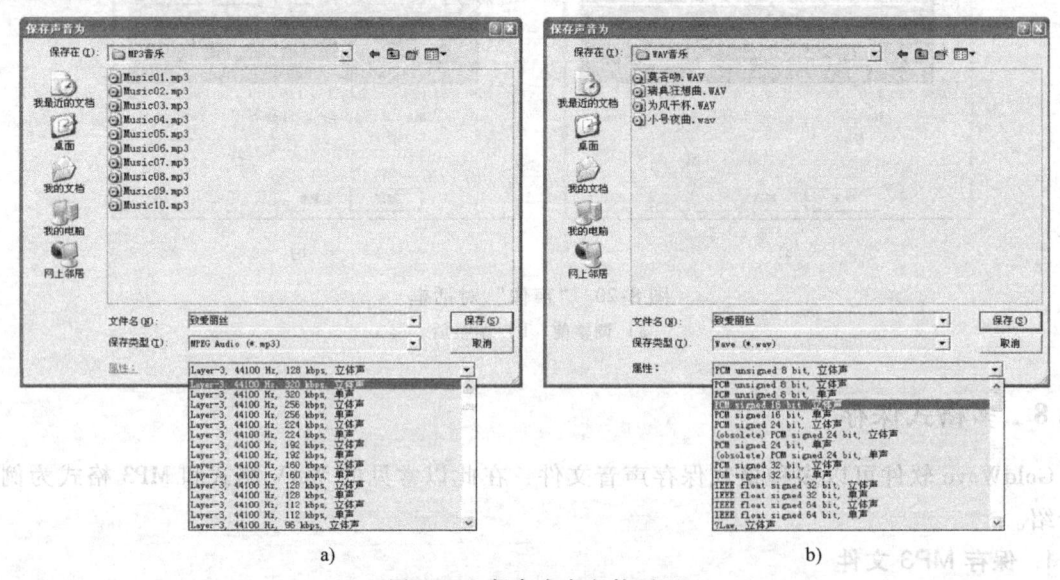

图 8-21 保存声音文件画面

a) 保存 MP3 声音文件画面　b) 保存 WAV 声音文件画面

习题八

8.1 什么是声音？

8.2 声音的三要素是什么？

8.3 什么是采样频率？

8.4 采样频率与声音还原频率存在什么关系？

8.5 音频文件的数据量与哪些因素有关？

8.6 回声效果是怎样产生的？

8.7 将两个声音素材合成在一起。

素材1——背景音乐，取自CD音乐光盘，采样频率22 050Hz，8bit，双声道，文件格式为WAV。

素材2——语音，可自行录制，采样频率22 050Hz，8bit，双声道，文件格式为MP3。

成品文件格式——MP3。

合成要求——见图8-22。

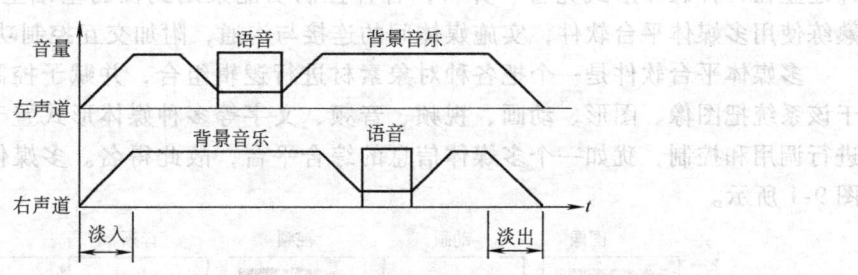

图8-22 语音和背景音乐的合成效果

提示：素材1使用Easy CD-DA Extractor软件获取。左、右声道分别编辑，但总时间必须一致，不能破坏声道间的同步关系。

第 9 章 多媒体平台设计

多媒体平台设计是制作多媒体产品的最后一个环节,也是最重要的环节。多媒体平台设计建立在各种媒体形式完善、齐备,各种控制功能策划到位的基础上。主要设计内容包括:熟练使用多媒体平台软件,实施媒体间的连接与沟通,附加交互控制功能。

多媒体平台软件是一个把各种对象素材进行逻辑组合,并赋予控制功能的软件系统。由于该系统把图像、图形、动画、视频、音频、文字等多种媒体形式置于同一个层面上,从而进行调用和控制,犹如一个多媒体信息的综合平台,故此得名。多媒体平台软件的示意图如图 9-1 所示。

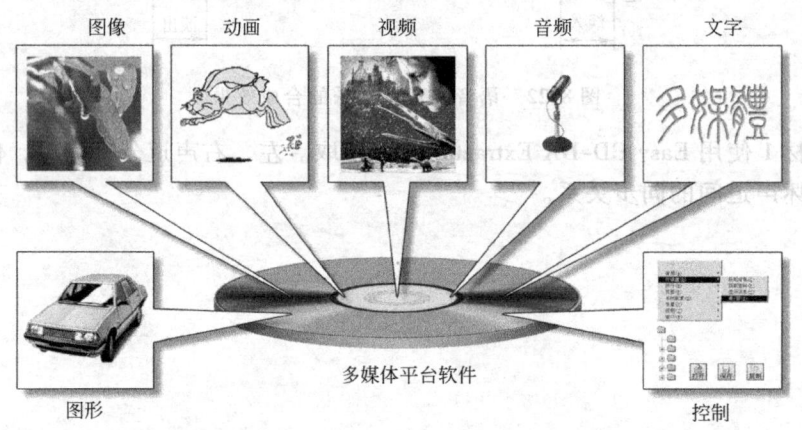

图 9-1 多媒体平台软件示意图

多媒体平台软件的主要作用如下:
1) 控制各种媒体的启动、运行与停止。
2) 协调媒体之间的时间顺序,进行时序控制与同步控制。
3) 生成面向使用者的操作界面,设置控制按钮和功能菜单,以实现对媒体的控制。
4) 生成数据库,提供数据库管理功能。
5) 对多媒体程序的运行进行监控,其中包括计数、计时、统计事件发生的次数等。
6) 对输入输出方式进行精确的控制。
7) 对多媒体目标程序打包,设置安装文件和卸载文件,并对环境资源、多媒体系统资源进行监测和管理。

9.1 Authorware 创作工具

Authorware 由美国 Macromedia 公司开发,特色是把复杂的多媒体产品的开发过程简化为流程图形式。在设计多媒体作品时,把图标拖拽到流程图上,再进行适当的设置,即可完成多媒体作品。

该软件具有如下特点:
1) 面向对象。把各种多媒体功能集成为图标,这些图标就是"对象"。把图标置于流程线上，再进行适当的加工和设置，从而完成多媒体产品的创作。

2）具有交互性。可生成带有控制功能的按钮、菜单，并可设置带有交互作用的选项等。

3）支持的对象很多。例如文字、图像、动画、声音，以及视频信号。

4）灵活的结构。可根据多媒体演示的需要，灵活设计流程的走向和分支，通过图标和流程线的多种组合方式，产生多层次、多页面的复杂结构。

5）文件独立性。成品文件能够制作 EXE 格式的可执行文件，对软件系统的依赖性少。

9.1.1 工具概述

安装 Authorware 软件后，双击该软件的快捷图标，显示图 9-2 所示的主界面。主界面自上而下分别是：菜单栏、工具栏、工具盒和流程设计窗口。

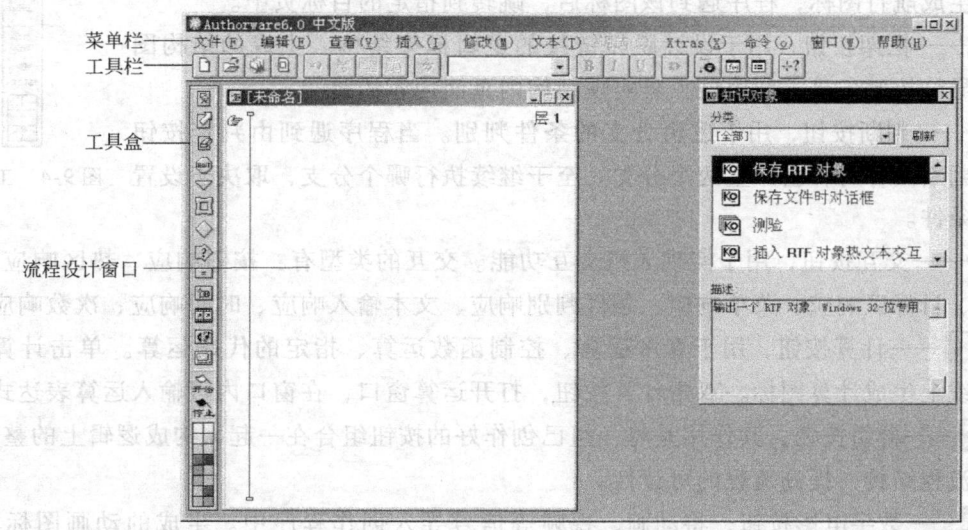

图 9-2 主界面

菜单栏提供各种功能选择，例如文件、编辑、查看、插入、修改、文本、控制等；工具栏提供快捷编辑功能按钮，使用起来快速而方便；工具盒中是图标形式的媒体创作工具，用于创作多媒体流程。流程设计窗口用来创作和编辑多媒体产品，图标和流程线均在该窗口内设计和组合。

1. 流程设计窗口

流程设计窗口是主画面中最重要的内容，所有创作设计在流程设计窗口中进行。流程设计窗口如图 9-3 所示。

流程设计窗口的顶部显示程序名；流程线的上下两端各有一个标记，分别代表流程的开始和结束；粘贴指针"☞"标明当前操作的位置，改变该指针的位置，即可改变操作的地点。

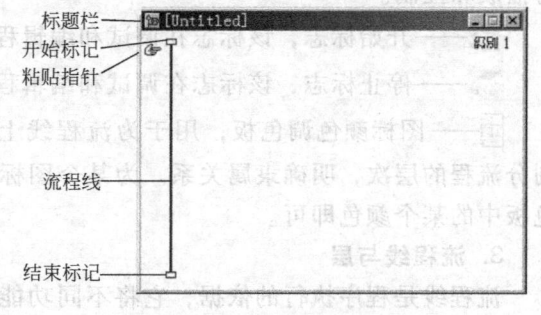

图 9-3 流程设计窗口

流程线自上而下代表了事件发生的前后顺序，在设计流程时，流程线的条数可以有很多。

2. 媒体创作图标

媒体创作图标全部位于工具盒中，见图 9-4。各自的功能如下：

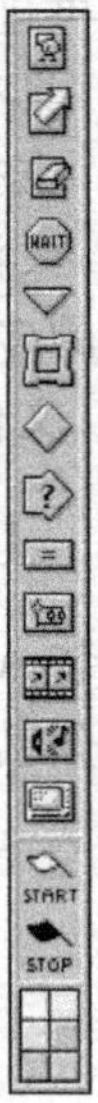

▧——显示按钮，用于显示文字、图片，并具有简单的文字输入功能。可输入 BMP 格式等多种图像文件、TXT 和 RTF 格式的文本文件。

▨——移动按钮，用于设置文字或图片等对象的移动模式，形成动画效果。对象必须先用显示按钮定义。

▨——擦除按钮，用于擦除当前画面上的各种对象。注意，擦除的是对象的全部内容，而不仅是显示图标。擦除效果可在对话框中调整。

⏳——等待按钮，主要用于设置程序的等待状态。单击等待按钮，在流程线上生成等待图标，程序遇到该图标暂停，处于等待状态。

▽——定向按钮，与框架按钮配合使用，实现跳转链接功能。在流程线上生成航行图标，程序遇到该图标后，跳转到指定的目标页中。

▣——框架按钮，用于设计跳转链接的逻辑框架结构。生成的结构图标提供导航控制工具，利用该工具实现结构内页面内容的跳转。

◇——判断按钮，用于逻辑分支的条件判别。当程序遇到由判定按钮生成的判断图标时，会产生两个分支。至于继续执行哪个分支，取决于设置的判别条件。

图 9-4　工具盒

▨——交互按钮，用于实现人机交互功能。交互的类型有：按钮响应、热区响应、热物体响应、目标区响应、菜单响应、条件判别响应、文本输入响应、时间响应、次数响应等。

▨——计算按钮，用于算术运算、控制函数运算、指定的代码运算。单击计算按钮，在流程线上生成计算图标。双击计算按钮，打开运算窗口，在窗口内可输入运算表达式。

▨——群组按钮，其作用是将一组已创作好的按钮组合在一起，构成逻辑上的整体，从而简化流程结构、提高流程的可读性。

▨——数字电影按钮，将动画、视频等信号导入创作程序中。生成的动画图标具有导入、播放、设置动画等功能。在播放动画时，采用全屏幕播放和局部播放两种方式。

▨——声音按钮，将数字化声音导入多媒体创作程序中。在程序中任何需要声音的地方，通过声音按钮设置声音图标，从而实现导入音频文件、调整播放参数等功能。

▨——视频按钮，将包括激光盘视盘在内的多种数字视频信号导入多媒体创作程序中进行播放和控制。

▨——开始标志，该标志在调试和编辑程序时，用于标记开始地点。

▨——停止标志，该标志在调试和编辑程序时，用于标记停止的位置。

▦——图标颜色调色板，用于为流程线上的图标上色。图标上色是为了区分逻辑功能、划分流程的层次，明确隶属关系。为某个图标上色时，选中该图标，用鼠标单击图标颜色调色板中的某个颜色即可。

3. 流程线与层

流程线是程序执行的依据，它将不同功能的图标串接在一起，形成多媒体程序。在运行多媒体程序时，按照流程线上图标的排列顺序逐个执行对应的功能。图 9-5 是一个典型的流程线和图标构成的程序。

在设计图标和流程线时，可以采用稍微复杂的结构形式，该形式被称为层。层用来设计和安排各自相对独立的程序动作，在每一层中，有属于该层的流程线和图标。在设计时，某一层的模块图标或命令可以调用另外一层的程序内容，调用完毕仍会返回调用位置。

9.1.2 文字设计

1. 输入文字

1)将工具盒内的显示按钮 拖拽至流程线上，该位置出现"显示"图标。双击该图标，打开图9-6所示的简述窗口和作图工具箱。箱内有8个工具按钮，分别用于文字和图形编辑。

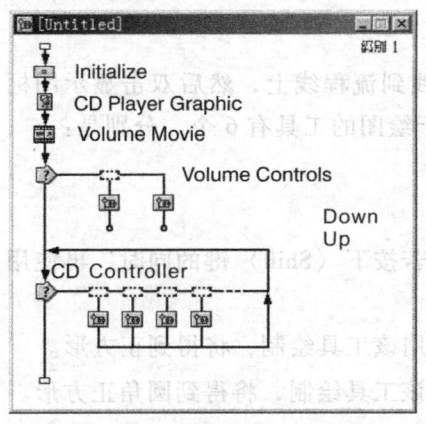

图9-5 典型的流程线和图标

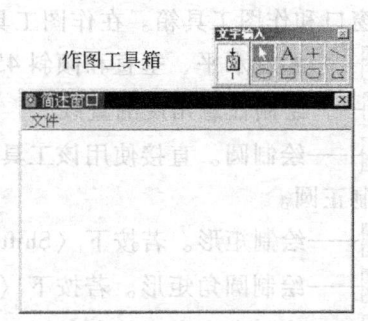

图9-6 简述窗口和作图工具箱

2)选择文本输入方式。单击作图工具箱中的 A 按钮，单击窗口内部，显示一条两端带有三角形标记的线。三角形标记是文字输入宽度，可拖动该标记外侧小方块移动，改变宽度。

3)输入文字内容。

4)文字输入完毕后，单击作图工具箱右上角的 ×，关闭该工具盒和演示窗口。

2. 编辑修饰文字

1)在设计窗口的流程线上，双击显示按钮 ，演示窗口中显示文字内容。仔细观察，文字内容的四周有6个小方块，表示文字对象被选中。

2)选择"文本/字体/其他"菜单，显示字体设置画面，在该画面中单击字体选择框，选择需要的字体，然后单击"确定"按钮。

3)选择"文本/大小"菜单，在菜单中选择数字，数字越大，字号越大。若希望选择任意尺寸，选择"其他"选项。

4)选择"文本/风格"菜单，从中选择粗体、斜体、下划线、上标和下标等需要的风格。

5)选择"文本/对齐"菜单，选择对齐方式。

6)如果遇到显示范围受到限制而文字内容又很多的情况，可以选择"文本/卷帘文本"菜单，自动生成文字浏览框，浏览框的右侧有滑块。

7)双击作图工具箱中的椭圆按钮，在颜色定义画面中，单击文本颜色框，选择调色盘中的某颜色。

3. 调入文本文件

文本文件包括TXT格式和RTF格式。TXT格式是纯文本，没有排版格式。RTF格式带有排版格式，Word文本可以保存成该格式。调入文字的方法如下：

1)将显示按钮拖拽至流程线上，形成显示图标。然后双击显示按钮。

2)选择"文件/导入"菜单，显示"导入哪个文件"对话框。在对话框中，指定文件夹、文件类型和文件名，然后单击"导入"按钮。

3) 显示"RTF 导入"对话框。在对话框中，根据实际情况，在忽略、标准、滚动、创建新的显示图标 4 个选项中选择。单击"确定"按钮，导入指定的内容。

9.1.3 图形设计

设置图形包括绘制直线、矩形及其他简单图形，加工图形，调入图片等。图形的编辑主要由作图工具箱中的按钮实现，键盘有时也用于编辑。

1. 绘制图形

首先进入作图状态。把工具盒中的显示按钮 ![] 拖拽到流程线上，然后双击显示图标，显示简述窗口和作图工具箱。在作图工具箱中，直接用于绘图的工具有 6 个，分别是：

![] ——绘制水平、垂直和倾斜 45°的直线。

![] ——绘制任意角度的直线。

![] ——绘制圆。直接使用该工具绘制的是椭圆；若按下〈Shift〉键的同时，再使用该工具可绘制正圆。

![] ——绘制矩形。若按下〈Shift〉键的同时，再用该工具绘制，将得到正方形。

![] ——绘制圆角矩形。若按下〈Shift〉键，再用该工具绘制，将得到圆角正方形。

![] ——绘制多边形。单击鼠标左键，确定起点。然后每移动一段距离，单击一次鼠标左键，即可得到多边形，最后双击鼠标左键，结束多边形的绘制。

2. 加工图形

加工图形包括：改变图形轮廓线的线型、粗细、颜色和填充图形。在加工图形之前，单击绘图工具盒中的 ![] 工具，然后单击图形，图形四周显示小方块，选中该图形。

1) 改变轮廓线的线型和粗细。双击作图工具箱中的 ![] 或 ![] 工具，显示一组线型选择工具。在其中选择线条粗细和线型。然后单击 ![] 按钮，关闭选择工具。

2) 改变轮廓线颜色与填充颜色。双击作图工具箱中的 ![] 工具，显示调色板。单击轮廓线颜色框，然后选择颜色。若要改变图形内部颜色，单击填充颜色框，然后选择需要的颜色。

3) 改变填充图案。图形内部还可以填充条纹图案。双击制图工具盒中的 ![]、![] 或 ![] 工具，显示一组图案，单击其中一个即可。操作完毕，单击右上角 ![] 按钮，关闭图案。

4) 删除图形。用绘图工具盒中的 ![] 选中图形，按〈Del〉键。

3. 调入图片

选择"文件/导入"菜单，在随后显示的画面中指定文件夹、文件类型和图像文件名，可调入的图像格式有 BMP、WMF、PIC、GIF、JPG 格式等。最后单击"导入"按钮。

9.1.4 声音设计

Authorware 软件能够使用的文件格式包括 WAV 波形音频文件格式、FCM 格式，以及高音质、低带宽的 VOX 压缩格式。

首先用鼠标左键将声音按钮 ![] 拖拽到流程线需要播放声音的位置上，形成声音图标。然后双击声音图标，显示如图 9-7 所示的声音属性对话框。

在对话框中，单击"导入"按钮，显示"导入哪个文件"对话框。在对话框中指定文件夹、文件类型和声音文件名，单击"导入"和"确定"按钮。

声音被调入界面后，需要对播放声音进行控制时，双击流程线上的声音图标，显示声音属性对话框。在对话框中选择"计时"选项卡，显示如图 9-8 所示的选项卡。

在"计时"选项卡中，根据需要选择执行方式、播放、速率等。设置完毕，单击"确定"按钮。

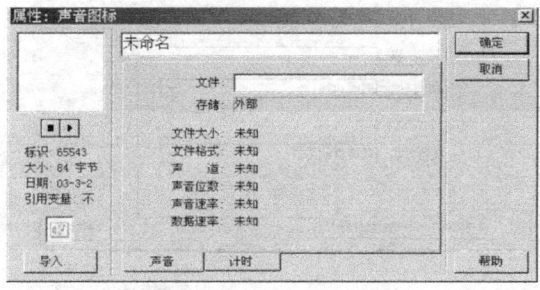
图9-7 声音属性对话框

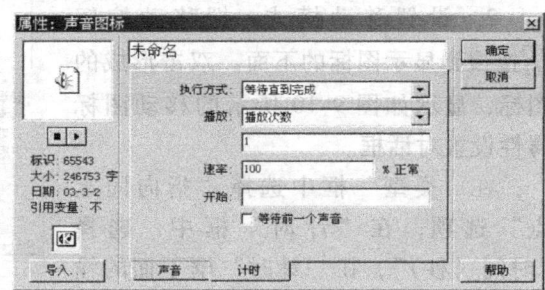
图9-8 "计时"选项卡

9.1.5 视频设计

Authorware 把视频分为"数字电影"和"视频"两类，分别使用各自的创作工具。用于数字电影的工具是 ▦ 按钮，用于视频的工具是 ▦ 按钮。

1．数字电影

数字电影包括 FLI 格式、FLC 格式、CEL 格式、AVI 格式等。把工具盒中的数字电影按钮 ▦ 拖拽至流程线上，形成数字电影图标。双击数字电影图标，显示如图 9-9 所示的动画属性对话框。

在对话框中，单击位于左下角的"导入"按钮，导入数字电影文件，输入的内容显示在演示窗口中。单击播放按钮，可在演示窗口看到电影效果。设定完成后，单击"确定"按钮。

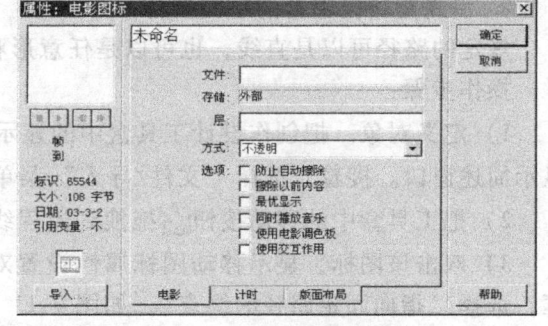
图9-9 动画属性对话框

2．视频

视频是指从计算机的视频端口引入的视频信号。要实现此功能，需先把视频播放设备与计算机相连，然后再指定使用哪个视频端口和相应的控制参数。随后的操作如下：

把工具盒中的视频按钮拖拽到流程线上，形成视频图标。然后双击视频图标，显示参数选择对话框。在对话框中指定与视频设备连接的视频端口，单击"确定"按钮。随后显示视频属性设置对话框和播放控制器。在视频属性设置对话框中，单击"预览"按钮，观看视频效果。如果认为有必要，设置视频控制参数。最后单击"确定"按钮，结束设置。

9.1.6 移动模式设计

移动模式共有 5 种：两点之间的移动、到达计算点的直线移动、到达终点的移动、沿线性轨迹移动、从某点（X、Y 坐标）到达计算点的移动。被移动的对象通常是图片，通过连续移动图片的位置，可产生简单的动画效果。

1．移动到固定点的动画设计

移动到固定点的动画效果是：当对象移动到指定的固定点时停止。
设置步骤：

1）定义对象。把显示按钮 ▦ 拖拽到流程线上，然后双击显示图标，选择"文件/导入"

189

菜单，输入图片，该图片就是移动的对象。

2) 设置移动模式。把移动按钮 🗹 拖拽到显示图标的下面。双击形成的图标，显示如图9-10所示的移动图标属性设置对话框。

在"类型"框中选择"指向固定点"选项，在"计时"框中，选择"时间（秒）"，在"计时"框下面的输入框中输入时间值，如1（表示对象从原点移动到终点用1s）。

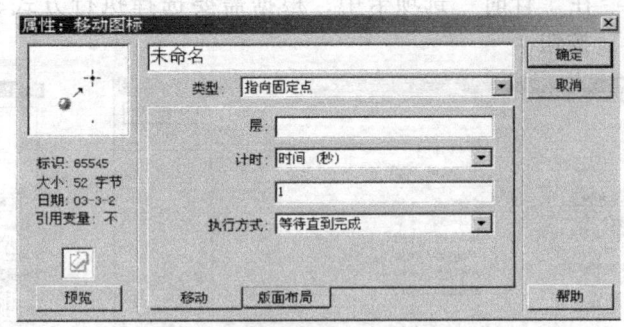

图9-10 移动图标属性设置对话框

如果选择"速率（秒/英寸）"，表示每移动1in所需要的时间，单位是s。在"计时"框下面的输入框中输入时间值，如2（表示对象以1in/2s（即0.5in/s）的速度向终点移动）。

3) 设置终点位置。选择"版面布局"选项卡，在该选项卡中，单击窗口中的图片对象，版面布局选项卡中的"对象"栏显示对象名。用鼠标把窗口中的对象拖拽到终点位置。单击"预览"按钮，观察移动效果。满意后，单击"确定"按钮。

2. 沿规定路径移动的动画设计

规定的路径可以是直线，也可以是任意形状的曲线。

操作步骤：

1) 定义对象。把创作设计工具盒中的显示按钮 🗹 拖拽到流程线上，然后双击显示图标，显示简述窗口。接着，选择"文件/导入"菜单，输入图片，该图片将是移动的对象。

2) 把工具盒中的移动按钮 🗹 拖拽到流程线上显示图标的下面，形成移动图标。

3) 双击该图标，显示移动图标属性设置对话框。在对话框中，打开"类型"下拉列表框，选择"指向固定路径的终点"，如图9-11所示。

4) 在移动图标属性设置对话框中，"层"选项为20，"计时"选项为"时间（秒）"，"计时"下面的输入框中输入3。"移动时"选项一般输入"TRUE"，程序经过判别可立即执行。

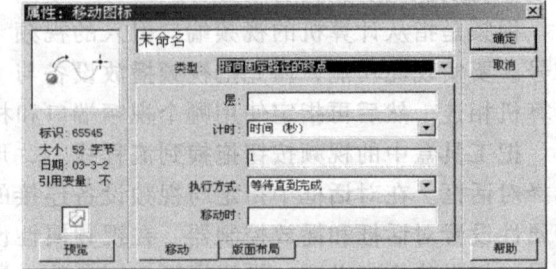

图9-11 移动图标属性设置对话框

5) 确定自由移动路径。选择"版面布局"选项卡。单击窗口中的图形对象（例如一片枫叶），把图形拖拽至终点位置，在原点和终点之间显示一条线段，该线段代表移动的路径。

6) 用鼠标左键按照移动路径的顺序单击画面，移动路径上相继显示"▲"标记。

7) 用鼠标移动标记，线段也随之改变形状。调整好位置的标记变成"△"形态。细心地调整"△"的位置，使路径尽可能圆滑。

8) 用鼠标逐个双击路径线上的"△"标记，使其变成"○"标记，路径变得非常圆滑。

9) 希望删除某个标记时，单击该标记，然后单击"版面布局"选项卡中的"删除"按钮。

10) 单击"预览"按钮，观察对象沿自由路径移动的效果。满意后，单击"确定"按钮。

9.1.7 交互设计

设计和实现交互功能是制作多媒体产品的重要工作，Authorware 软件提供的交互类型包括按钮响应、热区响应、热物体响应、目标区响应、菜单响应、条件判别响应、文本输入响应、时间响应、次数响应等。通过这些响应，能够有效地控制程序的走向、效果和最终结果。

1. 交互性按钮

以图 9-12 为例，创建两个按钮和一个信息显示区。"帮助"按钮用于显示帮助信息，"退出"按钮用于退出窗口。

1) 首先创建窗口。然后把工具盒中的 ▬ 按钮和 ▨ 按钮依次拖拽到流程线上，其形式如图 9-13 所示。

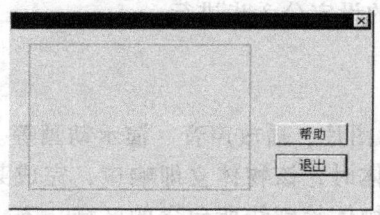

图 9-12 创建按钮和信息显示区

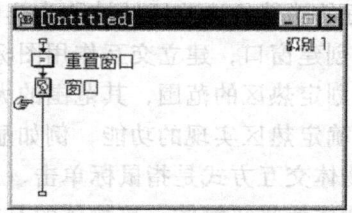

图 9-13 创建的流程

2) 将工具盒中的交互按钮 ? 拖拽至流程线上，然后将其命名为"按钮交互响应"。

3) 把工具盒中的群组按钮 ▦ 拖拽至流程线上，在随后显示的响应类型画面中选择"按钮"类型，单击"确定"按钮。接着，把该流程命名为"帮助"，如图 9-14 所示。

4) 双击图中的响应分支图标"▭"，注意观察，演示窗口中显示一个按钮，响应属性对话框有"按钮"和"响应"两个选项卡。在"按钮"选项卡的第 1 栏中输入名称"帮助"。

5) 定义光标形状。在"按钮"选项卡的底部，单击"光标"输入框右侧的按钮，打开光标图形库，从中选择小手形状的光标，单击"确定"按钮。

6) 定义按钮属性。用鼠标单击响应属性对话框的"响应"选项卡。根据需要设置参数。最后单击"确定"按钮。

7) 创建退出按钮。按照上述方法再创建退出按钮。两个按钮全部创建完成后，其分支流程的形式如图 9-15 所示。

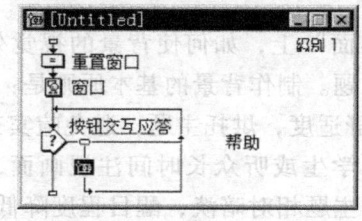

图 9-14 交互响应分支流程

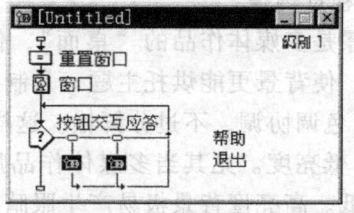

图 9-15 两个按钮的分支流程

8) 设置帮助按钮功能。用鼠标单击"帮助"按钮时，应显示帮助信息，这就是该按钮所具有的功能。

9) 在流程图中双击图标 ▦，显示第 2 层设计窗口。将工具盒中的显示按钮 ▨ 拖拽至窗口的流程线上,命名为"帮助信息"。

10) 制作帮助信息。双击帮助信息显示图标,显示简述窗口和作图工具箱。在作图工具箱中,单击文字输入按钮 A,单击简述窗口内的空白位置,输入文字内容。

11) 设置退出按钮功能。在流程图中双击图标,显示第2层设计窗口。将工具盒中的计算按钮 = 拖拽至窗口流程线上,命名为"退出"。双击第2层设计窗口的"退出"计算图标,在随后的命令编辑窗口中输入"Quit(0)",然后关闭命令编辑窗口。询问是否保存时,选择"是"按钮。

2. 其他交互方式简介

在 Authorware 软件提供的交互方式中,除了按钮交互方式外,还有热区交互方式和热物体交互方式等。热区交互方式是指鼠标单击、双击或移过界面的某个区域时,该区域完成事先设计好的功能,这些区域被称为热区。热区交互方式的设定分3步进行:

1) 创建窗口,建立交互作用图标,确定响应类型。
2) 划定热区的范围,其范围的大小可随意调整。
3) 确定热区实现的功能,例如显示文字内容、展示图片、播放声音、演示动画等。

热物体交互方式是指鼠标单击、双击或移过某个物体时,该物体立即响应,完成某种功能,该物体就是热物体。热物体的有效响应区域可以是物体轮廓线所包含的区域,不一定是矩形。

9.2 PowerPoint 创作工具

PowerPoint 是一个容易掌握、演示效果好、具有简单控制功能的软件,使用该软件制作的多媒体演示作品主要用于国际交流、多媒体教学、报告、广告宣传等领域。

PowerPoint 可以把众多形式的对象组合起来,其中包括文字、剪贴画、图形、图像、动画、音频、视频等,几乎是全部多媒体对象。其控制功能包括:实现演示页之间的转向、顺序翻页,通过用对象制作的按钮,可以访问国际互联网、播放声音、运行 Windows 环境中的应用程序等。

本节着重介绍 PowerPoint 2010 的高级应用、使用技巧等较为深入的内容,读者若希望了解 PowerPoint 软件的基本知识,请参阅有关入门书籍。

9.2.1 背景设计

1. 视觉规律

背景是多媒体作品的"桌面",任何素材都摆在"桌面"上,如何使背景的视觉效果更为舒适,使背景更能烘托主题,是制作背景需要考虑的问题。制作背景的基本原则是:

1) 色调协调,不过分鲜艳。这样有利于保证视觉的舒适度,烘托主题,避免喧宾夺主。
2) 低亮度。尤其当多媒体作品用于教学和讲座时,学生或听众长时间注视画面,亮度更应降低。高亮度背景极易产生眼睛疲劳,并且使表现的主题相对暗淡,醒目程度降低。
3) 如果采用图片作为背景,那么图片必须经过加工和处理,总的视觉效果应符合前两条原则。

2. 背景制作

背景一般采用3种模式:其一,采用单一颜色或颜色过渡;其二,采用 PowerPoint 自带的花纹图案;其三,采用经过加工的图片。

制作步骤：

1）鼠标右键单击页面，选择"设置背景格式"选项，显示"设置背景格式"对话框，如图9-16所示。

2）在画面中选择"渐变填充"选项。

3）根据需要，选择预设颜色、类型、方向、角度等参数。

4）在"渐变光圈"项目中，确定颜色、位置、亮度和透明度。

5）如果将此设置应用到全部演示页中，单击"全部应用"按钮。若只应用于当前页，单击"关闭"按钮。

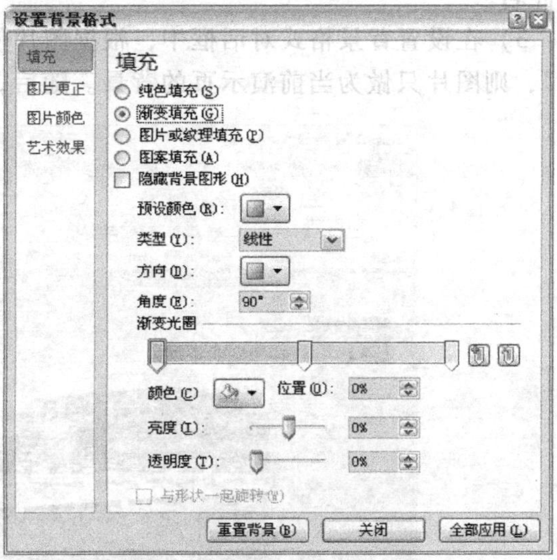

3. 背景图片及设置

背景可以是图片，但为了保持比例和节省存储空间，须事先处理图片。

图9-16 "设置背景格式"对话框

（1）图片处理

图片加工原则是：色调要柔和，颜色要暗，尺寸要标准化，如 800×600 像素、1024×768 像素等。

处理步骤：

1）在 Photoshop CS 中打开一个图像文件。

2）在工具盒中选择 ☐（裁切工具），把图像剪裁成 1024×768 像素大小。

提示：若标尺单位是厘米，选择"编辑/首选项/单位与标尺"菜单，在画面中把"标尺"框内的单位改成"像素"。

3）选择"图像/调整/亮度对比度"菜单，显示调整画面，降低亮度和对比度。

提示：单色图片作背景效果也很好。可选择"图像/调整/去色"菜单，把图像变成黑白的，然后选择"图像/调整/色彩平衡"菜单，做偏色调整。

4）选择"图像/模式/索引颜色"菜单，显示索引颜色设置画面，单击"确定"按钮。

提示：这样做的目的是把图像转换成256色，以减小数据量，提高PowerPoint的运行效率。

5）保存背景图片，选择BMP格式。

（2）设置背景图片

背景图片经过处理后，进入 PowerPoint。

设置步骤：

1）鼠标右键单击页面，选择"设置背景格式"选项。在背景设置对话框中，选择"图片或纹理填充"选项，显示如图9-17。

2）单击"文件"按钮。

在随后的对话框中指定文件路径、图片

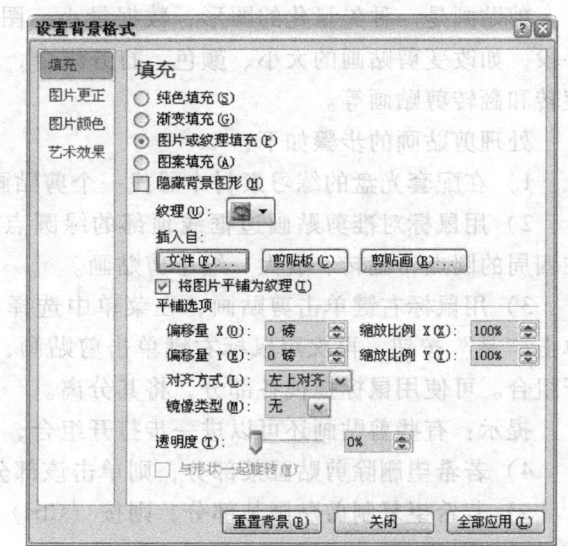

图9-17 "设置背景格式"对话框

文件名。

3）在设置背景格式对话框中，根据图片使用范围选择"全部应用"。如果直接选择"关闭"，则图片只做为当前演示页的背景。随后，图片充斥整个屏幕，如图9-18所示。

图9-18 设置背景图片效果

9.2.2 素材设计

在PowerPoint系统中，除了文字以外，还可以使用剪贴画、图像、动画、视频和音频等多种媒体形式。这些媒体形式作为素材如何调入系统，如何组合，如何编辑，怎样播放等，都是素材设计的内容。

1. 剪贴画应用设计

剪贴画是一种矢量化的图形，数据量小、图案色彩鲜艳、简单易用。剪贴画有多种应用手段，如改变剪贴画的大小、颜色、打开组合，进行拆解，还可以把多个剪贴画组合在一起，旋转和翻转剪贴画等。

处理剪贴画的步骤如下：

1）在配套光盘的练习素材中寻找一个剪贴画，将其插入到编辑画面，如图9-19a所示。

2）用鼠标对准剪贴画边框线顶部的绿圆点，自由旋转剪贴画。也可以用鼠标对准分布在四周的圆点，翻转、放大、缩小剪贴画。

3）用鼠标右键单击剪贴画，在菜单中选择"组合/取消组合"选项，不理会提示信息，单击"是"按钮。再次用鼠标右键单击剪贴画，选择"组合/取消组合"选项，剪贴画被打开组合。可使用鼠标拖拽各部分，将其分离。

提示：有些剪贴画还可以进一步打开组合，可多次重复本操作。

4）若希望删除剪贴画某部分，则单击该部分，按〈Delete〉键删除。

5）若希望复制剪贴画某部分，则按〈Ctrl〉键不松开，鼠标移动该部分。拆解并重新安排后，如图9-19b与图9-19c所示。

6）重新组合剪贴画。在所有需要组合的图形外面，用鼠标画出范围。用鼠标右键单击

图 9-19 重新组合剪贴画
a) 原剪贴画　b) 拆解、复制、翻转并重新组合　c) 拆解、复制、翻转、旋转并重新组合

剪贴画的任意部分（注意：一定要对准，否则操作无效），选择"组合/组合"选项。

2. 图像处理技术

在 PowerPoint 的演示页中使用图像时，除了尺寸可以随意调整以外，还可以翻转、旋转、复制图像，图像的某些部分甚至可以透明，以便和其他图像组合，效果如图 9-20c 所示。

透明处理步骤：

1）原图片如图 9-20a 所示，用图像处理软件把该图片的背景做成单色，如紫色。处理后的图片以 BMP 格式保存。

提示：背景单色要避开图像中使用的颜色，否则在 PowerPoint 中一旦被处理，图像的某些部分将一同变得透明。

2）选择"插入"卡片，单击"图片"按钮，在"插入图片"画面中，把经过处理的图片插入到演示页中。该图片的背景为单色，且不透明，如图 9-20b 所示。

图 9-20　图像局部透明的效果
a) 原图片　b) 背景处理成单一颜色　c) 背景透明效果

3）单击图像，显示图片工具格式卡片。

4）单击"颜色"按钮，显示各种颜色组合。在底部单击 ✏ （设置透明色）按钮，再单

击图片的单色背景，该部分即变得透明，形成图 9-20c 的效果。

3. 动画应用技术

这里的动画是指真正意义上的动画素材，而不是指 PowerPoint 中的动画动作。PowerPoint 能够直接使用 GIF 格式的网页动画。

（1）插入动画

1）选择"插入"卡片，单击"图片"按钮，在"插入图片"画面中，插入一个 GIF 格式的动画。

2）动画被插入到页面之后，与图片处理相同，可改变其尺寸、位置，进行旋转、翻转和复制等操作。

重要提示：

1）GIF 格式的动画只能用在 PowerPoint 2000 或更高版本中，PowerPoint 97 不能使用动画。

2）要想使动画中的某部分透明，设置图像透明的方法不起作用。应使用 GIF Construction Set 等软件设置动画的透明属性。

（2）为动画配音

1）用音频处理软件制作一段声音，或者寻找一段声音。该声音应在内容和时间上与动画相协调。

2）单击演示页上的动画，然后在动画卡片中单击"出现"按钮，这是最简单的效果，当然也可选择其他效果。

3）在动画窗格中，单击动作栏目右侧的箭头，从中选择"效果选项"，如图 9-21 所示。随后显示声音设置画面，如图 9-22 所示。单击"声音"选择框，选择最后一项"其他声音"。然后指定路径和声音文件，单击"确定"按钮。

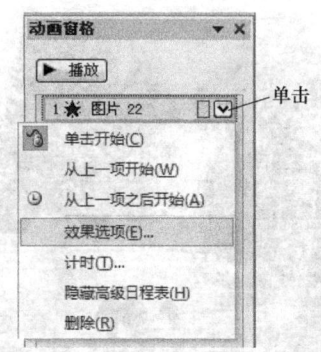

图 9-21　选择"效果选项"

图 9-22　声音设置画面

4. 视频应用技术

多种格式的视频文件可以应用在 PowerPoint 中，如 AVI、MPG、MPEG、WMV、ASF、DVR 等格式。

应用步骤：

1）选择"插入"卡片，在右端选择"视频"，在"插入视频文件"画面中，指定一种格式的视频文件。

2）根据需要，单击"动画"卡片，设置一个动画动作，如"单击时播放"。

5. 音频高级应用技术

演示页中的音频通常采用选择"插入"卡片，单击"音频"按钮（最右端），然后插入文件。声音在下一个动作发生或翻页时立即停止。

为了使声音连续播放，在需要声音的页面中，如图 9-23 所示，单击"切换"卡片，在右侧"声音"选择框中，从菜单中选择"其他声音"选项，指定路径和文件名，打开声音文件。

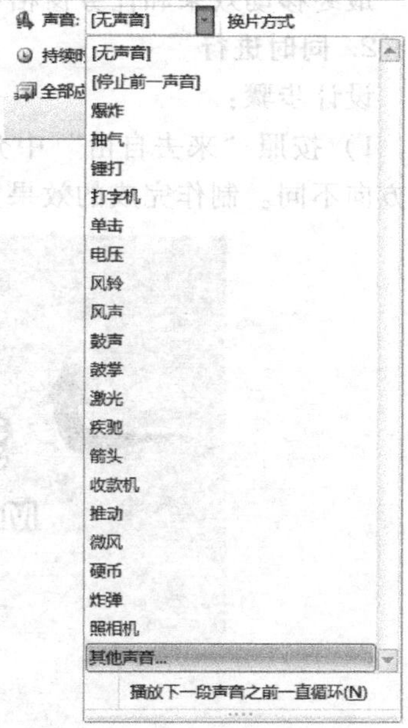

提示：此法不受动作和翻页的影响，连续播放声音，直至声音文件结束。常用于制作自动演示文稿中持续不断的背景音乐。不论是删除声音文件，还是修改文件名，都不会影响演示页中声音的播放。

9.2.3 动作动画设计

在 PowerPoint 中，"动画"是指页面中对象的移动模式，而不是真正意义上的动画。为了以示区别，这里把对象的移动模式暂且叫做"动作动画"。

动作动画的高级应用是来、去兼而有之，最常见的动作动画模式是有来无去，即所有对象都是以五花八门的模式进入演示页的。PowerPoint 2010 系统可以设置对象离开演示页的更多模式，并且各种动作可以同时进行，这极大地丰富了动作动画的效果。

图 9-23　选择"效果选项"

1. 来去自由

设计步骤：

1）在演示页中输入两行艺术字，如图 9-24 所示。

2）单击第一行字，在动画窗格中选择"自定义动画"功能。单击"添加效果"按钮，选择"进入/飞入"。

3）在"开始"框内选择"之后"模式；在"方向"选择框中选择"自左侧"；在"速度"框内选择"非常慢"。

4）单击"添加效果"按钮，选择"退出/飞出"。

5）在"开始"框内选择"之后"模式；在"方向"选择框中选择"到顶部"；在"速度"框内选择"非常慢"。

图 9-24　演示页中的艺术字

图 9-25　艺术字移动效果和参数设置

最终移动效果和任务窗格中对应的参数设置见图 9-25。

2. 同时进行

设计步骤：

1）按照"来去自由"中介绍的方法为图 9-25 中的英文设置移动效果，只是飞入和飞出的方向不同。制作完成的效果如图 9-26a 所示，参数如图 9-26b 所示。

图 9-26　同时移动效果和参数设置

a）同时移动效果　b）设置"上一动画之后"动作　c）设置"与上一动画同时"动作

2）在动画窗格中，把第三行的动作条 ![MULTIME...] 拖拽至第二行，并将该行对应的"开始"选择框内容改成"与上一动画同时"。

3）单击最后一行的动作条，也把该行对应的"开始"选择框内容改成"与上一动画同时"。

步骤 2）和步骤 3）进行完后的任务窗格如图 9-26c 所示。最终效果可参照配套光盘中的示例，路径为"练习素材 \ 演示文稿示例 \ 示例 1_动作动画 .pps"。

9.2.4　翻页与时间控制技术

一般的翻页形式是每单击一次鼠标或按一下键，演示文稿翻一页，这种形式适用于教学和讲座。而在图片欣赏、课间音乐、广告播放、产品展示等领域，通常采用无需人为干预的自动翻页形式。并且，每页的停留时间可根据内容的需要自由确定，还能循环播放。

1. 自动翻页与时间控制

实施步骤：

1）选择"切换"卡片。单击某个切换效果按钮，如"淡出"。

2）在"换片方式"中的"设置自动换片时间"输入框，按照"分：秒 . × ×"格式指定时间，如 00：05.00（0 分 5 秒 00）。则当前演示页停留 5 秒 00，然后自动翻至下一页。

设置完毕的界面如图 9-27 所示。

图 9-27　幻灯片切换界面

2. 循环播放

1) 在任意演示页中，选择"幻灯片放映"卡片，单击"设置幻灯片放映"按钮，显示如图 9-28 所示的"设置放映方式"对话框。

2) 单击"循环放映，按 Esc 键终止"选项，使其有效。单击"确定"按钮结束设置。

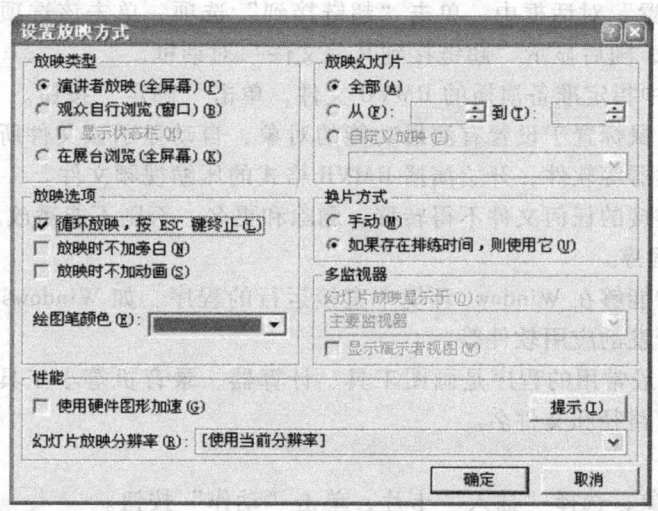

图 9-28 "设置幻灯片放映"对话框

9.2.5 交互设计

PowerPoint 具有很多交互功能，利用演示页中的任何对象，均可完成跳转页面、终止演播、播放 RMVB 压缩视频文件等其他文件、运行指定的程序、访问国际互联网等功能。

重要提示：经过组合的对象不能设置任何交互功能。

1. 跳转页面与终止演播

设置步骤：

1) 鼠标单击任意一个对象，选择"插入"卡片。单击"动作"按钮。

2) 在对话框中，单击"超链接到"选项，单击其下的列表框，从中选择"幻灯片"。如图 9-29 所示。随后显示超链接到幻灯片对话框。

3) 在该对话框中指定跳转的目的幻灯片，单击"确定"按钮。

提示：若希望终止演示，在图 9-29 的"超链接到"对话框内选择"结束放映"。那么，该对象就具有了终止演播的控制功能。

跳转页面效果可参照配套光盘中的示例，路径为"练习素材\演示文稿示例\示例 2_交互作用.pps"。

2. 演播 RMVB 压缩视频

RMVB 格式的压缩视频文件很盛行，可以通过互联网传播和观赏。如果把 RMVB 文件置

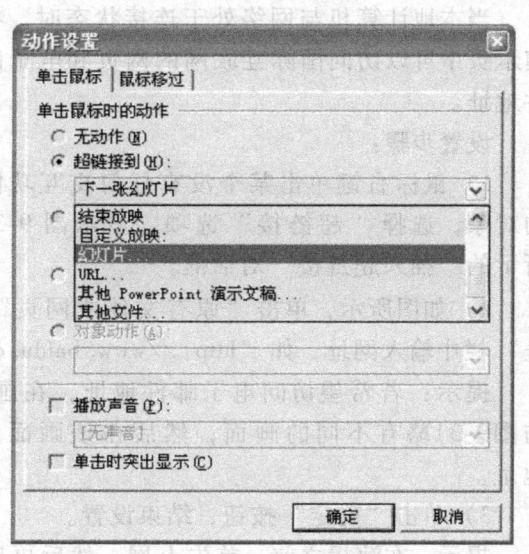

图 9-29 "动作设置"对话框

于本地硬盘中，系统中又具备射手播放器一类播放软件的话，则可通过 PowerPoint 链接到该文件，从而进行播放。

设置步骤：

1）鼠标单击任意一个对象，选择"插入"卡片，单击"动作"按钮。

2）在"动作设置"对话框中，单击"超链接到"选项，单击该选项下面的列表框，从中选择"其他文件"，随后显示"超链接到其他文件"对话框。

3）在该对话框中指定准备演播的 RMVB 文件，单击"确定"按钮。

进入演示状态，鼠标置于设置有演播功能的对象，自动显示该文件所在的路径。单击该对象，打开射手播放器等软件，开始演播 RMVB 格式的压缩视频文件。

重要提示：超链接的任何文件不得转移、删除和更名，否则不能播放。

3. 运行指定的程序

这里的程序是指能够在 Windows 环境中直接运行的程序。如 Windows 的系统工具、应用软件，以及第三方开发的应用软件等。

在 PowerPoint 中最常用的程序是画图工具、计算器、录音机等小工具。当然，必须知道这些工具软件存放的路径和文件名。

设置步骤：

1）鼠标单击对象，选择"插入"卡片，单击"动作"按钮。

2）在对话框中单击"运行程序"选项，再单击右侧的"浏览"按钮，显示"选择一个应用程序"画面。在该画面中指定一个应用程序，如 Windows 自带的计算器工具，该工具的径为：C：\ Windows \ system32 \ calc.exe。

单击"确定"按钮，如图 9-30 所示。

提示：单击设置完毕的对象时，Windows 系统会提出警告，单击"是"按钮，运行程序。

4. 访问国际互联网

当本地计算机与网络处于连接状态时，在演示页中可以访问国际互联网的网页和电子邮件地址。

设置步骤：

1）鼠标右键单击某个没有任何交互功能的对象，选择"超链接"选项，显示图 9-31 所示的"插入超链接"对话框。

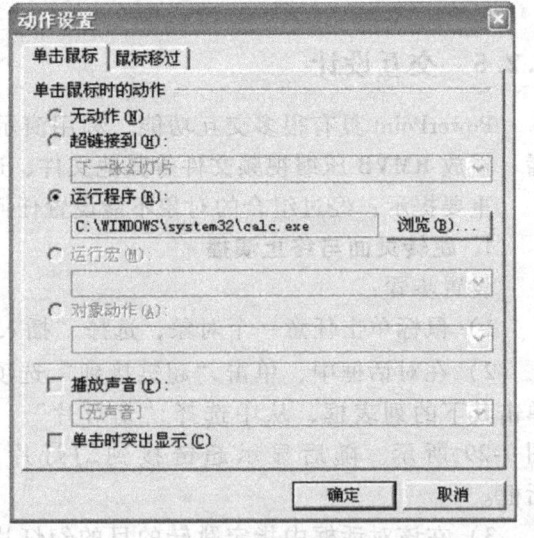

图 9-30 "动作设置"对话框

2）如图所示，单击"原有文件或网页"选项和"当前文件"选项，并在底部的"地址"栏中输入网址，如"http：//www.baidu.com"，这是著名的中文搜索引擎网址。

提示：若希望访问电子邮件地址，在画面的底部单击"电子邮件地址"选项，显示与图9-31略有不同的画面，然后在该画面中的"电子邮件地址"栏中输入准确的邮件地址。

3）单击"确定"按钮，结束设置。

提示：在演播之前，首先上网。然后再启动演示文稿，单击对象，链接到指定网站上。若想取消访问互联网的功能，则鼠标右键单击对象，在菜单中选择"删除超链接"选项。

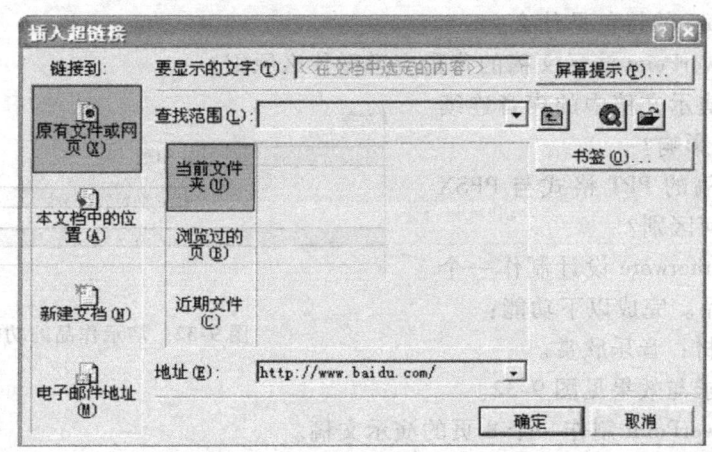

图 9-31 "插入超链接"对话框

9.2.6 播放模式

为了使 PowerPoint 演示文稿能够被其他软件（如本书第 10 章将要介绍的 AutoPlay Menu Studio 软件）调用，或者在使用演示文稿时，能够直接启动，需要对 PowerPoint 演示文稿的播放模式进行设置。

1. 结束模式的设置

PowerPoint 演示文稿的默认结束模式是：最后一个演示页结束后，不立即停止演播，而是显示黑色画面，并提示"放映结束，单击鼠标退出"。修改该模式的方法是：

1）选择"文件/选项"菜单，显示"PowerPoint 选项"对话框。

2）在"对话框"中单击"高级"选项，滚动到底部，单击"以黑幻灯片结束"选项，使其失效。

3）单击"确定"按钮。

修改模式后，最后一个演示页结束后，不显示黑幻灯片立即退出。

2. 播放模式的设置

PowerPoint 演示文稿的播放模式分"进入编辑"和"直接演播"两种，其播放模式与文件格式有关。当采用默认的 PPTX 格式保存演示文稿时，双击文件名时，进入编辑状态；若使用 PPSX 格式保存演示文稿，则在双击该文件名时，将直接演播。

设置步骤：

1）保存演示文稿时，选择"文件/另存为"菜单，显示"另存为"对话框。

2）在对话框中单击"保存类型"列表框，从中选择"PowerPoint 放映（*.ppsx）"选项，随后命名文件名，单击"保存"按钮。此时，演示文稿被保存成 PPSX 格式。

提示：在 PowerPoint 2010 版本中，可直接把 PPT 文件的扩展名".ppt"改成".ppsx"，效果相同。而在 PowerPoint 2010 版本中，不能直接修改 PPTX 文件的扩展名，必须在保存时选择 PPSX 文件格式。编辑 PPSX 格式的演示文稿时，应先启动 PowerPoint 系统，然后选择"文件/打开"菜单，打开该格式文件即可。

习题九

9.1 什么是多媒体平台软件？

9.2 Authorware 的特色是什么？

9.3 制作 PowerPoint 演示文稿的背景应遵循什么原则？

9.4 怎样使演示文稿中的声音连续播放而不受翻页的影响？

9.5 演示文稿的 PPT 格式与 PPSX 格式有何区别？

9.6 利用 Authorware 设计制作一个演示作品。完成以下功能：
(1) 题材：音乐欣赏。
(2) 要求与效果见图 9-32。

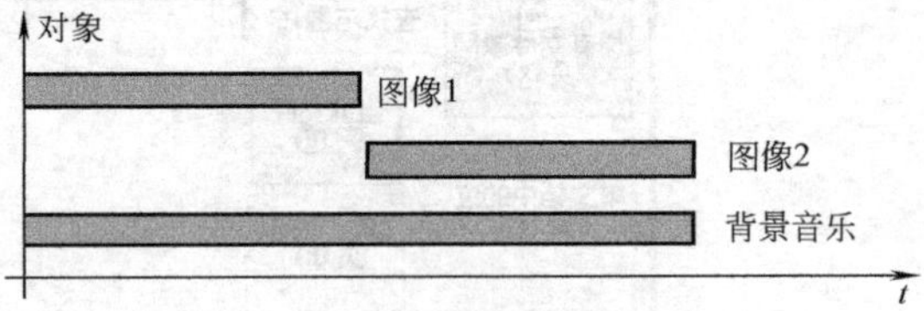

图 9-32 演示作品的功能

9.7 利用 PowerPoint 制作一个 8 页的演示文稿。
(1) 题材：专业与个人专长介绍。
(2) 要求：
 1) 自动翻页，每页停留时间根据内容自由确定。
 2) 背景音乐必须贯穿整个演示过程，并和演示页的演播同时结束。
 3) 动画、图片应采用原创作品或经过加工的作品。
 4) 具体要求见表 9-1。

表 9-1 演示文稿要求

演示页	页面内容	素材		翻页模式
1	欢迎画面。即标题、班级、姓名、日期	文字、图片、启动背景音乐	背景音乐	自动
2	简历。个人信息	文字、照片		自动
3	学校、专业介绍	图片、剪贴画、文字		自动
4	个人专长介绍（一）	图片、动画、文字		自动
5	个人专长介绍（二）	图片、文字		自动
6	个人专长介绍（三）	图片、文字		自动
7	个人专长介绍（四）	图片、文字		自动
8	结束画面。寄语，结束语等	图片、文字		自动

第10章 多媒体光盘制作技术

多媒体作品通常保存在某种介质（如硬盘、优盘、光盘等）中。由于光盘容量适中、成本低、性能可靠、便于携带，因而被广泛地使用。本章将介绍光盘制作技术、图标制作技术，并阐述如何编写使用说明书、技术说明书，以及设计包装。

10.1 基本概念

光盘制作是多媒体制作技术的最后一步，要考虑数据的分类整理、数据存储介质的选择和制作、自动启动文件的运行等技术性问题，还要考虑编写使用说明书、技术说明书，以及包装设计，这样，多媒体作品才能真正完成。本节将向读者介绍什么是多媒体光盘，多媒体光盘包含哪些元素等内容。

10.1.1 什么是多媒体光盘

多媒体光盘是多媒体数据和平台的载体，是提供自动启动、菜单选择、链接应用程序、访问互联网等多种功能的便携式综合平台。

在制作多媒体光盘时，要充分考虑如下问题：
1) 多种媒体数据之间的协调性、通用性。
2) 数据量是保证光盘运行效率和稳定性的重要条件。
3) 光盘界面的功能设置、可操作性、友好性。
4) 专业化的技术说明、使用说明和美观的外包装。

简而言之，多媒体光盘要体现可靠、友好的特点，以及具有一定的专业水准。

10.1.2 多媒体光盘的元素

多媒体光盘中，包括了媒体数据、平台软件、图标文件、自动启动文件、系统说明、服务信息、外包装等多种元素。

1. 媒体数据

每一种媒体都有自己独特的数据格式和特点，根据数据的特点和应用场合适当地整理数据，是提高数据使用效率和存储效率的重要一环。在实际制作多媒体作品过程中，由于采用的工具软件存在差异，因而采用的数据格式也有所不同。但是，在数据格式上，优先权最大的是多媒体平台软件，所有媒体数据必须采用多媒体平台软件能够接受的文件格式，否则多媒体作品无法完成。

整理数据和文件夹的规则如下：
1) 按照程序、文件、数据、信息等类别建立一批文件夹。
2) 程序、工具软件、多媒体应用平台软件所产生的文件放在主文件夹中。
3) 程序中用到的数据、控制参数、常数，以及函数子程序放在数据文件夹中。
4) 媒体文件分别放在各自的文件夹中，例如存放动画的文件夹、存放声音的文件夹、存放图像的文件夹等。

5) 各种说明和帮助信息，例如使用说明书、技术说明书、帮助信息、版权信息、网络登记注册等存放在独立的文件夹中。

6) 程序中生成的临时文件和信息要保存在特定的文件夹中。

数据整理的一般形式如图 10-1 所示。

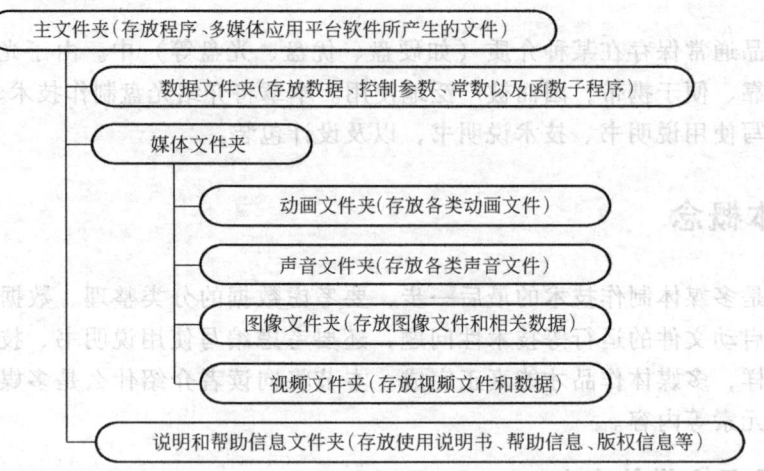

图 10-1 数据整理的一般形式

为文件夹和文件命名时，应遵循以下原则：

1) 名字不宜过长，最好采用 8.3 命名法则。即：名字基本部分由不超过 8 个半角字母或数字组成，扩展部分由 1 个点和 3 个半角字母或数字组成。

2) 因为多媒体数据种类繁多，支持系统也五花八门，再加上某些光盘刻录程序和英文版程序不识别中文名，因此文件和文件夹最好用英文命名。

3) 各种媒体制作软件自动生成的文件扩展名不可随意更改，否则将无法运行这些文件。

2．平台软件

多媒体平台软件的种类很多，有些需要打包后，才能存放于光盘；有些可直接复制到光盘中。但还有一部分多媒体平台软件无法存放于光盘中，需要额外的系统支持。

3．图标文件

图标文件用于描述小尺寸的图形，专门用于保存光盘图标或系统图标，采用 ICO 格式。多媒体光盘若需要具有个性化的图标，可以利用图标制作软件设计和制作图标，然后保存在光盘上，并在自动启动文件中进行说明。这样，在启动多媒体光盘后，利用资源管理器就能看到该光盘的个性化图标。

4．自动启动文件

多媒体光盘中的自动启动文件由专用软件生成，避免了编制程序的繁琐。自动启动文件由一组文件组成，其作用是：当光盘插入光盘驱动器后，引导 Windows 系统识别并运行多媒体光盘，并通知系统多媒体光盘使用的图标。

5．系统说明与服务信息

作为一个完整的多媒体光盘系统，技术说明、使用说明与服务信息是必不可少的。如果该光盘系统作为商品出售，则各种说明和服务信息更要齐备，不能掉以轻心。多数的说明和服务信息都是文档，可在光盘系统中进行阅读，甚至还可以提供打印服务功能。

6．外包装

多媒体光盘的外包装有两个作用。其一，提供多媒体光盘的各种信息，如光盘标题、内容提要、应用领域、特点、开发者信息等；其二，保护光盘，便于携带。外包装须运用平面设计原理和用户心理学进行设计，不仅美观、信息准确，而且坚固、不易破损。

10.2 光盘自动启动系统

读者使用商品光盘时，都有这样的经历：把光盘插入驱动器后，计算机会自动启动一个美观的界面，在该界面上，可以选择该光盘提供的各种功能，操作起来极为方便。这就是光盘自动启动系统所起的作用。该系统由一组自动启动文件构成，借助专门的工具软件生成，其制作方法即使对编制程序比较陌生的读者也能够轻松掌握。

10.2.1 自动启动原理

光盘自动启动原理参见图 10-2。

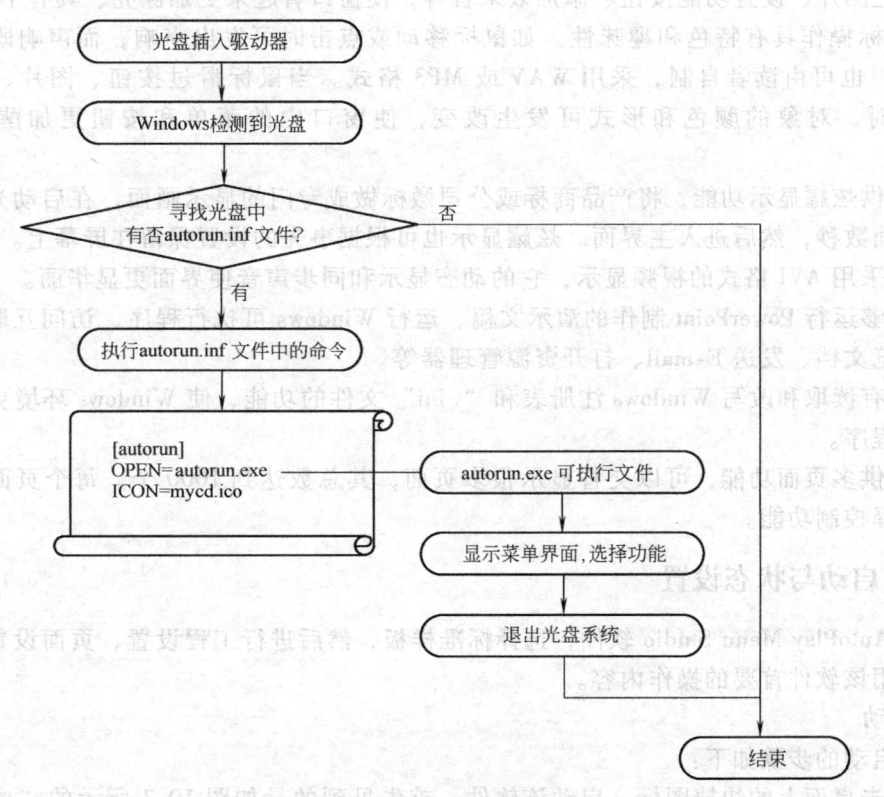

图 10-2 光盘自动启动原理

当光盘插入驱动器后，驱动器发出信号，通知 Windows 系统驱动器中有光盘。随后 Windows 系统寻找光盘中有否 autorun.inf 文件，该文件提供自动启动信息，是光盘自动启动的关键文件。

若光盘中无 autorun.inf 文件，结束启动过程，Windows 系统不再理会光盘。

若 Windows 系统发现光盘中有 autorun.inf 文件，则执行该文件中的命令。

autorun.inf 文件的首行"[autorun]"是说明行，说明此后的命令均为自动启动命令。

autorun.inf 文件的第 2 行"OPEN = autorun.exe"是命令行，其作用是：通知系统执行光盘中名为"autorun.exe"的文件。autorun.exe 文件是核心文件，提供光盘自动启动后的界面和各种选择功能，当选择了退出功能后，则退出光盘启动系统。

autorun. inf 文件的第 3 行是"ICON = mycd. ico"，其作用是通知 Windows 系统：本光盘使用"mycd. ico"图标文件提供的图标。

10.2.2 工具软件简介

通过了解光盘自动启动原理，可知自动启动的关键是一组自动启动文件。这组文件是：autorun. exe、autorun. inf、autorun. apm 和 Data 文件夹。前两个文件已作过简单介绍；autorun. apm 是辅助文件；Data 文件夹用于存放 autorun. exe 文件使用的所有相关数据。

AutoPlay Menu Studio 是制作光盘自动启动文件的工具软件，可生成上述的一组自动启动文件。该软件由 Indigo Rose Software 公司开发，运行在 WindowsXT，Windows 7 系统中。

软件具有如下特点：

1）适合多媒体光盘的制作，界面具有 Windows 的明显特征，并可根据个人爱好，在窗口背景中贴上图片、设置功能按钮、添加效果音等，使窗口看起来更加漂亮、具有个性化。

2）鼠标操作具有特色和趣味性。如鼠标移动或点击时可发出声响，而声响既可用该软件自带的，也可由读者自制，采用 WAV 或 MP3 格式。当鼠标滑过按钮、图片、文字或是其他对象时，对象的颜色和形式可发生改变，使窗口内的菜单和按钮更加醒目和富于变化。

3）提供炫耀显示功能，将产品商标或公司徽标做成专门的显示画面，在启动光盘时，先显示该画面数秒，然后进入主界面。炫耀显示也可根据事先的设置保留在屏幕上。

4）可采用 AVI 格式的视频显示，它的动态显示和同步声音使界面更显华丽。

5）能够运行 PowerPoint 制作的演示文稿、运行 Windows 可执行程序、访问互联网、打印文件、浏览文档、发送 E-mail、打开资源管理器等。

6）具有读取和改写 Windows 注册表和". ini"文件的功能，使 Windows 环境更加适合运行多媒体程序。

7）提供多页面功能，可以交替显示很多页面，其总数达到 1000 个。每个页面可以安排独立的选择控制功能。

10.2.3 启动与状态设置

启动 AutoPlay Menu Studio 软件，选择标准样板，然后进行工程设置、页面设置等状态设置，是使用该软件首要的操作内容。

1. 启动

设置启动的步骤如下：

1）双击桌面上的快捷图标，启动该软件。首先见到的是如图 10-3 所示的"欢迎"对话框。在该对话框中，单击"创建一个新的工程"图标，显示图 10-4 所示的"工程样板库"对话框。

2）在"工程样板库"对话框中选择一种样板。对话框左侧排列着 6 个标准化的样板，除了"空白工程"样板以外，其余样板都有其固定的模式。选择标准化样板，可以减少创建工程的工作量，但缺乏灵活性和个性。

提示：建议选择"空白工程"样板，这样可以从无到有、循序渐进地逐步熟悉和掌握该软件的使用方法，并制作出有特色的工程。

单击"空白工程"图标，单击"确定"按钮，显示图 10-5 所示的主界面。

图10-3 "欢迎"对话框

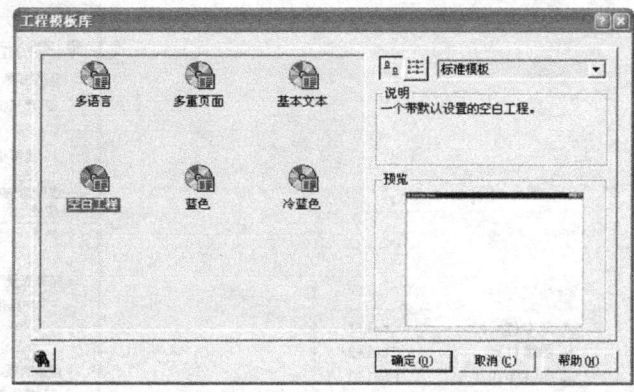

图10-4 "工程样板库"对话框

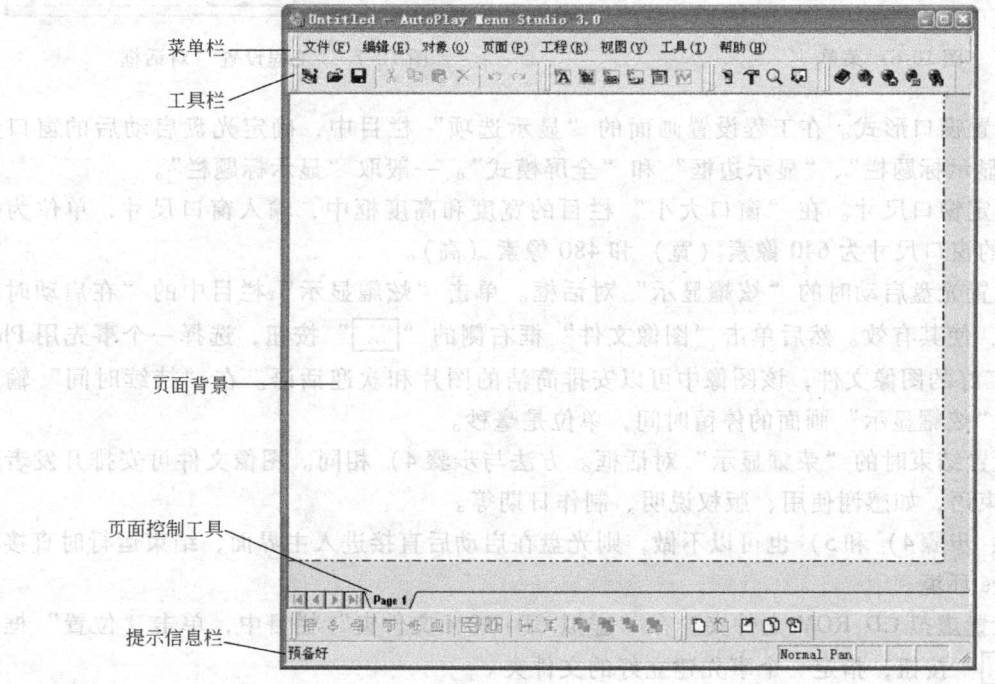

图10-5 主界面

主界面的顶部是菜单栏,其下是工具栏,提供各种编辑功能。页面背景是光盘自动启动后的主界面,其中可以安排图片、图形按钮、文字等各种对象,并为其附加控制功能。底部的页面控制工具用于添加、删除、复制页面,每个页面都可提供控制功能,页面之间可跳转。信息提示栏用于显示编辑工具按钮的功能、操作提示、菜单选项的作用等信息。

2. 工程与页面设置

工程设置主要解决页面尺寸、光盘启动的显示状态、虚拟文件夹、指定光盘使用的图标等问题。而页面设置则指定窗口界面的名称、背景颜色、图片背景设置等。

工程设置的步骤如下:

1)鼠标右键单击窗口背景,显示图10-6所示的菜单,选择"工程设置"选项,显示图10-7所示的"工程设置"对话框。

207

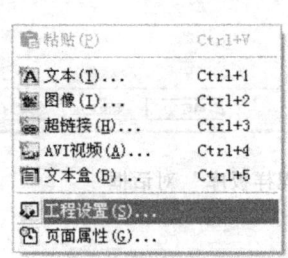

图 10-6 菜单

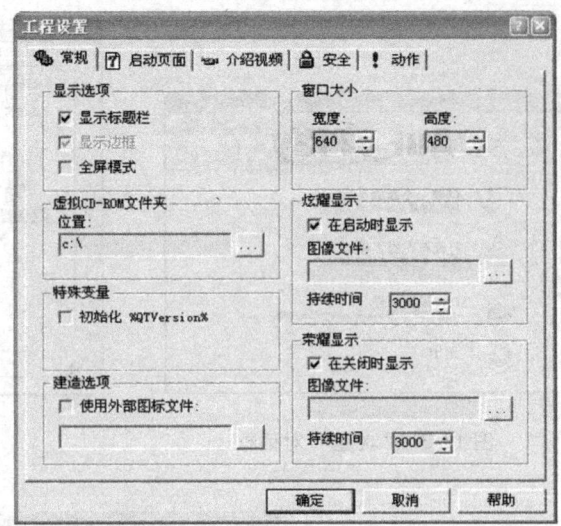

图 10-7 "工程设置"对话框

2）设置窗口形式。在工程设置画面的"显示选项"栏目中，确定光盘启动后的窗口形式，如"显示标题栏"、"显示边框"和"全屏模式"。一般取"显示标题栏"。

3）确定窗口尺寸。在"窗口大小"栏目的宽度和高度框中，输入窗口尺寸，单位为像素。默认的窗口尺寸为 640 像素（宽）和 480 像素（高）。

4）设置光盘启动时的"炫耀显示"对话框。单击"炫耀显示"栏目中的"在启动时显示"选项，使其有效。然后单击"图像文件"框右侧的"……"按钮，选择一个事先用 Photoshop 加工好的图像文件，该图像中可以安排简洁的图片和欢迎话语。在"持续时间"输入框中输入"炫耀显示"画面的停留时间，单位是毫秒。

5）设置结束时的"荣耀显示"对话框。方法与步骤4）相同。图像文件可安排开发者的标记和结束语，如感谢使用、版权说明、制作日期等。

提示：步骤4）和5）也可以不做，则光盘在启动后直接进入主界面，结束运行时直接返回 Windows 环境。

6）设置虚拟 CD-ROM 文件夹。在"虚拟 CD-ROM 文件夹"栏目中，单击"位置"框右侧的"……"按钮，指定一个事先建立好的文件夹。

提示：虚拟 CD-ROM 文件夹实际上是一个普通的文件夹，由于要把演示文稿、图片、声音等多媒体素材等所有内容存放于其中，而 AutoPlay Menu Studio 软件则把该文件夹作为 CD-ROM 光盘（虚拟 CD-ROM）进行处理，故此得名。

虚拟 CD-ROM 文件夹的全部内容最终将被刻录到激光盘上，可给文件夹命名"my_cd"。

重要提示：虚拟 CD-ROM 文件夹只有在调试状态下有效，一旦生成了最终的自动识别光盘程序，该设置自动失效。

7）设置页面名称。窗口中的内容以页为单位，每个页面都有一个名称，显示在窗口标题栏中。鼠标右键单击页面，在菜单中选择"页面属性"选项。随后显示图 10-8 所示的"页面属性"对话框。在底部的"标题"框中输入页面名称，如"教学事例"。

8）设置页面背景。在"页面属性"对话框中，单击"类型"下面的选择框，从中选择"单色"或"过渡色"，然后再单击"前景"或"背景"框，选择颜色。若选择了"过渡色"，则页面背景色从前景过渡到背景，形成渐变色。

在"类型"选择框中选择"位图图像-正常"时,在"标准面板图像文件"框右侧单击"…"按钮,指定一个事先做好的图像文件作为背景。

提示:用作背景的图片最好采用256色或更少的颜色,以便减少数据量,提高运行效率。

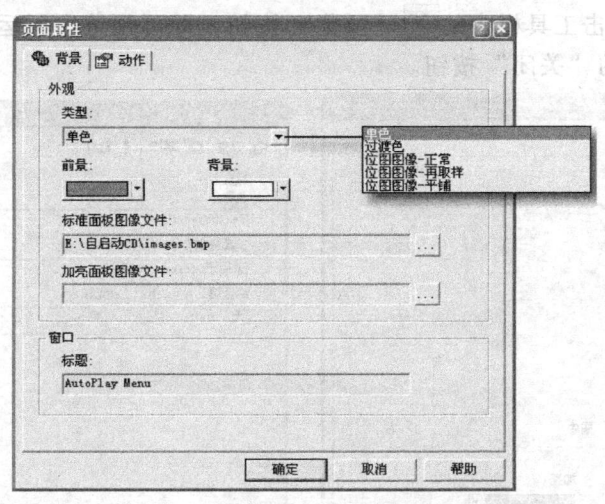

图10-8 "页面属性"对话框

10.2.4 对象设置

页面中可以使用多种对象,并赋予其控制功能。对象包括文字、图像、视频等。就功能而言,可以通过对象打开PPS格式的演示文稿、资源管理器、访问互联网等。

1. 文字设置

文字设置的步骤如下:

1)鼠标右键单击页面,在菜单中选择"文本"选项。显示图10-9所示的"文本对象属性"对话框,当前为"设置"选项卡。

2)输入文字,如"多媒体技术教学系统"。键盘上的〈BackSpace〉键或〈Delete〉键可删除文字。

3)单击"选择字体"按钮,显示"字体"对话框。在对话框中选择字体、字形和大小,单击"确定"按钮,返回图10-9所示的对话框。

4)在图10-9所示的对话框中选择对齐方式。选择"左"、"居中"、"右"中的一种。

提示:对齐方式只在文字的文本框内起作用,并不是在整个页面中对齐。

5)选择文字的颜色。文字"标准"色是正常显示颜色;"加亮"是鼠标滑过时文字的颜色。变换颜色的文字具有强烈的提示性,丰富了文字的表现力。

6)设置文字的工具提示文本。单击图10-9对话框中的"属性"选项卡,显示图10-10所示的"文本对象属性"对话框。在"工具提示文本"框内输入文字,如"适用于Office 2003系统"。

提示:工具提示文本是Windows系统中常见的现象,当鼠标移动到文字或按钮上并停留片刻时,会在鼠标位置显示文字提示,这就是工具提示文本。

7)设置文字的光标形式。单击"光标"框右侧的"▼"按钮,在一组光标形态中选择一种,如"手"。

提示:文字的光标形式是指鼠标处在文字位置时所显示的光标形式。光标在非文字区域显示"⇖",而当鼠标接触文字时,则变成手形。

提示:修改已经输入的文字时,鼠标右键单击文本框,选择"对象属性"选项,显示图 10-9 所示的"文本对象属性"对话框,可继续进行编辑。

8)预览效果。单击工具栏中的 ▣ (预览) 按钮,即可预览实际运行的效果。退出预览时,单击窗口右上角的"关闭"按钮。

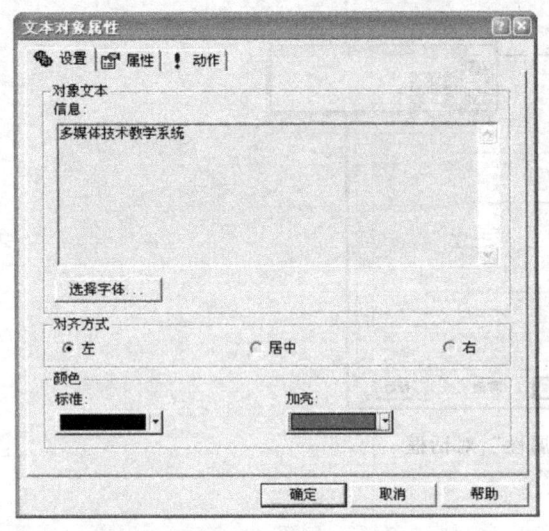 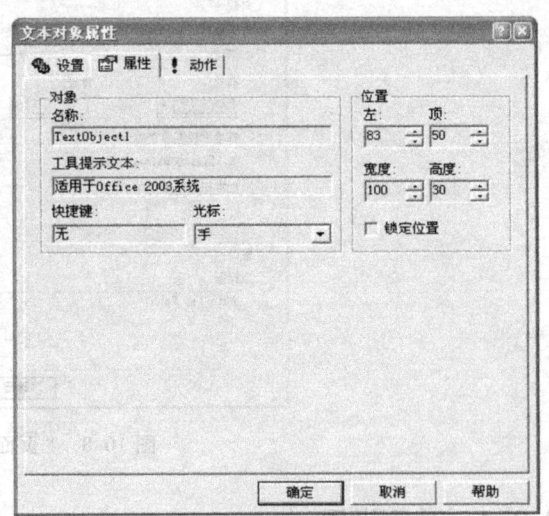

图 10-9 "文本对象属性"对话框(一)　　　　图 10-10 "文本对象属性"对话框(二)

2. 图像设置

利用图像设置可制作各种图形按钮。为了表现按钮的动态效果,图像应成对制作,如图 10-11 所示。图像的格式可以是 BMP、JPG、PCX、TIF 等,颜色数量不宜过多。

图 10-11 成对的按钮图像

图像设置的步骤如下:

1)鼠标右键单击页面,在菜单中选择"图像"选项,显示图 10-12 所示的"图像对象属性"对话框。分别单击"正常图像"和"加亮图像"框右侧的"…"按钮,选择图 10-11 所示的一对图像。

2)需要图像背景透明时,单击"透明背景"选项,使其有效。单击右侧"透明颜色"按钮,再单击图片中需要透明的部分。

3)鼠标形态设置。在图 10-12 所示的对话框中单击"属性"选项卡,显示"图像对象属性"对话框,与图 10-10 类似,设置方法也与文字类似。

提示:AutoPlay Menu Studio 软件有一些现成的按钮,可到 C:\ Program Files \ AutoPlay Menu Studio 3.0 \ Media Library \ Buttons \ Balls 文件夹中寻找。

3. 视频设置

视频影像经常被应用于界面中,鲜活的动态影像具有说服力,效果也非常好。但由于视频影像的数据量很大,因此使用之前要进行加工和剪辑,以便减少数据量,提高运行效率。

视频设置的步骤如下:

1)鼠标右键单击页面,在菜单中选择"AVI 视频"选项。随后显示图 10-13 所示的"AVI 视频对象属性"对话框。在对话框中,单击"文件名称"框右侧的"…"按钮,在选

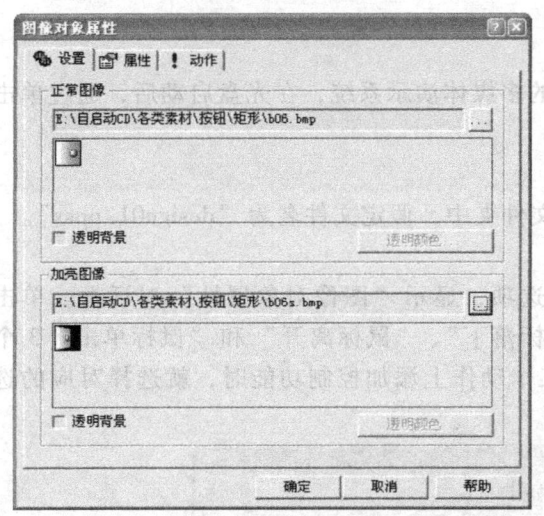
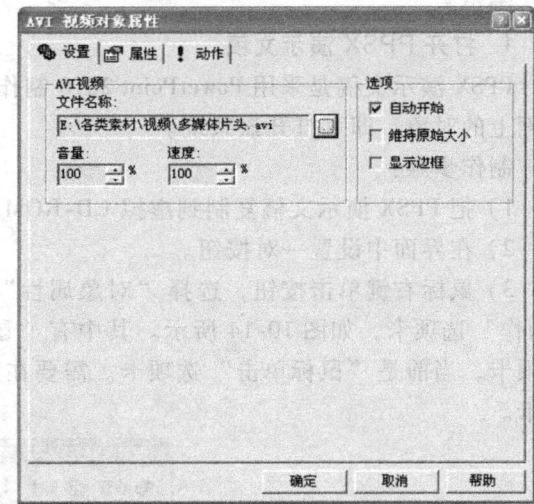

图 10-12 "图像对象属性"对话框　　　　图 10-13 "AVI 视频对象属性"对话框

择 AVI 文件对话框中指定文件夹和 AVI 格式的视频文件。

2) 如果认为有必要,可以改变播放 AVI 视频文件时的音量和速度,只要在各自的输入框中输入百分比数值即可。

3) 根据需要,选择"自动开始"、"维持原始大小"和"显示边框"选项。

提示:若选择了"自动开始",则当程序进入运行状态后立即演播视频,反之亦然。

4. 删除与复制对象

删除对象的步骤如下:

鼠标右键单击欲删除的对象,在菜单中选择"删除"选项。也可以用鼠标左键单击对象,然后按键盘上的〈Delete〉键。

复制对象的步骤如下:

1) 单击对象,单击工具栏中的 ![] (复制)按钮,将对象存入剪贴板。

2) 单击工具栏中的 ![] (粘贴)按钮,将剪贴板中的对象粘贴到页面上。

提示:可以使用 Windows 通用的键盘操作,如〈Ctrl〉+〈C〉键用于复制;〈Ctrl〉+〈V〉键用于粘贴。

10.2.5 控制功能设置

在实现控制功能时,有 3 种鼠标动作:

1) 鼠标单击——用鼠标左键单击对象的有效区域。

2) 鼠标落下——把鼠标移进对象的有效区域。

3) 鼠标离开——把鼠标移出对象的有效区域。

提示:对于某个对象而言,3 种鼠标动作可以单独设置,也可以同时设置。

各种对象都可以设置控制功能,其设置方法完全相同。主要的控制功能包括:

1) 播放音频——播放 WAV 格式和 MP3 格式的音频文件、停止播放音频。

2) 生成对话框——显示提示信息、提示条件判断、提示输入密码。

3) 执行程序——执行 Windows 程序、打开 PPSX 演示文稿、资源管理器、访问互联网。

4) 页面控制——跳转页面、隐藏对象、显示对象。

5) 窗口控制——关闭、还原、最小化和刷新窗口。

等等。

1. 打开 PPSX 演示文稿

PPSX 演示文稿是采用 PowerPoint 2010 制作的多媒体演示系统，在光盘启动后，通过单击界面上的对象，即可打开该系统。

制作步骤：

1）把 PPSX 演示文稿复制到虚拟 CD-ROM 文件夹中，假定文件名为"design01.ppsx"。

2）在界面中设置一对按钮。

3）鼠标右键单击按钮，选择"对象属性"选项，显示"图像对象属性"对话框。单击"动作"选项卡，如图 10-14 所示。其中有"鼠标落下"、"鼠标离开"和"鼠标单击" 3 个选项卡，当前是"鼠标单击"选项卡。需要在某个动作上添加控制功能时，就选择对应的选项卡。

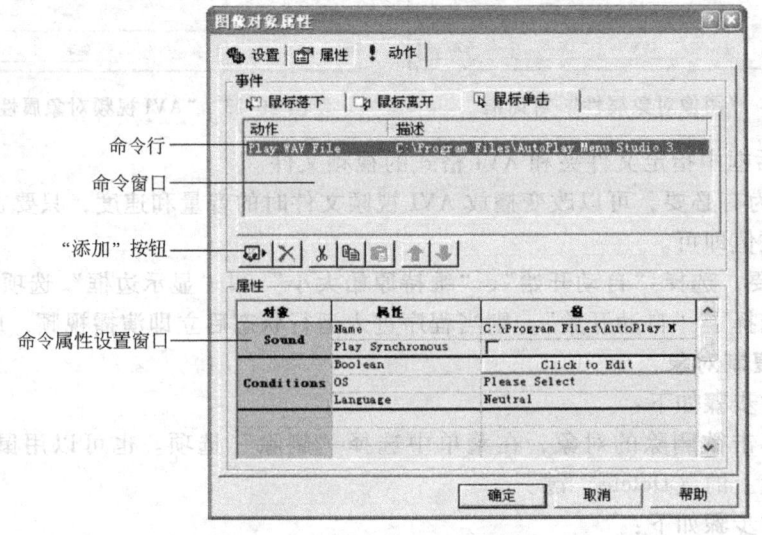

图 10-14 "图像对象属性"对话框

4）单击命令窗口中的命令行，按〈Delete〉键删除该行。如认为有必要，单击"鼠标落下"选项卡，删除命令窗口中的命令行。

提示：该命令行是默认添加的按键声音，若不希望添加该声音，可选择"编辑/参数选择"菜单，单击"默认"选项卡，把"鼠标落下声音"和"鼠标单击声音"框中的内容清除。

5）单击 按钮，显示一组菜单，从中选择"执行/打开文档"，如图 10-15 所示。

6）参见图 10-16a，单击"图像对象属性"对话框中的"File Name"栏，右侧显示 ![] 按钮。单击该按钮，显示指定演示文稿画面。在该画面中，指定虚拟 CD-ROM 文件夹中的"design01.ppsx"演示文稿，单击"确定"按钮。

提示：演示文稿文件在步骤 1 已经被复制到

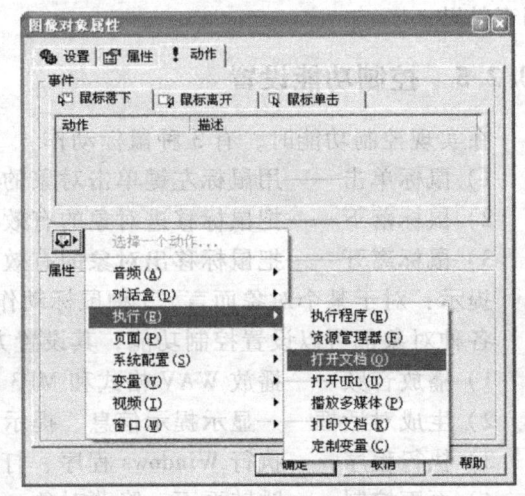

图 10-15 "执行/打开文档"菜单

虚拟 CD-ROM 文件夹中。

7）单击"确定"按钮，结束设置。

8）单击工具栏中的 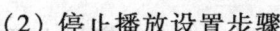（预览）按钮，预览效果。

2. 播放音频

在界面中，可以安排贺词、祝语、课间音乐等声音的播放功能。需要时，单击对象即可播放或停止音频文件。

（1）播放设置步骤：

1）建立一对图像按钮，鼠标右键单击对象，选择"对象属性"选项，单击"动作"选项卡，选择"鼠标单击"选项卡。

2）单击 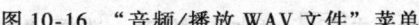（添加）按钮，选择"音频/播放 WAV 文件"菜单，如图 10-16 所示。

提示：若希望播放 MP3 文件，选择"音频/播放 MP3 文件"菜单即可。

3）在对话框下半部分，单击属性栏目中的"Name"栏，右侧显示 ▼ 按钮。单击该按钮，显示选择声音文件画面。在该画面中指定一个声音文件，单击"打开"按钮。

提示：音频文件无需事先放在虚拟 CD-ROM 文件夹中，在生成成品自动启动文件时，系统将把该文件自动复制到 Data 文件夹。

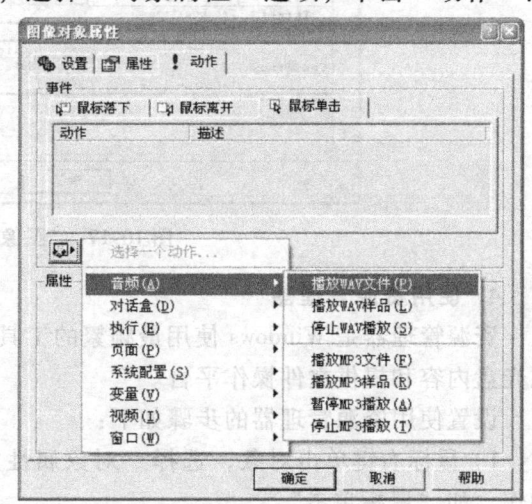

图 10-16 "音频/播放 WAV 文件"菜单

（2）停止播放设置步骤

1）建立一对图像按钮，鼠标右键单击对象，选择"对象属性"选项，单击"动作"选项卡，选择"鼠标单击"选项卡。

2）单击 （添加）按钮，选择"音频/停止 WAV 播放"菜单或"音频/停止 MP3 播放"菜单。

3. 访问互联网

在界面中安排访问互联网功能，可以方便地上网阅读、搜索、发送电子邮件等。

设置步骤：

1）在界面上设置一个对象，用于访问互联网。鼠标右键单击对象，选择"对象属性"选项，单击"动作"选项卡，选择"鼠标单击"选项卡。

2）单击 （添加）按钮，选择"执行/打开 URL"菜单，显示图 10-17 所示的"图像对象属性"对话框。

3）单击"Web Location"栏，右侧显示"▼按钮，单击该按钮，显示如下信息：

http：//——网站首页地址。

ftp：//——文件传送服务器地址。

mailto：——电子邮件地址。

从中选择一个，如"http：//"，"Web Location"栏显示该内容，在其后输入具体的网址，如 www.baidu.com。输入完毕，形成完整的"http：//www.baidu.com"。

4）单击"确定"按钮。

提示：若想使用电子邮件地址等其他形式，另选择一个对象，进行上述操作即可。使用访问互联网功能时，须事先与网络进行连接。

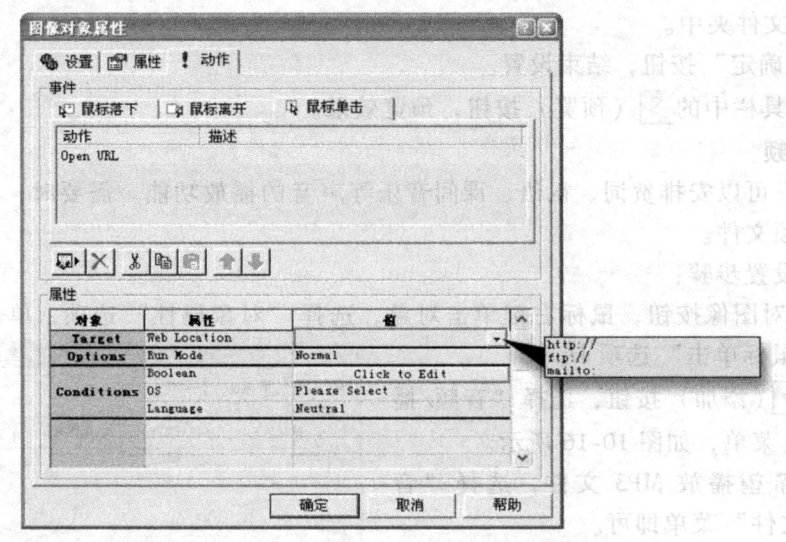

图 10-17 "图像对象属性"对话框

4. 使用资源管理器

资源管理器是 Windows 使用最频繁的工具。在自动启动文件中，往往利用资源管理器浏览光盘内容和提供文件操作平台。

设置使用资源管理器的步骤如下：

1）鼠标右键单击对象，选择"对象属性"选项，选择"动作"选项卡，确定一种鼠标动作，如"鼠标单击"。

2）单击 ▣▸（添加）按钮，选择"执行/资源管理器"菜单。这时，在命令窗口中可看到 "Explore Folder" 命令行。

3）单击"Folder Name"栏目，右侧显示 ▼ 按钮。单击该按钮，显示虚拟 CD-ROM 版面。不选择任何内容，单击"确定"按钮。"Folder Name"栏目显示"%SrcDrv%"字样，单击"确定"按钮。

4）单击 ▼ （预览）按钮，用鼠标单击对象，则会打开资源管理器。

5. 设置退出功能

在自动启动文件的界面中操作完毕，即可退出该界面，返回 Windows 环境中。这个操作通过单击具有关闭窗口功能的对象实现，其过程见图 10-18。

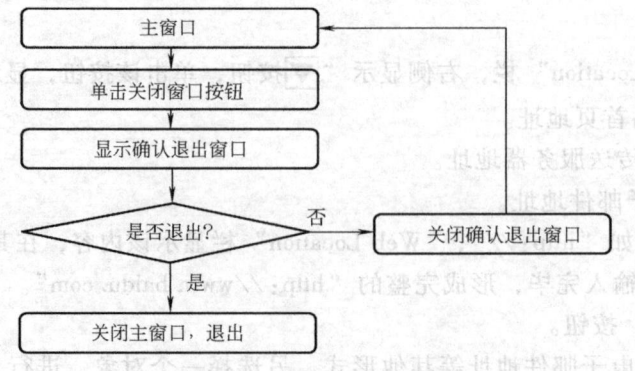

图 10-18 关闭窗口流程图

设置退出功能的步骤如下：

1）准备一个图形按钮，鼠标右键单击该按钮，选择"对象属性"选项，单击"动作"选项卡，选择"鼠标单击"选项卡。

2）单击 按钮，选择"对话盒/是/否"菜单，命令窗口显示"Yes/No Dialog"命令行，如图10-19所示的对话框。

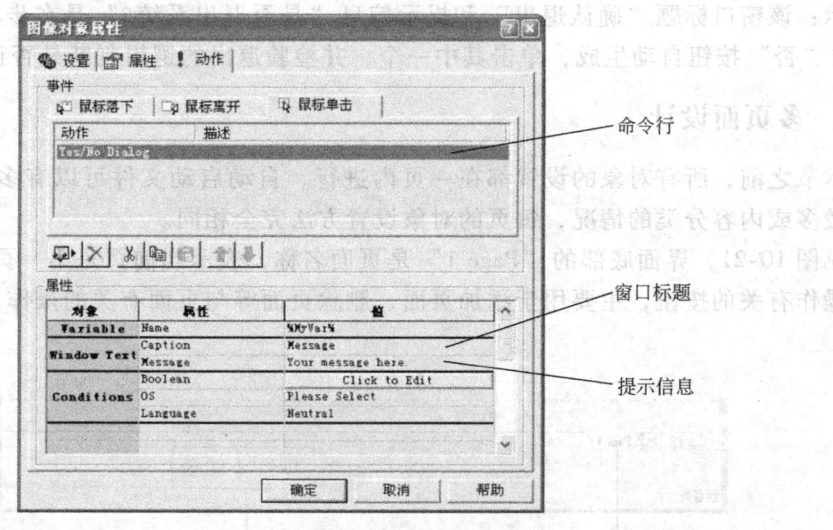

图10-19 "图像对象属性"对话框

3）用光标条覆盖"Name"栏中的"%MyVar%"，按〈Ctrl〉+〈C〉键，复制该内容，留待使用。提示："%MyVar%"是变量名，是否退出的键盘响应值保存于其中。

4）在对话框中，删除"窗口标题"框中的原有内容，输入新内容，如"确认退出"；删除"提示信息"框中的英文，输入新内容，如"是否退出系统？"。

5）单击 按钮，选择"窗口/关闭/退出"菜单，这时在"Yes/No Dialog"命令行的下面新增一个"Close/Exit"命令行，如图10-20a所示。

6）在图10-20a中单击"Click to Edit"按钮，显示图10-20b所示的"逻辑条件"对话

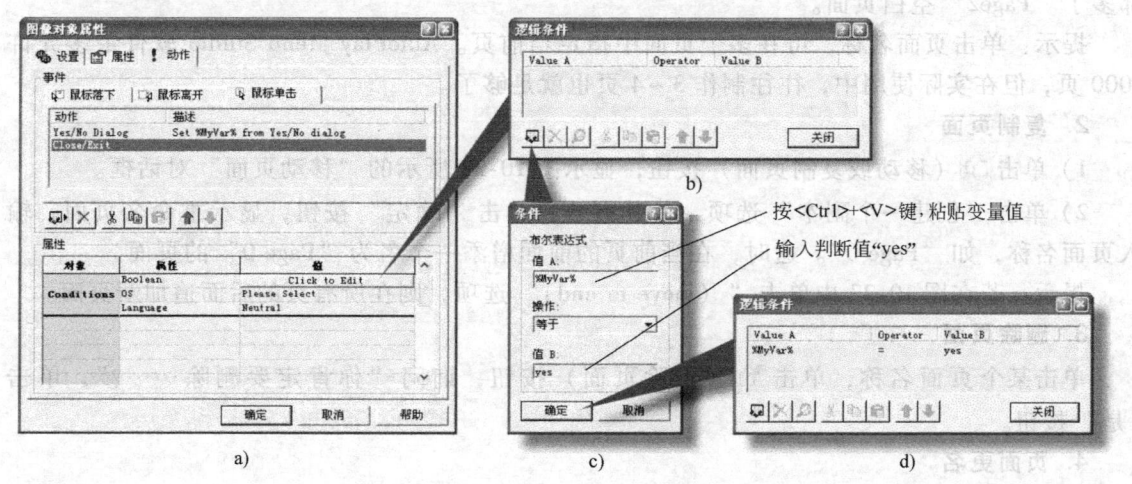

图10-20 逻辑条件设置

a）"图像对象属性"对话框　b）"逻辑条件"对话框　c）"条件"对话框　d）"逻辑条件"对话框

215

框。单击左下角的 (添加) 按钮, 显示图 10-20c 所示的"条件"对话框。

7) 在图 10-20c 中, 单击"值 A"框, 按 〈Ctrl〉+〈V〉 键, 把在步骤 3) 中保存的变量名粘贴到其中; 在"值 B"框中输入"yes", 单击"确定"按钮, 显示图 10-20d 所示的对话框。在该对话框中单击"关闭"按钮。

8) 单击 (预览) 按钮, 鼠标单击对象, 显示"确认退出"对话框。

提示: 该窗口标题"确认退出"和提示信息"是否退出系统?"是在步骤 4) 中设置的。"是"和"否"按钮自动生成, 单击其中一个, 并检验退出的逻辑判断是否正确。

10.2.6 多页面设计

在本节之前, 所有对象的设置都在一页内进行。自动启动文件可以有多个页面, 用于控制功能较多或内容分类的情况, 每页的对象设置方法完全相同。

参见图 10-21, 界面底部的"Page 1"是页面名称, 表示当前页是第一页。右侧还有一组与页面操作有关的按钮, 主要用于添加页面、删除页面等与页面有关的操作。

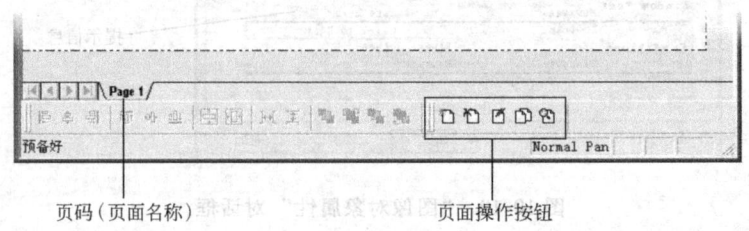

图 10-21 与页面有关的工具

页面操作按钮对应的功能见图 10-22。

1. 添加页面

单击 (添加页面) 按钮, 随后显示新建页面画面, 在输入框中输入页面名称, 如"Page2", 然后单击"确定"按钮, 界面底部多了"Page2"空白页面。

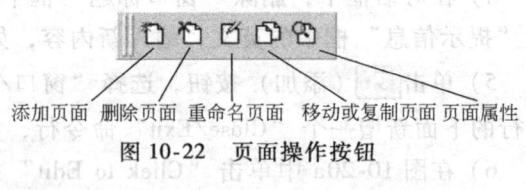

图 10-22 页面操作按钮

提示: 单击页面名称, 可在多个页面中指定当前页。AutoPlay Menu Studio 软件最多允许 1000 页, 但在实际使用中, 往往制作 3~4 页也就足够了。

2. 复制页面

1) 单击 (移动或复制页面) 按钮, 显示图 10-23 所示的"移动页面"对话框。

2) 单击"创建一个副本"选项, 使其有效, 单击"确定"按钮, 显示重命名页面, 输入页面名称, 如"Page 0"。这时, 在当前页的前面增添一个名为"Page 0"的页面。

提示: 若在图 10-23 中单击"(move to end)"选项, 则在所有页的后面追加新页面。

3. 删除页面

单击某个页面名称, 单击 (删除页面) 按钮, 询问"你肯定要删除……?", 单击"是"按钮。

4. 页面更名

单击某页名称, 单击 (重命名页面) 按钮, 显示重命名页面的对话框。在输入框中输入新的页面名称, 然后单击"确定"按钮。

5. 页面跳转

在当前页面中单击某个对象，就能转到另外一个页面中，这就是所谓"页面跳转"。

1) 鼠标右键单击某个对象，选择"对象属性"选项，单击"动作"卡片，选择"鼠标单击"卡片。

2) 单击 按钮，选择"页面/跳转页面"菜单，如图 10-24 所示。随后命令窗口显示"Jump to Page"命令行。

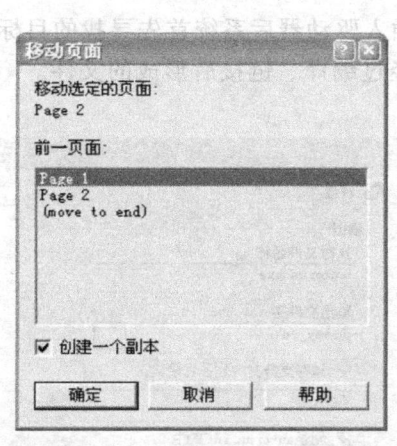

图 10-23 "移动页面"对话框

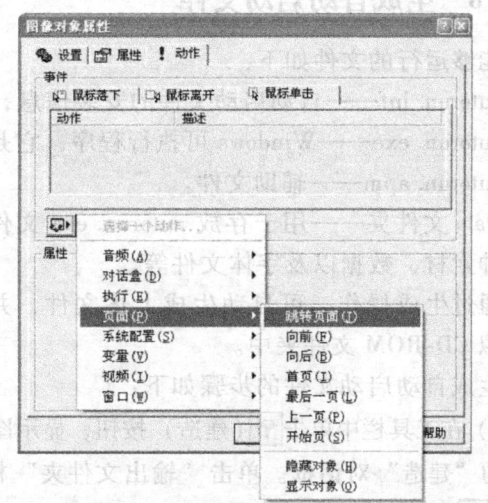

图 10-24 "页面/跳转页面"菜单

3) 单击"Page Name"栏，右侧显示"▼"按钮，单击该按钮，显示页面清单，从中选择一页。

4) 单击"确定"按钮。

5) 单击 按钮，鼠标单击对象，则会跳转到指定的页面。

6. 使用剪贴板

使用剪贴板可以把某页的对象复制到另一页或多个页面中。在某一页中单击对象，按〈Ctrl〉+〈C〉键，把该对象复制到剪贴板中。

选择其他页面，再按〈Ctrl〉+〈V〉键，把对象粘贴到页面中。由于粘贴的次数不限，因此可得到很多对象复制品。

提示：对象连同控制功能一并被复制。

10.2.7 保存源文件

源文件记录了自动启动文件的所有内部细节，保存该文件很重要。源文件不能直接运行。要得到能够运行的文件，还需要另外生成。

保存步骤：

1) 选择"文件/另存为"选项，显示"另存为"对话框。

2) 在该对话框中，指定路径、文件名，文件类型采用默认的"工程文件（*.am3）"格式，单击"保存"按钮。源文件被保存后，扩展名为".am3"。

提示：源文件是辛苦工作的结晶，一般不宜外泄。因此，该文件不要保存在虚拟 CD-ROM 文件夹中，更不要刻录在光盘中，而要保存在其他可靠的地方。

源文件能够进行再编辑，只需启动 AutoPlay Menu Studio 软件，在欢迎画面中单击"打开存在的工程"选项，随后指定源文件名即可。

重要提示：源文件所使用的所有对象素材不能删除，也不能变更路径和文件名，否则在重新打开该文件进行编辑时，将显示缺少文件的信息。如果只是变更了路径，则可以按照提示"双击文件直到在你的系统上定位为止"，双击信息清单中的第一个文件名，然后指定新的路径即可。

10.2.8 生成自动启动文件

能够运行的文件如下：

autorun.inf——自动启动文件的安装信息，即光盘插入驱动器后系统首先寻找的目标。

autorun.exe——Windows 可执行程序，它是源文件经过编译、链接后形成的文件。

autorun.apm——辅助文件。

Data 文件夹——用于存放 autorun.exe 文件使用的各种素材、数据以及字体文件等。

通过生成操作，可自动生成上述文件，并存放在虚拟 CD-ROM 文件夹中。

生成自动启动文件的步骤如下：

1) 在工具栏中单击 (建造) 按钮，显示图10-25 所示的"建造"对话框。单击"输出文件夹"框右侧的"..."按钮，指定事先建立好的虚拟 CD-ROM 文件夹，如"my_cd"。

2) 单击"确定"按钮，生成过程开始。自动生成过程结束后，显示"建造完成"对话框，宣告"建造过程完成！"。

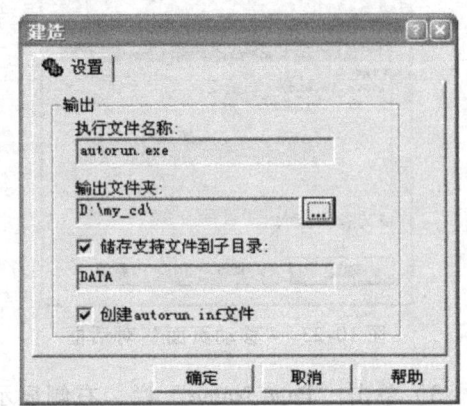

图 10-25 "建造"对话框

3) 在该对话框中，单击"确定"按钮，制作的程序会进入正式运行状态。

重要提示：由于在正式运行状态，虚拟文件夹的路径不存在，完全按照光盘路径运行。因此，某些原来能够顺利预览的文件将会出错。但这不影响光盘的正常使用。

4) 打开资源管理器，可以看到虚拟 CD-ROM 文件夹中应有autorun.exe、autorun.inf、autorun.apm文件和 Data 文件夹。

提示：不可随意改变该文件和文件夹在虚拟 CD-ROM 文件夹中的路径，否则将前功尽弃。

10.3 图标的设计与制作技术

自制图标，会使图标更加个性化、更符合多媒体光盘要表达的内容。图标的制作通常借助工具软件来完成，方法简便、易学。本节介绍目前比较流行的一种图标制作软件IconCool Editor，使用该软件可以轻松地设计和制作图标。

10.3.1 软件与界面特点

1. 软件简介

IconCool Editor 软件是 Newera Software Technology Inc. 公司的产品，英文版，运行在 Windows 9x/Me/2000/XP/NT中，专门用于图标的设计和制作。该软件容易入门，操作简便，并且具有众多的编辑功能。主要的编辑功能有：

1）可同时编辑 10 个图标，并且图标的尺寸随意设置。
2）可采用 1 bit、4 bit、8 bit 或 24bit 彩色模式制作图标。
3）有 21 个图形滤镜，能够对图标进行模糊、尖锐、浮雕花纹等处理。
4）可嵌入多种格式的图像文件，如 ICO、BMP、GIF、JPG、PCX、PSD、TIF 等。
5）图标可以多种文件格式保存，例如 ICO、CUR、ICL、BMP、GIF、JPG、PNG 等。
6）可以从 EXE、DLL、ICL 格式的文件中提取图标。

2. 界面特点

双击 Icon 软件图标，启动 IconCool Editor 软件，主界面如图 10-26 所示。

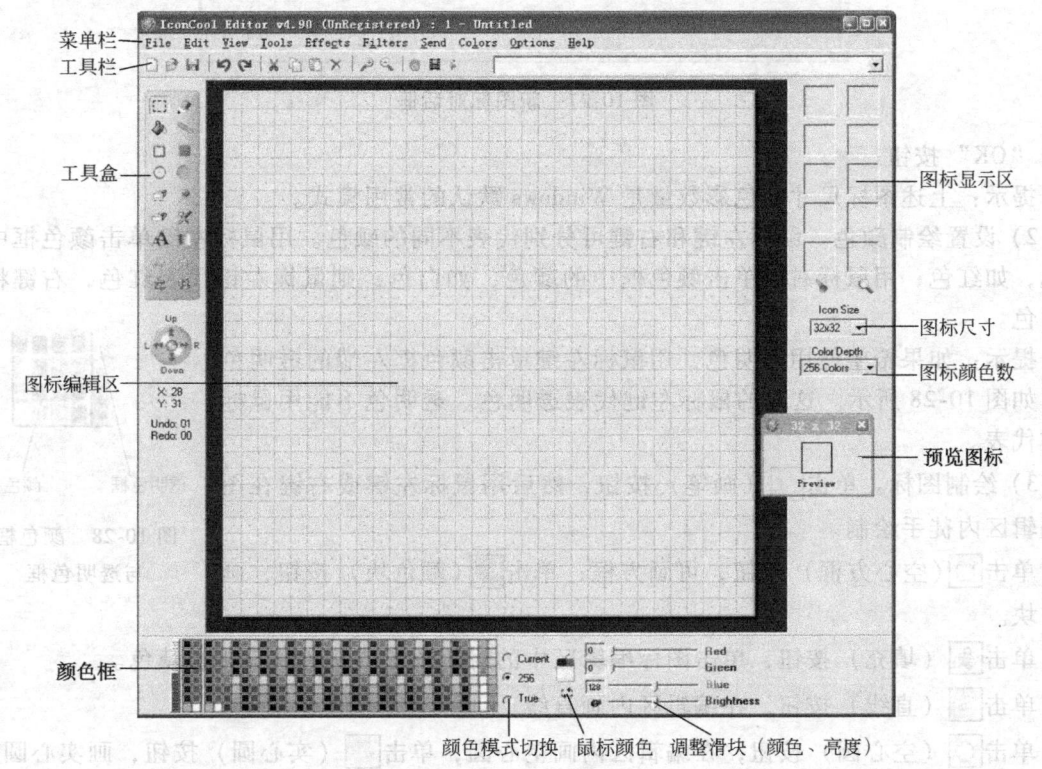

图 10-26　主界面

主界面顶部的菜单栏和工具栏提供各种状态选择、文件操作、常用的编辑工具等；工具盒提供绘制和编辑图标的各种工具；图标编辑区提供绘制图标、编辑图标的场所；右侧图标显示区显示当前制作的 10 个图标，可选择其中任何一个进行编辑；底部一组与颜色有关的工具，用于调整图标的颜色。

10.3.2　图标编辑技术

图标实际上是一个尺寸很小的图像，由像素点构成，于是，图标的编辑就变成了对像素点的编辑。

1. 图标绘制

借助各种工具绘制图标是制作图标的主要手段。

绘制步骤：

1）选择"File/New"菜单，显示图 10-27 所示的新图标对话框。在 Size 栏目中指定图标尺寸，如 32×32 pixels（像素）；在 Colors 栏目中指定色彩数量，如 256 Colors（8bit）。然后

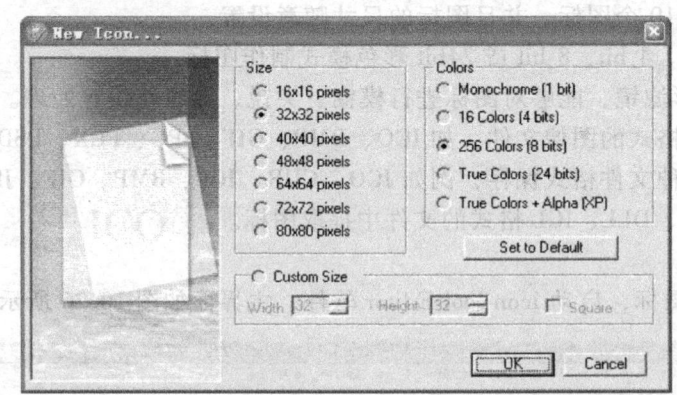

图 10-27 新图标对话框

单击"OK"按钮。

提示：上述图标尺寸和色彩数量是 Windows 默认的常用模式。

2）设置绘制颜色。鼠标左键和右键可分别代表不同的颜色。用鼠标左键单击颜色框中的颜色，如红色；用鼠标右键单击颜色框中的颜色，如白色；则鼠标左键代表红色，右键将代表白色。

提示：如果希望使用透明色，用鼠标左键单击颜色框左端的透明色框，如图 10-28 所示。这时的鼠标左键代表透明色。透明色不能用鼠标右键代表。

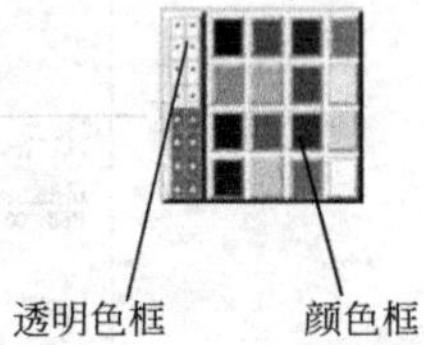

3）绘制图标。单击 (画笔)按钮，然后用鼠标左键或右键在图标编辑区内徒手绘制。

图 10-28 颜色框与透明色框

单击 □（空心方框）按钮，可画方框；单击 ■（颜色块）按钮，画出方块。

单击 （填充）按钮，单击图标编辑区中的封闭图形或颜色块，则被填色。

单击 （直线）按钮，在编辑区内画直线。

单击 ○（空心圆）按钮，在编辑区内画空心圆；单击 ●（实心圆）按钮，画实心圆。

提示：为了便于观察，编辑区域的显示可以放大和缩小，单击工具栏中的 （放大）按钮或 （缩小）按钮即可。

4）编辑图标。需要抹除颜色时，单击 （抹除当前颜色）按钮，抹除鼠标所代表的颜色；单击 （全部抹除）按钮，抹除任意颜色。

需要喷绘时，单击 （喷枪）按钮，用鼠标左键颜色喷到画面上。点击鼠标时间越长，喷出的颜色点就越多，反之亦然。

提示：在图标的编辑过程中，单击工具栏中的 （撤销）按钮，可撤销当前操作。单击 （重做）按钮，可恢复刚撤销的操作。

2. 文字输入

图标中的文字通常只能有一两个，否则不易识别。单击 A 工具右下角的"▶"，显示图 10-29 所示的文字编辑对话框。

在对话框的"Text"框内输入文字；单击"Font"按钮，设置文字的字体、字体样式、大小以及颜色，单击"OK"按钮，单击编辑区域。

220

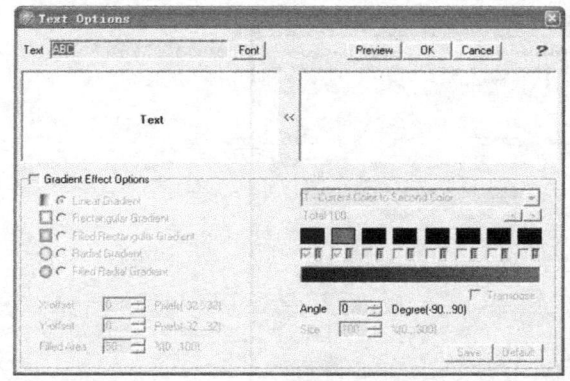

图 10-29　文字编辑对话框

图 10-30　移动按钮

3. 编辑区域操作

1）单击 ▭（选择）按钮，用鼠标划定矩形编辑区域。

2）鼠标置于编辑区域内，可移动区域。移到适当位置后，单击非矩形区域，结束移动。

3）在编辑区内单击鼠标右键，选择"Delete"选项，即可删除编辑区域的内容。

4）使用工具盒底部图 10-30 所示的移动按钮，可向四个方向整体移动构成图标的图形。

4. 制作图像图标

人物照片和风光照片也可以制作成图标，这就是图像图标。

制作图像图标的步骤如下：

1）加工一幅图像，取人物或景物的局部，比例为正方形，颜色数量 256 色，以 BMP 格式保存。加工要求和效果如图 10-31 所示。

2）选择"File/Import from Files"菜单，显示打开文件对话框。指定路径和在步骤 1）中加工的图像文件，单击"打开"按钮。

图 10-31　图像图标加工要求和效果

3）显示如图 10-32 所示的导入文件窗口。选择一种"Icon Size"，如 32×32 pixels。单击底部的"Import Now"按钮。

4）图像被导入到图标编辑窗口，如图 10-33 所示。

5）单击界面右侧的"Color Depth"（颜色深度）设置框，选择"256 Colors"。

10.3.3　文件格式与保存

由于 Icon 软件可以一次编辑 10 个图标，因此该软件有两种保存方式。一种是只保存当

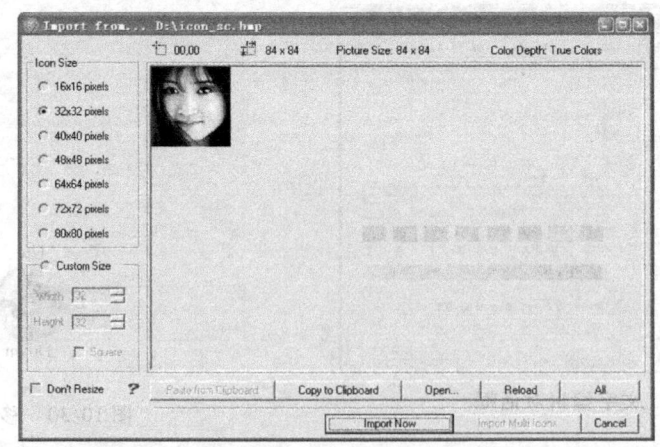

图 10-32　导入文件窗口

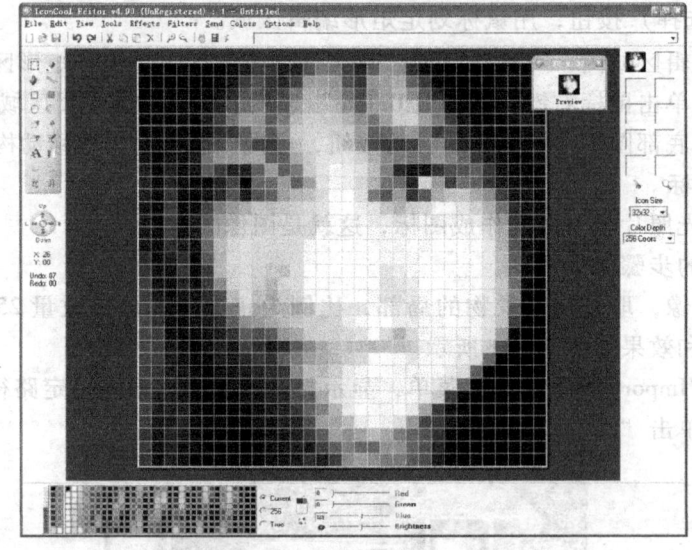

图 10-33　图像被导入到图标编辑窗口

前编辑的图标；另一种是一次性把 10 个图标保存在各自的文件中。

1. 保存当前编辑的图标

选择"File/Save As"菜单，显示保存文件对话框。在该对话框中指定文件夹、文件格式和文件名，单击"保存"按钮。也可以鼠标单击图标显示区中的某个图标，该图标显示在图标编辑区。选择"File/Save As"菜单，把选中的图标保存起来。

提示：在保存图标文件时，均采用默认的 .ico 格式，如果保存其他文件格式，可单击"保存类型"框，指定其他格式。

2. 一次性保存 10 个图标

1）选择"File/Save All"菜单，显示文字保存对话框。

2）在对话框中指定文件夹，保存类型取默认的 .ico，输入文件名，单击"保存"按钮。随后删除"文件名"输入框中的内容，继续输入第二个图标的文件名。单击"保存"按钮。如此进行下去，直至所有 10 个图标保存完毕。

提示：若想观察图标效果，可用鼠标右键单击 Windows 桌面上的某个图标，选择"属性"功能，在属性画面中单击"更改图标"按钮，再在更改图标画面中，指定路径和图标文件名,单击"确定"按钮,桌面上图标被更换成自制的图标。

10.4 说明书与包装设计

完整的多媒体作品包括使用说明书、技术说明书以及包装,尤其是多媒体作品作为正式商品发行时,更需要印刷精良的说明书和精美的内外包装。

10.4.1 说明书编写规范

为了使用户轻松了解和掌握多媒体作品的性能和使用方法,需要编写多媒体作品的技术说明书和使用说明书,两种说明书的编写侧重点不同。

技术说明书主要叙述多媒体作品的技术细节,例如媒体数据的文件格式、技术数据、程序编制所采用的技术手段、硬件与软件的环境等。

使用说明书则在如何启动多媒体作品、选择功能、演示控制等方面进行说明,并对版权进行说明、对使用中出现的问题进行解释。

1. 技术说明书

技术说明书用于阐述多媒体作品的技术指标和相应的内容,其中包括:

1)明确书写各种媒体文件的格式与技术数据。例如声音文件的采样频率、图像文件的分辨率、动画文件的演播参数、整个多媒体作品的总数据量等。

2)介绍多媒体程序开发环境。譬如,多媒体程序采用 Visual Basic 程序编写,并采用某某公司开发的动画控件等。

3)阐述多媒体程序的运行环境。运行环境分硬件环境和软件环境两大类,对于软件环境,要说明程序可否运行在 Windows 环境中、在程序运行中可否允许病毒监控程序同时运行等。对于硬件环境,要清楚写明对计算机 CPU 工作频率、内存容量、存储介质保留空间、声音还原设备指标等的要求。

4)写明技术支持的方式。当使用者在技术上发生疑问、遇到问题以及试图提出建议时,应以什么方式与多媒体作者联系,例如国际互联网的网址、联系电话等。

5)如果委托技术服务公司进行技术服务,应写明技术服务公司的联系办法和服务范围。

6)在多媒体作品中,如果引用了其他公司或个人的作品或成果时,应依据著作权法进行相应的解释和说明。

7)进行版权、使用权、转让权的相关说明。

在编写方面,技术说明书应语言简练、条款清晰、引用的技术数据要准确,不能有虚假之辞。在版式设计上,技术说明书要规整,开本要小,如果多媒体作品的存储介质是光盘,开本与光盘盒一致效果最佳。

技术说明书中,如果引用图片,最好采用准确的素描轮廓图形,以避免误解和分辨不清。对于说明书中的字号、字体和颜色,应以清晰、便于阅读为前提,字体种类过多、文字颜色变化多端,会给人以繁杂、凌乱之感,似"小广告"的风格。

在某些场合,技术说明书可简化成一张小卡片,放在光盘盒中,便于阅读和保存。

2. 使用说明书

使用说明书的阅读对象是多媒体作品的直接使用者,主要介绍如何使用多媒体作品。使用说明书的基本内容有:

1)多媒体产品外包装照片及标题。

2）目录。

3）打开包装、软件安装。

4）具体操作说明。对启动、功能选择、演示控制等方面进行说明。这部分内容是使用说明书的主要内容，通常占90%的篇幅。

5）对使用中出现的问题进行解释。

6）对于版本更新和修改进行说明。

7）联系方法。联系方法通常安排在使用说明书的封底。

由于使用者的文化层次不同、年龄层次不同、理解能力也不同，因此，使用说明书要注重以下几方面的问题：

1）语言表达要清晰、简练。

2）文字准确。说明书中应避免出现病句和错别字、多字、漏字现象。

3）必要时，安排插图，便于说明。

4）版式要生动、活泼、富于变化。

如果有条件，使用说明书最好制作成彩色的，封面、封底要精心设计。开本不宜太大，最好与多媒体作品光盘盒的尺寸相当。

10.4.2 包装设计

包装设计是一门学问，需要一定的专业知识。但是，简单地设计具有自己独特风格的包装并不是难事，只需要了解一些基本的设计常识即可。

1. 包装对象

对多媒体作品进行包装的主要对象是：光盘、光盘盒，以及外包装。

对光盘盒的设计分为3部分：

1）光盘盒正面。正面是封面，应充分运用平面设计的理念，对其进行精心的设计。

2）光盘盒两个侧面。侧面通常只有纵向排列的文字，用来书写多媒体作品的名称。

3）光盘盒背面。背面是封底，通常用来描述多媒体作品的文件清单、软件硬件环境要求、应用场合、开发者信息等内容。

外包装设计包括光盘盒的纸封套设计、塑料盒设计、塑料袋图案设计等。当一个多媒体作品成为真正的商品时，外包装设计必不可少。

2. 光盘盒封面设计

光盘盒的封面如图10-34a所示，尺寸为12cm×12cm。光盘盒的侧面和封底是一个版面，如图10-34b所示，尺寸为15cm×11.7cm。

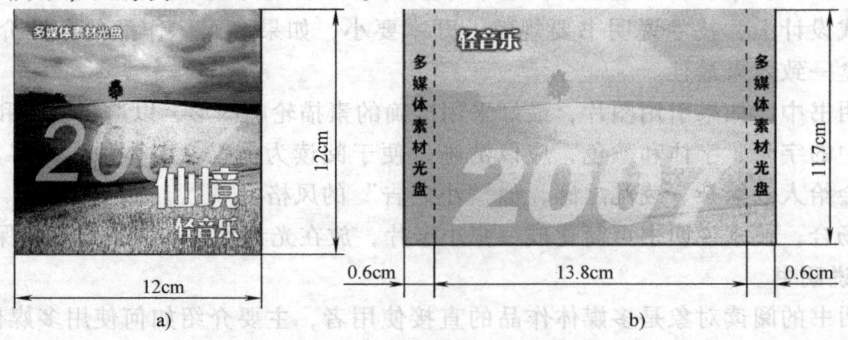

图10-34 普通5in光盘盒的设计尺寸
a）封面 b）封底

设计步骤：

1）启动 Photoshop CS 图像处理软件，选择"文件/新建"菜单。

2）在新建文件画面中，按照图 10-34a 设置封面的宽度和高度值，单位为 cm，分辨率取 300 像素/in，颜色模式为 RGB 颜色，参数设置如图 10-35 所示。

3）利用各种编辑手段设计制作封面，最后以 TIF 格式保存封面文件。

提示：侧面和封底的版面尺寸为：宽 0.6cm + 13.8cm + 0.6cm = 15.0cm，高 11.7cm。设计、制作与封面相同。侧面和封底之间的折线可利用 Photoshop 提供的参照线标示。

3. 包装纸袋设计

光盘的包装纸袋最常见，成本低、便于携带，其结构如图 10-36 所示。

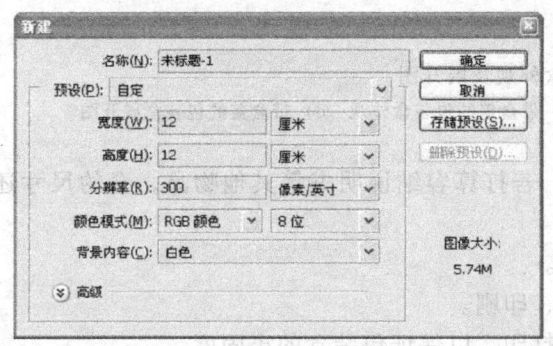

图 10-35　封面的参数设置　　　　图 10-36　光盘的包装纸袋结构

纸袋可以利用 Word 自己设计、自己打印版面、自己制作。

设计包装纸袋的步骤如下：

1）在 Word 的绘图工具栏中，选择□（矩形）工具、○（椭圆）工具和"自选图形\基本形状\梯形"工具，拼凑出图 10-37 所示的图形。其尺寸不一定非常精确，只要比光盘尺寸略大即可。

2）在文本框中输入文字，并把文本框置于纸袋展开图上；根据需要，把剪贴画、图像也置于纸袋展开图上，形成具有设计思想的版面。

3）设计完毕，选择"文件/另存为"菜单，保存文件。

4）选择"文件/打印"菜单，打印设计图。

5）沿外轮廓线剪下，按照白色线折叠，将正面两侧的衬边与折叠过来的背面粘合。

提示：纸袋中的圆窗可以取消，以便获得较大版面，可安排更多的文字、图片等信息。

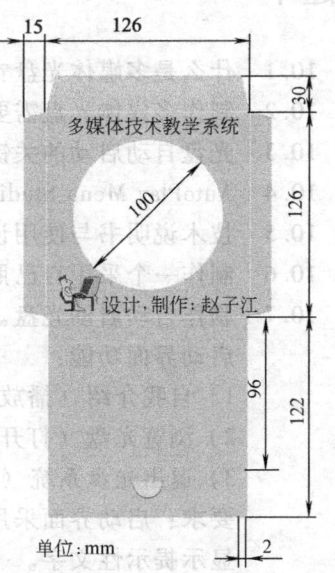

图 10-37　光盘纸袋展开图

4. 包装盒设计

包装盒是光盘盒、说明书等的外包装。常见两种包装盒的外观见图 10-38a（敞开式包装盒）和图 10-38c（带盒盖的包装盒）。

设计步骤：

1）参照图 10-38b 和图 10-38d 所示的展开图，利用 Photoshop CS 或其他软件进行制作。

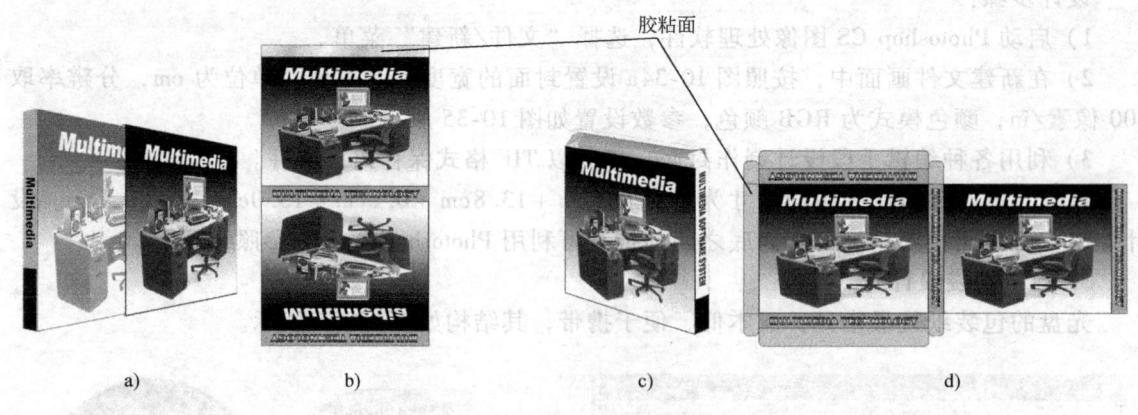

图 10-38　包装盒外观及展开图

a) 敞开式包装盒外观　b) 敞开式包装盒展开图　c) 带盒盖的包装盒外观　d) 带盒盖的包装盒展开图

提示：包装盒的尺寸要略大于光盘盒尺寸。若打算容纳说明书等其他物品，盒的尺寸还要大一些。

2) 在盒的各个面上安排文字、图形等信息。

3) 保存设计文件。送交印刷公司进行分色、印刷。

4) 若自制包装盒，要使用稍厚一些的纸张打印，以保证包装盒的牢固度。

重要提示：并不是所有打印机都能打印很厚的纸张，需要事先了解打印机的性能，然后再打印，否则会损坏打印机。

习题十

10.1　什么是多媒体光盘？

10.2　制作多媒体光盘需要考虑哪些问题？

10.3　光盘自动启动的关键文件是哪个文件？

10.4　AutoPlay Menu Studio 软件最终生成哪 4 个文件？

10.5　技术说明书与使用说明书的主要区别是什么？

10.6　制作一个采用自己照片的图标。要求：尺寸为 32×32 像素；色彩为 256 色。

10.7　制作自动启动光盘。

启动界面功能：

1) 自我介绍（播放 PPSX 格式的演示文稿）。

2) 浏览光盘（打开资源管理器）。

3) 退出光盘系统（要求进行"是"与"否"的逻辑判别后退出）。

要求：启动界面采用图片背景。当鼠标移进 3 个功能区域时，分别改变颜色，并显示提示性文字。

10.8　设计并制作一个光盘纸袋。要求纸袋正面印有标题、姓名、班级、制作日期。

附 录

附录 A 习题与参考答案

第 1~10 章的习题与参考答案见表 A-1~表 A-10。

表 A-1 习题一

题 号	习 题	参 考 答 案
1.1	多媒体技术有哪些社会需求?	1)图形和图像处理的需要。 2)大容量数据存储的需要。 3)音频信号和视频信号处理的需要。 4)界面设计的需要。 5)信息交换的需要。 6)高科技研究的需要。 7)娱乐与社会活动的需要。
1.2	多媒体技术的定义说明了哪几个问题?	1)多媒体技术是计算机技术。 2)对多种媒体的综合处理能力。 3)逻辑关系。 4)交互作用。
1.3	什么是流媒体?	流媒体是指网络间的视频、音频和相关媒体数据流从数据源(发送端)同时向目的地(接收端)传输的方式,具有连续、实时的特性。
1.4	媒体的类型有哪些? 各自具有什么特点?	1)感觉媒体,用于人类感知客观环境。 2)表示媒体,用于定义信息的表达特征。 3)显示媒体,用于表达信息。 4)存储媒体,用于存储信息。 5)传输媒体,用于连续数据信息的传输。 6)信息交换媒体,用于存储和传输全部媒体形式。
1.5	多媒体技术有哪些基本特性?	1)信息载体的多样性。 2)信息载体的交互性。 3)信息载体的集成性。
1.6	素材制作软件和平台软件有什么区别?	素材制作软件用于加工和编辑各种媒体素材。平台软件用于把多种媒体形式置于一个平台上,建立彼此之间的逻辑联系和协调关系,并提供控制和交互手段。
1.7	动画的种类有哪些? 哪些软件用于制作和处理动画?	矢量动画和帧动画。Flash、Maya、3dsmax、cool3D 等。
1.8	在进行多媒体产品制作时,需要考虑哪些重要问题?	1)产品创意。 2)素材加工与制作。 3)编制程序。 4)成品制作及包装。

表 A-2 习题二

题 号	习 题	参 考 答 案
2.1	MPC 是指什么？	MPC(Multimedia Personal Computer)是指符合 MPC 标准的具有多媒体功能的个人计算机。
2.2	MPC 标准曾经有过几个等级标准？分别由谁公布的？	MPC1,多媒体个人计算机市场协会。 MPC2,多媒体个人计算机市场协会。 MPC3,多媒体个人计算机工作组。
2.3	CD-ROM 光盘驱动器是怎样记录信息的？信息记录在光盘的哪一面上？	CD-ROM 采用光学存储原理。激光束照射到光盘铝反射层的微小区域，使局部烧出凹坑，有、无凹坑代表了二进制信息的两种状态。信息记录在光盘的标签面上。
2.4	CD-R 和 CD-RW 分别具有什么读写性质？	CD-R:可读、有限次写。CD-RW:可读可写。
2.5	存储卡和优盘是哪类存储器？	RAM Non-volatile 半导体存储器。
2.6	光盘刻录机的刻录速度、复写速度和读取速度为何不同？	读取无需烧结,速度最快;刻录需要烧结写入,速度次之;复写要先抹除,后写入,速度最慢。
2.7	显示器的显示分辨率和颜色数量与什么因素有关？	与显示适配器上缓存容量有关,容量越大,显示分辨率越高。
2.8	声卡在多媒体计算机中起什么作用？	完成 A/D(模数)和 D/A(数模)转换。
2.9	在多媒体扩展设备中,触摸屏是输入设备还是输出设备？	一种坐标定位装置,属于输入设备。
2.10	扫描仪和数码相机中的 CCD 起什么作用？	将光转换成电信号。
2.11	彩色喷墨打印机是怎样实现彩色打印的？	多基色墨盒里的墨水在打印数据的驱动下,由微压电片将墨滴从喷嘴压出。各基色墨滴在纸上混合,形成丰富的色彩组合。

表 A-3 习题三

题 号	习 题	参 考 答 案
3.1	美学设计的三要素是什么？	绘画、色彩和版面。
3.2	美学的 3 个作用是什么？	1)产生更好的视觉效应。 2)内容表达形象化。 3)增加产品的价值。
3.3	点、线、面的构图规则分别具有什么特点？	点:版面上的主体以点的形式存在,为突出局部效果而设计。 线:使用直线、曲线等线段对表现内容进行分隔、类型划分,甚至只是纯粹装饰,以此突出版面的多样性、思想性和鲜明个性。 面:面的构图需要占据大空间,具有浑然一体、大气的视觉效果。
3.4	在色料三原色中,哪种颜色关系是对比色？	在色料三原色的色轮上,相隔一个颜色的两色为对比色。
3.5	电脑三原色是哪 3 种颜色？	R 红,G 绿,B 蓝。

(续)

题 号	习 题	参 考 答 案
3.6	什么是色彩三要素?	明度、色相、纯度。
3.7	如何使标题更为突出?	1)加大字号,使标题字号与正文字号有足够大的差异。 2)为标题增加边框,边框颜色不应是文字颜色的相邻色。
3.8	根据颜色搭配要点,用 Word 制作彩色文本。	(略)
3.9	使用画图工具或 Word,设计一个具有装饰性的作品。	(仅供参考)
3.10	设计一个点构图方式的作品。	(仅供参考)
3.11	设计一个互为翻转形态的对称性作品。	(仅供参考)

表 A-4 习题四

题 号	习 题	参 考 答 案
4.1	列举几种常用的静态图像文件格式,它们具有什么特点?	BMP 格式:非压缩格式,真彩色,数据排列顺序与其他文件相反。 TIFF 格式:支持 1~32bit 彩色,多分辨率,支持多种操作平台。 TGA 格式:支持 1~32bit 彩色,96dpi,颜色表达范围广,适合影视广播级的动画制作,对硬件的依赖性强。 GIF 格式:256 色,96dpi,有 GIF87a 和 GIF89a 两种形式。 JPEG 格式:压缩编码,多分辨率,重放时需要解压缩。
4.2	真彩色图像的颜色数量有多少?	24bit 或以上。
4.3	用于显示和打印的图像采用几种基色?	采用 R(红)、G(绿)、B(蓝)3 种基色。
4.4	用于印刷的图像采用几种基色?	采用 C(青)、M(品红)、Y(黄)、K(黑)四种基色。
4.5	动态图像的动感是怎样实现的?	由于人眼睛的视觉滞留效应,当多幅图像连续放映时,就看到了所谓的"动态图像"。
4.6	动态图像具有哪些特点?	1)具有时间上的连续性。 2)具有时间上的延续性。 3)具有帧之间的相关性。 4)具有强烈的实时性。

229

(续)

题 号	习 题	参 考 答 案
4.7	什么是声音?	声音是随时间连续变化的物理量,并且是一种能借助介质传播的波。
4.8	音频文件的数据量与哪些因素有关?	采样频率、采样精度、声道形式。
4.9	人耳的可听域有多大?	20~20 000Hz 之间。
4.10	WAV 格式的文件与 MIDI 格式的文件有什么不同?	WAV 文件是最直接表达声波的数字形式,数据量大。MIDI 文件是乐器数字化接口,记录按键、用力大小、时间长短,不记录波形音频信号,数据量小。
4.11	为什么多媒体产品中经常使用 WAV 格式的文件?	支持平台多,具有通用性,编辑容易,音质能满足各种需求。

表 A-5 习题五

题 号	习 题	参 考 答 案
5.1	数据压缩的理由有哪些?	1)数据存在冗余。 2)人类不敏感因素。 3)信息传输和存储的需要。
5.2	什么是数据冗余?	冗余是指信息所具有的各种性质中多余的无用空间。
5.3	冗余有多少种?分别是什么?	8 种。分别是:空间冗余,时间冗余,统计冗余,结构冗余,信息熵冗余,视觉冗余,知识冗余,其他冗余。
5.4	无损压缩编码指的是什么?	压缩时不丢失数据,还原后的数据与原始数据完全一致,具有可恢复性和可逆性,不存在任何误差。
5.5	数据压缩具备哪两个过程?	1)编码过程,该过程将原始数据进行压缩,形成压缩编码,然后将压缩编码数据进行传送和存储。 2)解码过程,该过程将压缩编码数据进行解压缩,还原成原始数据,提供使用。
5.6	霍夫曼编码的特点是什么?	是统计编码的一种,属于无损压缩编码。码长可变,总码长小于实际信息符号长度。
5.7	采用 JPEG 压缩格式的静态图像具有哪些主要特点?	1)对图像进行帧内编码,每帧色调连续,随机存取。 2)可在很宽的范围内调节图像的压缩比和保真度。 3)可随意选择期望的压缩比值,从而得到不同质量的图像。 4)对于硬件环境要求不高,只要有一般的 CPU 运算速度即可。 5)可运行 DCT 顺序编码、DCT 递增、无失真编码和分层编码 4 种模式。
5.8	动态图像压缩主要解决哪些问题?	1)正确区分静止图像和动态图像。 2)提取动态图像中的活动成分。 3)进行帧之间的预测,提供压缩的依据。
5.9	MPEG-Ⅱ标准具有哪些主要特点?	1)压缩信号带宽为 4~15Mbit/s,即信号传输速率为 4~15Mbit/s。 2)支持 NTSC 制 720×480 像素,PAL 制 720×576 像素画面分辨率。 3)同时支持 MPEG-Ⅰ和 MPEG-Ⅱ两种标准。 4)视频信号传输速率 30 帧/s,音频信号质量达到 CD 级。 5)为了在画面质量、数据量和带宽之间寻求最佳值,允许在一定范围内调整压缩比。

表 A-6 习题六

题 号	习 题	参 考 答 案
6.1	什么是图像和图形？	图像是直接量化的原始信号形式，构成图像的最基本元素是像点。 图形是指经过计算机运算而形成的抽象化结果，由具有方向和长度的矢量线段构成。
6.2	图像分辨率的单位是什么？	dpi(display pixels / inch)，即每英寸显示的像点数。
6.3	什么是颜色深度？	是指图像中描述每个像素所需的二进制位数，以 bit 作为单位。
6.4	图像文件的体积指的是什么？怎样计算？	图像文件的体积是指图像文件的数据量，其计量单位是字节(Byte)。计算公式为 $s=(h \cdot w \cdot c)/8$，其中，s—图像文件的数据量；h—水平方向的像素数；w—垂直方向的像素数；c—颜色深度数值。
6.5	扫描图像应遵循什么原则？	应遵循"先高分辨率扫描，后转换其他分辨率使用"的原则。
6.6	数码摄影有哪些传统的构图规则？	1）画面中的海面、水面、地平面要水平，不可倾斜。 2）画面简洁，主体突出，应大胆除去多余的、与主体无关的元素。 3）画面要均衡，注意空间的安排。 4）人物与景物的关系要把握好，要人、景兼顾。
6.7	数码摄影怎样形成不同景深？	调节光圈的大小。光圈大，景深浅，反之亦然。
6.8	为什么不能过度调整对比度？	过度调整会使图像色彩数量减少，丧失层次感，产生失真。
6.9	图层在何种情况下自动产生？	1）粘贴剪贴板内容。 2）文字输入。
6.10	希望保留图层，应采用什么文件格式保存图像？	PSD 格式。
6.11	将若干个素材编辑、合成在一起，形成新的图像，并以 JPG 格式保存。	（仅供参考）

表 A-7 习题七

题 号	习 题	参 考 答 案
7.1	英国动画大师约翰·哈拉斯(John Halas)对动画的精辟描述是什么？	动作的变化是动画的本质。
7.2	什么是视觉滞留效应？	人在看物体时，物体在大脑视觉神经中的停留时间约为 1/24s。如果每秒更替 24 个画面或更多的画面，那么，前一个画面在人脑中消失之前，下一个画面就进入人脑，从而形成连续的影像。
7.3	动画的 3 个构成规则是什么？	1）动画由多画面组成，并且画面必须连续。 2）画面之间的内容必须存在差异。 3）画面表现的动作必须连续，即后一幅画面是前一幅画面的继续。
7.4	什么是帧动画？	所谓帧动画，是指构成动画的基本单位是帧，很多帧组成一部动画片。

(续)

题号	习题	参考答案
7.5	全动画每秒绘制的画面数是多少?	24幅。
7.6	GIF格式网页动画文件的颜色数量是多少?	256色。
7.7	在DVD技术的发展史上,DVD曾有过哪两个具体含义?	1) Digital Video Disk(数字视盘)。 2) Digital Versatile Disk(数字多用途光盘)。
7.8	我国采用什么视频制式?每秒播放多少帧?	PAL制,25帧/s。
7.9	什么是视频非线性编辑?	用计算机系统取代传统制作工艺中的A/B卷编辑机、特技机、编辑控制器、调音台、时基校正器、切换台等专业设备,实现视频的数字化编辑、特技与合成。由于数字化视频编辑可在时间轴上随意修改视频信号,自由度大,因而具有非线性。
7.10	使用GIFCON软件生成GIF格式的网页动画。 帧数:12。 表现内容:画面不断更替的显示屏和按动键盘的手。	(仅供参考)
7.11	使用Flash制作一个AVI格式的动画。 帧数:50。 表现内容:沿螺旋线运动的球。 配有同步声音。	(仅供参考)
7.12	制作一个变形动画。 帧数:20。 表现内容:从树变形到兔子。 保存格式:GIF。	(仅供参考)

表 A-8 习题八

题号	习题	参考答案
8.1	什么是声音?	声音是振动的波,是随时间连续变化的物理量。声音有3个重要指标:振幅、周期、频率。
8.2	声音的三要素是什么?	音调、音色和音强。三者决定了声音的质量。
8.3	什么是采样频率?	在一定的时间间隔内采集的样本数。
8.4	采样频率与声音还原频率存在什么关系?	$f_{采样} = 2 \cdot f_{还原}$
8.5	音频文件的数据量与哪些因素有关?	采样频率,表示位数,声道数量,压缩模式。
8.6	回声效果是怎样产生的?	在原声1次波上叠加2次波,且2次波比1次波时间上有所延迟,音量小,叠加后的听觉效果就是回声。

(续)

题号	习题	参考答案
8.7	将两个声音素材合成在一起。 素材1是背景音乐,取自CD音乐光盘,采样频率22 050Hz,8bit,双声道,文件格式为WAV。 素材2是语音,可自行录制,采样频率22 050Hz,8bit,双声道,文件格式为MP3。 成品文件格式MP3。	语音和背景音乐的合成效果:

表 A-9 习题九

题号	习题	参考答案
9.1	什么是多媒体平台软件?	是一个把各种对象素材进行逻辑组合,并赋予控制功能的软件系统。
9.2	Authorware的特色是什么?	把复杂的开发多媒体产品的开发过程简化为流程图形式。在设计多媒体作品时,把图标拖拽到流程图上,再进行适当的设置,即可完成多媒体作品。
9.3	制作PowerPoint演示文稿的背景应遵循什么原则?	1)色调协调,不过分鲜艳。 2)低亮度。 3)采用图片作为背景,总视觉效果应符合前两条原则。
9.4	怎样使演示文稿中的声音连续播放而不受翻页的影响?	在幻灯片切换时指定声音文件。
9.5	演示文稿的PPT格式与PPSX格式有何区别?	双击PPT文件时,进入编辑状态,不能直接演示。 双击PPSX文件时,不进入编辑状态,直接演播。
9.6	利用Authorware设计制作一个演示作品。完成以下功能: (1)题材:音乐欣赏。 (2)要求与效果见图。	

		演示文稿要求			
9.7	利用PowerPoint制作一个8页的演示文稿。 (1)题材:专业与个人专长介绍。 (2)要求: 1)自动翻页,每页停留时间根据内容自由确定。 2)背景音乐必须贯穿整个演示过程,并和演示页的演播同时结束。 3)动画、图片应采用原创作品或经过加工的作品。 4)具体要求见表。	演示页	页面内容	素材	翻页模式
		1	欢迎画面。即标题,班级,姓名,日期。	文字、图片,启动背景音乐。	自动
		2	简历。个人信息。	文字、照片。	自动
		3	学校、专业介绍。	图片、剪贴画、文字。	自动
		4	个人专长介绍(一)。	图片、动画、文字。	自动
		5	个人专长介绍(二)。	图片、文字。	自动
		6	个人专长介绍(三)。	图片、文字。	自动
		7	个人专长介绍(四)。	图片、文字。	自动
		8	结束画面。寄语,结束语等。	图片、文字。	自动

(注:9.7表中"翻页模式"列最右为"背景音乐"合并单元格)

233

表 A-10 习题十

题号	习题	参考答案
10.1	什么是多媒体光盘？	多媒体光盘是多媒体数据和平台的载体，是提供自动启动、菜单选择、链接应用程序、访问互联网等多种功能的便携式综合平台。
10.2	制作多媒体光盘需要考虑哪些问题？	1）多种媒体数据之间的协调性、通用性。 2）数据量是保证光盘运行效率和稳定性的重要条件。 3）光盘界面的功能设置、可操作性、友好性。 4）专业化的技术说明、使用说明和美观的外包装。
10.3	光盘自动启动的关键文件是哪个文件？	autorun.inf 文件。
10.4	AutoPlay Menu Studio 软件最终生成哪 4 个文件？	autorun.exe、autorun.apm、autorun.inf、Data 文件夹。
10.5	技术说明书与使用说明书的主要区别是什么？	1）技术说明书主要叙述多媒体技术细节，例如媒体数据的文件格式、技术数据、程序编制所采用的技术手段、硬件与软件的环境等。 2）使用说明书在如何启动多媒体作品、选择功能、演示控制等方面进行说明，并对版权进行说明、对使用中出现的问题进行解释。
10.6	制作一个采用自己照片的图标。要求：尺寸为 32×32 像素；色彩为 256 色。	照片图标：32×32 像素；256 色。
10.7	制作自动启动光盘。启动界面功能： 1）自我介绍（播放 PPS 格式的演示文稿）。 2）浏览光盘（打开资源管理器）。 3）退出光盘系统（要求进行"是"与"否"的逻辑判别后退出）。 要求：启动界面采用图片背景。当鼠标移进 3 个功能区域时，分别改变颜色，并显示提示性文字。	（仅供参考）
10.8	设计并制作一个光盘纸袋。要求纸袋正面印有标题、姓名、班级、制作日期。	（仅供参考）

附录 B 实验指导

本实验指导根据教学大纲、教学进度和实践内容编写，其中使用的素材大多取自配套光盘中的练习素材。本实验指导对应"多媒体技术"课程，课程总学时为 40 学时，其中，教学讲授 20 学时，实验 20 学时，其对应关系见表 B-1，供读者参考。

表 B-1 实验指导与课堂教学的对应关系

课堂教学		实验		学时小计
章目	学时	名称	学时	
第1章 多媒体技术基础知识	2	实验1 多媒体技术基础实践	2	4
第2章 多媒体个人计算机	2	实验2 多媒体个人计算机实践	2	4
第3章 美学基础	2	实验3 美学基础实践	2	4
第4章 多媒体数据描述	1	实验4 多媒体数据描述实践	1	2
第5章 多媒体数据压缩技术	1	实验5 多媒体数据压缩实践	1	2
第6章 图像处理技术	2	实验6 图像处理实践	2	4
图像处理技术（续）	2	图像处理实践（续）	2	
第7章 动画与视频制作技术	2	实验7 动画与视频制作实践	2	4
第8章 数字音频处理技术	2	实验8 数字音频处理实践	2	4
第9章 多媒体平台设计	2	实验9 多媒体平台设计实践	2	4
第10章 多媒体光盘制作技术	2	实验10 多媒体光盘制作实践	2	4
总学时	20		20	40

实验1 多媒体技术基础实践

1. 实验目的

1) 认识和了解多媒体技术的发展历史和产生的环境。

2) 掌握 Windows 提供的多种多媒体工具的简单使用方法。

2. 实验内容

（1）观察

在国际互联网上检索和浏览多媒体技术的发展历史和产生的环境。并留心观察互联网的网页上众多的多媒体表现手段，例如动态文字、动画、声音，以及视频播放内容。

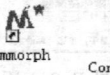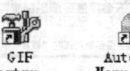

图 B-1 看图标，认识多媒体软件

在实验室的计算机界面上，认识各种素材制作软件和平台软件的图标，常见软件如图 B-1 所示。

（2）熟悉 Windows 的"画图"工具

操作步骤：

1) 插入本教材配套光盘。

2) 打开画图工具。选择"文件/打开"菜单，在光盘的"练习素材\图片素材"文件夹中选择"011.JPG"文件，如图 B-2 所示。

3) 改变图像的尺寸。选择"图像/拉伸/扭曲"菜单，显示拉伸和扭曲画面。在该画面的水平和垂直两个输入框中输入数值，如 40（把图像缩小到原图的 40%），单击"确定"按钮。

4) 添加文字。单击底部的颜色框，选择一种颜色。单击 A（文字）按钮，在图像上画出文字书写区域，然后输入文字。

5) 在"字体"设置框中设置字体和字号。

提示：文字背景如果带有底色，单击"透明属性"按钮即可消除。

6) 鼠标对准文字框边缘移动文字的位置。添加文字后的效果如图 B-3 所示。

7) 保存。选择"文件/另存为"菜单，显示"另存为"画面。

"保存类型"选择"24 位位图"，文件名为："实验 1_画图工具练习_24 位.bmp"，单击"保存"按钮。

再次选择"保存类型"为"256 色位图"，提示可能会丢失颜色，单击"是"按钮，文件名为："实验 1_画图工具练习_256 色.bmp"，单击"保存"按钮。

8) 选择"文件/退出"菜单，退出画图工具。

图 B-2 打开"011.JPG"文件的画图工具

图 B-3 添加文字后的效果

(3) 熟悉 Windows 的"录音机"工具

操作步骤：

1) 选择"开始/程序/附件/娱乐/录音机"菜单，启动录音机。

2) 选择"文件/打开"菜单，选择配套光盘中的"练习素材\声音素材\WAV 音乐\瑞典狂想曲.WAV"，单击"打开"按钮。

3) 截取声音片段。单击"播放"按钮，播放到截取点单击"停止"按钮。选择"编辑/删除当前位置之前的内容"菜单，显示询问信息，单击"确定"按钮。

单击"播放"按钮继续聆听声音，到另一个截取点时，单击"停止"按钮。选择"编辑/删除当前位置之后的内容"菜单，单击"确定"按钮。此后录音机中只留下需要的声音片段。

4) 选择"文件/另存为"菜单，将文件命名为"实验 1_录音机练习.wav"，单击"保存"按钮。

5) 选择"文件/退出"菜单，退出"录音机"工具。

3. 操作提示

1) 使用画图工具时，用矩形"选定"工具把图形包围起来，按下〈Ctrl〉键，鼠标移动图形，即可复制图形。若图形带有底色，单击工具盒中的透明属性按钮，然后再操作。

2）使用录音机时，除了聆听声音和剪裁以外，还可为声音添加效果，例如加速、减速、添加回音。方法是：选择"效果"菜单，从中选择一种效果，例如"加速"。

4. 思考题

1）利用"资源管理器"观察"实验1_画图工具练习_24位.bmp"和"实验1_画图工具练习_256色.bmp"两个文件，比较其数据量之间存在的差异，思考为什么会产生这种现象。

2）"录音机"除了使用WAV格式以外，还能使用其他音频格式吗？

3）书写实验报告。要求：

- 写出实验过程、操作要点、具体参数，以及产生的问题和解决办法。
- 对于思考题有一个清晰的分析和思考，并做出相应的结论。
- 篇幅不少于800字，采用Word编辑，文件名"实验1_报告.docx"。

实验2 多媒体个人计算机实践

1. 实验目的

1）认识构成多媒体个人计算机的各种基本设备和扩展设备，了解设备性能和基本原理。

2）掌握基本硬件设备和部分扩展设备的使用方法。

2. 实验内容

（1）认识多媒体个人计算机的硬件设备

1）主板、扩展槽。打开计算机的机箱，可看到如图B-4所示的主板及其他元器件。CPU、内存储器、数据代码总线等都安装在主板上。主板上的扩展槽用于插入显示适配器、声音适配器、网络适配器等。

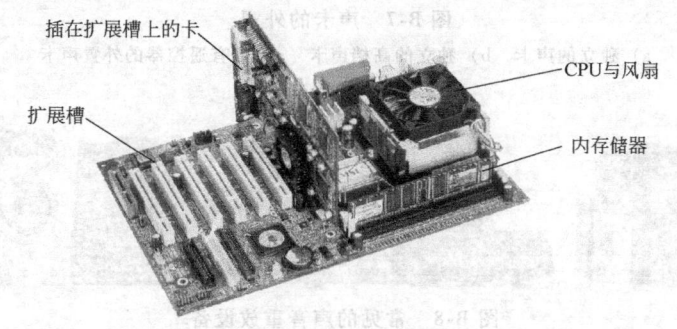

图B-4 主板外观

观察和了解的内容：

- 主板扩展槽的个数。
- 识别扩展槽中的板卡类型（如显示卡、声卡、网卡等）。
- 主板上CPU的位置和型号。
- 主板上内存储器的位置。

2）硬盘、光盘驱动器。硬盘驱动器是计算机中存储容量最大的设备，用于保存系统软件（如Windows系统、Unix系统等）、设备驱动程序、应用软件（如图像处理软件、声音处理软件、视频处理软件）等。

硬盘驱动器内部结构如图B-5所示。光盘驱动器和光盘如图B-6所示。

观察和了解的内容：

- 观察硬盘存储器在机箱内的安装位置。

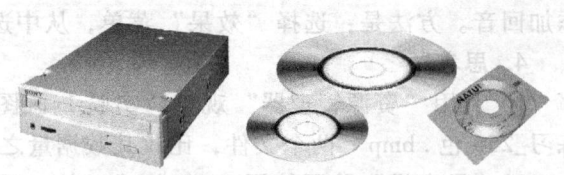

图 B-5　硬盘驱动器　　　　　　　　　图 B-6　光盘驱动器和光盘

- 有条件的话,可观察硬盘的内部结构。了解盘片的结构、磁头架的动作模式、磁头的工作原理等。重要提示:一个好的硬盘驱动器是严格防尘的,不要自行打开,以免造成损坏。
- 识别光盘的读写类型、尺寸和最大容量。
- 探讨计算机处于关机状态时,如何从光盘驱动器中取出光盘。

3) 声音适配器与重放设备。声音适配器简称"声卡",声卡装在主板的扩展槽中。但也有"内置声卡"或"集成声卡"集成在主板上。常见声卡如图 B-7 所示。常见的音响、音箱等声音重放设备如图 B-8 所示。

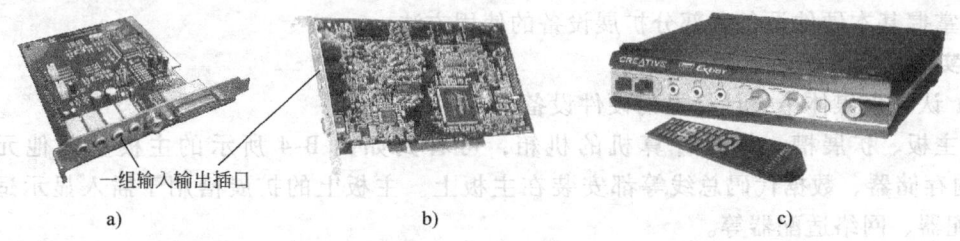

图 B-7　声卡的外观
a) 独立的声卡　b) 独立的高档声卡　c) 带有遥控器的外置声卡

图 B-8　常见的声音重放设备

观察和了解的内容:
- 观察主板的扩展槽上有否独立的声卡?从而确定声卡的类型。
- 观察机箱后部声卡的插口个数和功能。

4) 显示适配器。显示适配器简称"显示卡",插在主板的扩展槽中。常见显示卡的外观见图 B-9。

图 B-9　常见显示卡的外观

观察和了解的内容：
- 观察 Windows 桌面的设置参数，确认当前的显示分辨率、颜色数量等。
- 设置更高的显示分辨率，观察是否可行。了解显示卡的性能指标是否制约了新的设置。

（2）了解显示器

1) CRT 显示器。采用阴极射线管作为显示单元。优点是视角宽、色彩丰富、亮度高。缺点是体积大、耗电量大。

观察和了解的内容：
- 调整显示器的亮度、对比度、显示尺寸、倾斜度、枕形失真等，熟悉调整手段和技巧。
- 观察显示屏，确认该显示器属于柱面、平面直角、物理纯平和视觉纯平中的哪一种。
- 显示彩色图片时，用放大镜仔细观察显示器上面的像点，了解像点的细微形态。
- 显示图像时，从显示器的各个角度观察显示效果，体会图像的亮度和色彩的变化。

2) LCD（液晶）显示器。液晶显示器有 TN（一般亮度）和 TFT（高亮度）之分。优点是节能、重量轻。缺点是视角窄。

观察和了解的内容：
- 阅读说明书和直观检查，确认当前使用的液晶显示器是 TN 液晶，还是 TFT 液晶显示器。
- 从液晶显示器的各个角度观察清晰度、亮度和色彩。确认视角最小的方向。

（3）了解扩展设备

1) 数码照相机。数码照相机的像素总数和成像质量是衡量其优劣的标准。

观察和了解的内容：
- 确认像素总数。如有条件，可通过拍摄照片比较不同相机在色彩和清晰度方面的差异。
- 了解数码照相机的电源形式、镜头规格、存储卡的类型、容量及其特点。

2) 扫描仪。扫描仪有反射式、透射式之分。扫描质量与镜头、CCD、光源、机械柔顺性等因素有关。

观察和了解的内容：
- 了解扫描仪的基本结构。
- 确认当前使用的扫描仪属于反射式扫描仪还是透射式扫描仪。

3) 打印机。打印机有针式、激光、彩色喷墨、热升华等多种类型。图 B-10 是几种常见的打印机。

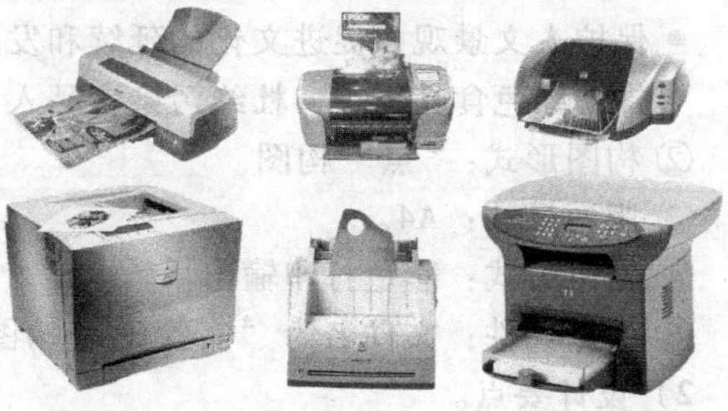

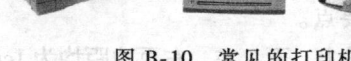

图 B-10　常见的打印机

观察和了解的内容：
- 确认当前使用的打印机属于哪种类型。了解打印机的结构、基本原理。
- 了解打印机的打印质量与打印介质之间的关系。如采用普通纸、专用纸、照片纸打印时，彩色喷墨打印机的打印效果有何差异。

3. 操作提示

1) 在打开机箱后，要慎重操作，避免损坏内部硬件设备。

2）在用放大镜观察显示器的像素时，显示器的亮度不要调得太高。
3）在使用耳机聆听声卡效果时，注意音量不要过大，避免损伤耳朵。

4. 思考题

1）内存储器在突然遭遇断电时，其中的信息仍能保留吗？
2）观察液晶显示器，是否有对比度调整按钮？为什么？
3）彩色喷墨打印机在打印时，是先把彩色墨水混合后再由喷嘴喷出，还是由各个单色喷嘴喷出后，再混合成彩色效果？
4）书写实验报告。要求：
- 简练地写出全部实验过程，并写出观察结果。
- 对于思考题有一个清晰的分析和思考，并做出相应的结论。
- 篇幅不少于2000字，采用Word编辑，文件名"实验2_报告.docx"。

实验3 美学基础实践

1. 实验目的

1）建立基本的美学观念，了解美学设计的要领和基本方法。
2）通过实际设计，深化美学知识，掌握基本设计技巧。
3）强化点、线、面的构图理念和方法。
4）强化对色彩的认识和敏感程度。
5）通过设计前后的对比，了解美学的重要作用。

2. 实验内容

（1）用Word设计宣传海报

1）设计要求。

① 主题：保护大自然。可参照下列主题。
- 保护森林，禁止乱砍滥伐。
- 注意保护地球物种，避免生物灭绝，恢复生物多样性。
- 减少空气污染，减少污染物排放，减缓全球变暖趋势。
- 保护人文景观，促进文化的延续和发展。
- 推动绿色食品工程，杜绝污染食品入口。

② 构图形式："点"构图。
③ 版面尺寸：A4。
④ 输出形式：彩色打印输出。
⑤ 保存文件：文件名为"实验3_点构图设计.docx"。

2）设计要点。

① A4纸的上、下、左、右页边距均为1cm。
② 彩色图片的内容应与设计主题一致，格式应采用24位位图形式，BMP格式保存。
③ 选择"插入/图片/来自文件"菜单，插入图片。
④ 若希望随意调整图片位置，单击图片，在"图片"工具栏中单击"文字环绕"按钮，选择"浮于文字上方"。
⑤ 利用绘图工具栏中的"文本框"输入文字，鼠标右键单击文本框，选择"叠放次序"，单击"浮于文字上方"图标，这样文字就可在版面上随意移动。

⑥ 组合版面上的所有元素。单击"绘图"工具栏左侧的 ▨（选择对象）按钮，画一个矩形，把所有元素包围其中。鼠标右键单击某元素，选择"组合/组合"选项。此后可整体移动组合后的元素。

（2）宣传海报效果

图 B-11 是设计完成的点构图作品，供参考。其中的北美驯鹿图片取自配套光盘的"练习素材 \ 图片素材 \ animal_01.jpg"，如图 B-12 所示。

图 B-11　设计完成的点构图作品

图 B-12　"animal_01.jpg"图片内容

3. 操作提示

1）如果在 Word 中单击图片后，不显示"图片"工具栏，可用鼠标右键单击窗口顶部的菜单栏，在随后显示出来的菜单中，选择"图片"选项。

2）在设计和编辑过程中，应随时选择"文件/保存"菜单保存编辑内容，最大限度地避免由于操作不慎或突然停电而造成的损失。

3）为了使版面对象能够自由移动，须设置"浮于文字上方"。对象比较多时，为了简化操作，一劳永逸，可用鼠标右键单击已经"浮于文字上方"的对象，选择"设置自选图形的默认效果"选项。此后插入的对象自动处于"浮于文字上方"状态。

4）做精细调整时，光标移动键〈↑〉〈↓〉〈←〉〈→〉只能以字符为单位移动对象，不能准确定位。可按下〈Ctrl〉键不松开，同时再使用〈↑〉〈↓〉〈←〉〈→〉键，就能精确调整对象的位置。

4. 思考题

1）试采用"线"构图的形式设计作品。
2）一个成功的设计需要哪些要素？
3）为什么在使用 Word 编辑制作作品时，背景多采用白色？而使用 PowerPoint 设计作品时，却要求背景暗淡一些？
4）书写实验报告。要求：
① 写出实验过程、设计思想，以及更多的想法和问题。
② 对于思考题有一个清晰的分析和思考，并做出相应的结论。
③ 篇幅不少于 800 字，采用 Word 编辑，文件名"实验3_报告.docx"。

实验4　多媒体数据描述实践

1. 实验目的

1）认识静态图像、动态图像、视频和音频文件。
2）了解各种多媒体文件的播放软件和使用方法。

2. 实验内容

（1）认识静态图像

静态图像有多种格式，其数据表示方式、图像质量也存在差异。

1）打开ACDSee软件，浏览光盘"练习素材\图片素材"文件夹中的BMP、TIF、GIF、JPG格式的静态图像。部分图片如图B-13所示。

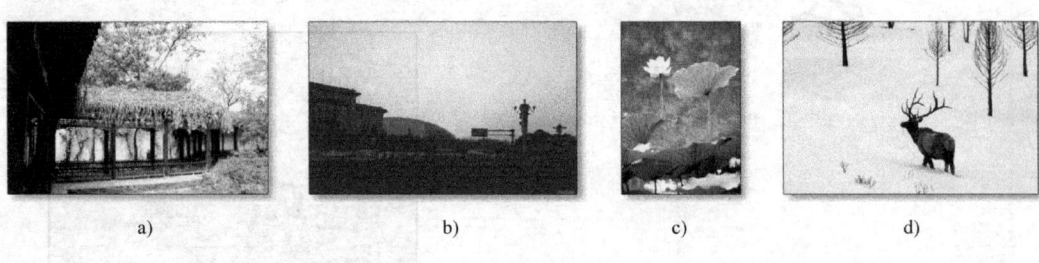

图B-13　"练习素材\图片素材"文件夹中的部分图片
a）大观园之秋_01.bmp　b）中国大剧院.tif　c）花卉_01.gif　d）animal_03.jpg

2）双击各种格式的图片，满屏显示该图片。

观察和了解的内容：

- 首次打开图片时，仔细观察各种格式图片的显示顺序。如：TIF、GIF、JPG格式由上至下顺序显示，而BMP格式则相反，由下至上显示。
- 观察不同格式图片的颜色数量是否存在差异。

提示：颜色数量少的图片，其特点是：颜色过渡不好，具有颜色分层的感觉。

- 观察首次打开不同格式图片的速度差异。

（2）动态图像

描述动态图像的数据具有4个特点：在时间轴上的连续性、延续性、相关性与实时性。利用ACDSee软件，浏览配套光盘中"练习素材\动画素材\网页动画成品"文件夹中的动画。

观察和了解的内容：

- 哪些动画的演播是匀速的？哪些动画的演播是变速的？
- 哪些动画的动作不流畅？哪些动画只有两幅画面？

（3）视频

视频文件通常采用AVI格式，打开配套光盘的"练习素材\动画素材\视频素材"文件夹，双击其中的某个文件，如"小动物.avi"，将打开相关联的播放器，播放该视频。

观察和了解的内容：

视频画面的标准尺寸是多少？放大尺寸后的播放效果如何？

（4）音频文件

音频文件有多种格式，音质的差异很大。打开配套光盘的"练习素材\声音素材"文件夹，再选择不同音乐格式的文件夹，双击其中的音乐文件，将打开相关联的播放器，播放该音频。

观察和了解的内容：
- 比较 MIDI 格式和 WAV 格式的音乐在音质和数据量方面存在的差异。
- 同样时间长度的音乐，数据量最大的和数据量最小的文件格式分别是哪种？

3. 操作提示

1）ACDSee 是图像浏览软件，有关操作细节可翻阅本书第 6 章中"6.5 图像的浏览"一节中的相关内容。

2）播放视频和音频通常自动关联 Windows 的"Windows Media Player"。但如果系统中安装了其他类型的播放器，如"RealPlayer"，则可能启动该播放器播放。二者的操作界面略有不同，应予以注意。图 B-14 是两种播放器的界面。

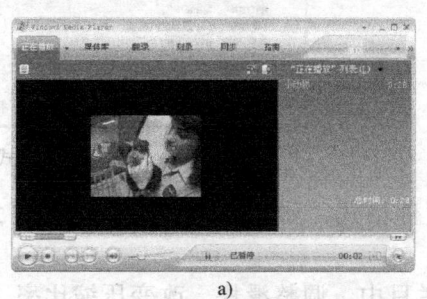
a)

b)

图 B-14　播放器的界面

a）Windows Media Player 界面　b）RealPlayer 界面

4. 思考题

1）为什么 BMP 格式图片的显示顺序与其他图片格式不同？

2）为什么有些动画的动作不流畅？与什么因素有关？

3）书写实验报告。

要求：

① 写出实验过程、观察的结果，以及发现的问题。

② 对于思考题有一个清晰的分析和思考，并做出相应的结论。

③ 篇幅不少于 800 字，采用 Word 编辑，文件名"实验 4_报告.docx"。

实验 5　多媒体数据压缩实践

1. 实验目的

1）认识和了解数据压缩的基本原理。了解不同文件格式的数据量差异。

2）掌握基本的数据格式转换与压缩方法。

2. 实验内容

（1）转换图像文件格式

图像文件的格式繁多，每种格式对应一种数据压缩算法，转换图像文件格式实际上就是改变该图像的压缩算法。

格式转换步骤：

1）在硬盘的某个开放的逻辑区中，建立一个新文件夹"实验 5_图像"，然后把配套光盘

"练习素材\图片素材"文件夹中的"纪念碑.tif"图片复制到"实验5_图像"文件夹中。

2) 启动 ACDSee 图像浏览软件,选择"实验5_图像"文件夹。

3) 参见图 B-15,鼠标右键单击"纪念碑.tif"图片,选择"工具/转换文件格式"菜单,显示图 B-16 所示的"转换文件格式"对话框。

 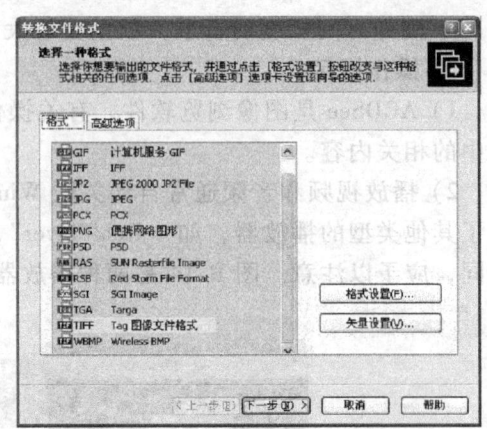

图 B-15　选择转换文件格式菜单　　　　　　图 B-16　"转换文件格式"对话框

4) 在转换文件格式画面中选择一种文件格式,如 JPG 格式,单击"格式设置"按钮,显示图 B-17 所示的"JPEG 选项"对话框。

5) 在"JPEG 选项"的"图像品质"栏目中,调整滑块,改变压缩比率。越靠近右侧的"最佳品质"端,图像的品质越好,但数据量越大。调整完毕,按"确定"按钮。

6) 单击"下一步"按钮,显示如图 B-18 所示的目标选择画面。从中选择"在来源文件夹中放置已修改的图像"选项。单击"下一步"按钮,显示设置多页选项画面,单击"开始转换"按钮。

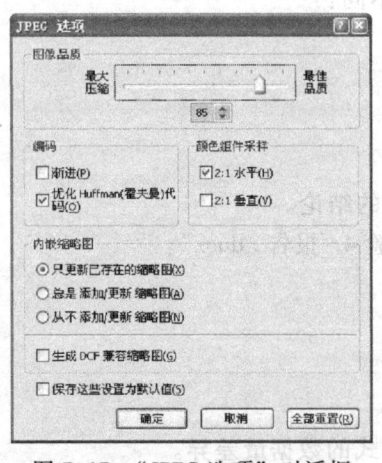 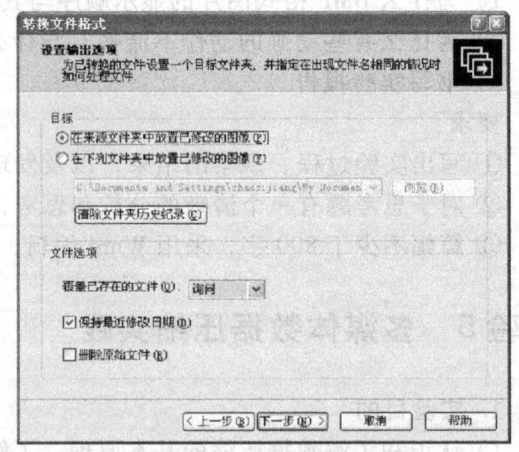

图 B-17　"JPEG 选项"对话框　　　　　　　图 B-18　目标选择画面

7) 进行步骤 3) ~ 6),将图片继续转换成 BMP 和 GIF 格式,转换完毕,如图 B-19 所示。

(2) 观察数据量

1) 在图 B-19 所示的画面中,单击"查看方式"按钮,选择"详细资料"选项。

2) 观察 4 个文件的数据量差异,并记录。

(3) 文件更名

将 4 个图片文件更名为:

实验5_纪念碑.tif
实验5_纪念碑.jpg
实验5_纪念碑.bmp
实验5_纪念碑.gif

3. 操作提示

1）图 B-17 所示的"JPEG 选项"对话框根据文件格式的不同而有所不同。

2）利用 ACDSee 软件的文件格式转换功能，可得到更多的文件格式，不妨一试。

4. 思考题

1）4 种文件格式的颜色数量一样吗？

2）分析文件数据量产生差异的原因。

3）书写实验报告。

要求：

① 写出实验过程、操作要点，记录 4 种格式的图片数据量，以及与遇到的问题和解决办法。

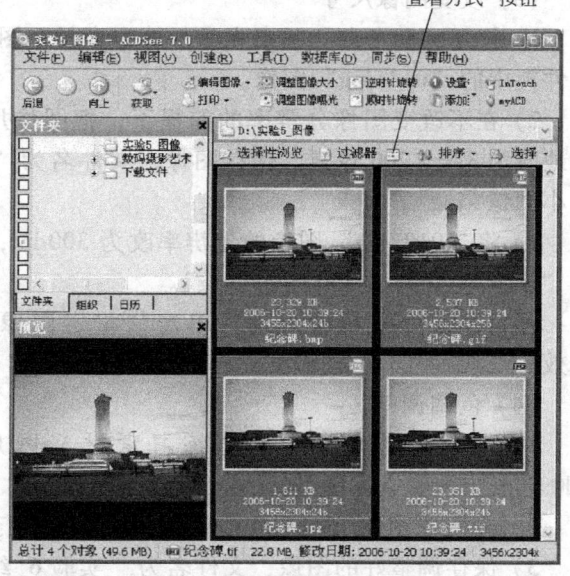

图 B-19 同一图片的 4 个文件格式

② 对于思考题有一个清晰的分析和思考，并做出相应的结论。

③ 篇幅不少于 800 字，采用 Word 编辑，文件名"实验5_报告.docx"。

实验6 图像处理实践

1. 实验目的

1）正确识别图像文件的格式、颜色深度，确认是否可编辑，并掌握参数设置方法。

2）掌握图像的编辑手段，如调整色调、改变亮度和对比度、设置选区、使用滤镜、认识图层、掌握图层编辑手段、学会图像合成。

2. 实验内容

（1）设置 ACDSee 软件的文件关联

1）选择"工具/文件关联"菜单，将所有图像文件设置成关联对象。

2）在资源管理器中验证关联是否发挥作用。

（2）获取界面图像

1）打开任意一个软件，如画图工具，选择一个菜单，保持显示，单击〈Print Screen〉键。

2）在画图工具中，选择"编辑/粘贴"菜单，得到带有菜单的软件界面，如图 B-20 所示。

3）把菜单以外的部分涂成单色，保存文件，文件名为"实验6_界面获取.bmp"。

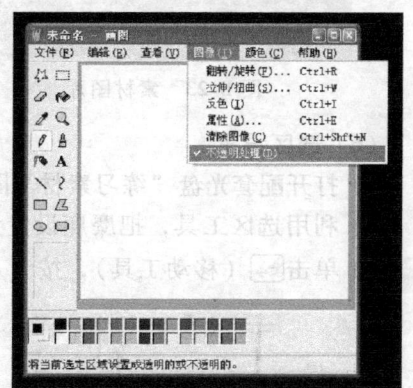

图 B-20 带有菜单的软件界面

4）启动 Word 软件，插入"实验6_界面获取.bmp"，将单色部分设置成"透明"属性，如图 B-21 所示。

5）保存 Word 文档。文件名为"实验6_透明菜单.docx"。

(3) 改变图像尺寸

1) 打开配套光盘"随书光盘 \ 练习素材 \ 图片素材"文件夹中的"013.jpg"图像。

2) 在不改变图像分辨率的前提下,把图像尺寸等比例地改为 320×200 像素。保存图像,文件名为"实验 6_缩小图像.jpg"。

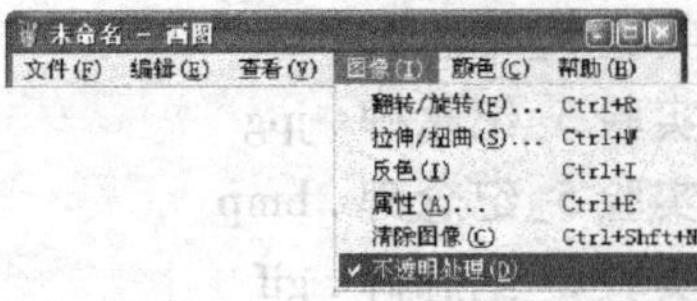

图 B-21 设置成"透明"属性的菜单

3) 将"013.jpg"图像的分辨率改为 300dpi,观察图像尺寸的变化。保存图像,文件名为"实验 6_分辨率 300 图像.jpg"。

提示:改变分辨率之前,单击"重定图像像素"选项,使其失效。

(4) 色调调整

1) 打开配套光盘中的"练习素材 \ 图片素材"文件中的"d09.jpg"图像,如图 B-22 所示。该图像偏绿。

2) 选择"图像/调整/色彩平衡"菜单,进行调整,纠正偏色。

3) 保存调整好的图像,文件名为"实验 6_纠正偏色.bmp"。

(5) 亮度和对比度调整

1) 打开配套光盘"练习素材 \ 图片素材"文件夹中的"055.jpg"图像,如图 B-23 所示。

图 B-22 偏色图像

2) 选择"图像/调整/亮度对比度"菜单,适当增加亮度和对比度,使照片看起来清晰可辨,但不要过分,如图 B-24 所示。

3) 保存图像。文件名为"实验 6_增加清晰度.bmp"。

图 B-23 素材图片

图 B-24 调整亮度和对比度后的图片

(6) 选区设置

1) 打开配套光盘"练习素材 \ 图片素材"文件夹中的"animal_03.jpg",如图 B-25 所示。

2) 利用选区工具,把麋鹿设置为选区。

3) 单击 (移动工具),按〈Alt〉键复制一只麋鹿,并改变其大小,如图 B-26 所示。

图 B-25 素材图片

图 B-26 复制选区后的图片

4）保存文件。文件名为"实验6_选区复制.bmp"。
（7）滤镜的使用
1）打开配套光盘"练习素材 \ 图片素材"文件夹中的"广场灯杆.tif",如图 B-27 所示。
2）选择"滤镜/渲染/镜头光晕"菜单,制作逆光拍摄形成的灯光和光斑,如图 B-28 所示。
3）保存文件。文件名为"实验6_灯光滤镜.bmp"。

图 B-27　素材图片

图 B-28　使用滤镜后的图片

（8）利用图层进行图像合成
1）打开配套光盘"练习素材 \ 图片素材"文件夹中的"d10.jpg"和"d12.jpg"图像,如图 B-29a 和图 B-29b 所示。

a)

b)

c)

图 B-29　合成
a）d10.jpg 图像素材　b）d12.jpg 图像素材　c）合成效果

2）利用魔棒工具将图 B-29b 的人物设置为选区,选择"编辑/拷贝"菜单,将人物复制到剪贴板中。单击图 B-29a 的图像,选择"编辑/拷贝"菜单,将剪贴板中的内容粘贴到其中,稍作调整,形成图 B-29c 所示的合成效果。
3）保存含有图层的图像,文件名为"实验6_合成.psd"。
4）拼合图层,保存图像,文件名为"实验6_合成.jpg"。

3. 操作提示
1）调整图 B-24 图片的亮度和对比度时,原则是不可过度调整,否则将大量丢失细节。
2）在图 B-26 中的麋鹿带有阴影,为实现此效果,在设置选区时,应包括麋鹿的阴影。
3）在合成时,要注意调整对象的尺寸和位置,使其自然、可信。

4. 思考题
1）为什么提高了图像的分辨率,图像的几何尺寸会缩小?

2）在不改动图像分辨率的情况下，直接改变图像的几何尺寸，对图像质量有影响吗？
3）为什么不可过分地调整对比度和亮度？
4）滤镜可以对同一图片多次使用吗？
5）图层之间的透明效果怎样实现？
6）如果保存带有图层的图像文件，应采用什么文件格式？
7）书写实验报告。

要求：

① 写出实验过程、操作要点、具体参数，以及产生的问题和解决办法。
② 对于思考题有一个清晰的分析和思考，并做出相应的结论。
③ 篇幅不少于800字，采用Word编辑，文件名"实验6_报告.docx"。

实验7　动画与视频制作实践

1. 实验目的

1）了解动画和视频的基本原理。
2）熟悉和掌握制作网页动画、变形动画和视频处理。
3）培养创新意识，不拘泥于常规方法和设计理念，捕捉突发奇想的灵感。

2. 实验内容

（1）制作变形动画

1）利用画图工具或者Photoshop绘制变形动画的首、尾画面。要求尺寸相同、256色。

提示：素材可取自配套光盘"练习素材\动画素材\变形动画素材"文件夹中的两个文件：Demo-5a.bmp和Demo-5b.bmp，如图B-30所示。

2）画面数量：25。
3）保存动画，采用GIF格式，文件名为"实验7_变形动画.gif"。

a)　　　　　　　　　b)

图B-30　变形动画素材
a) 首画面　b) 尾画面

（2）在PowerPoint中使用动画

1）启动PowerPoint。把自制的"实验7_变形动画.gif"动画插入到演示页中。
2）为动画选择一段背景音乐。

提示：取自配套光盘"练习素材\声音素材\wav简短音乐"文件夹中的"托卡塔.wav"。

3）保存演示文稿，采用PPSX格式，文件名为"实验7_配乐动画.ppsx"。

（3）制作网页动画

1）用任何一种画图工具绘制若干幅动画画面，256色，并以BMP格式保存。

提示：素材可采用配套光盘"练习素材\动画素材\网页动画素材"文件夹中的"兔子01.bmp～兔子08.bmp"，如图B-31所示。

图B-31　兔子01.bmp～兔子08.bmp画面

2）启动GIF Construction Set软件，插入LOOP、CONTROL、IMAGE命令，把绘制的动画画面插入到命令编辑界面。

3）保存动画。采用GIF格式，文件名为"实验7_GIF动画.gif"。

（4）绘制动画

动画表现题材：自选，画面数量：8，画面尺寸：320×200像素。

1）启动Flash软件，使用关键帧绘制动画。

2）保存动画。采用GIF格式，文件名为"实验7_FLASH动画.gif"。

（5）视频处理

1）启动Premiere软件。分别导入如下的视频和音频素材。

视频素材取自配套光盘"练习素材\动画素材\视频素材\电脑崩溃.avi"文件。如图B-32所示。

音频素材取自配套光盘"练习素材\声音素材\音效\家电\座钟.wav"。

2）将视频和音频合成在一起。

图B-32　电脑崩溃.avi

3）保存有声视频文件，采用AVI格式，文件名为"实验7_视音频合成.avi"。

3．操作提示

1）制作变形动画时，变形控制点尽可能沿着轮廓多设置一些。并且，眼睛、鼻子、嘴的定点设置也很重要，可使变形效果更为理想。

2）在PowerPoint中使用动画时，动画的插入、移动位置、复制、翻转等操作与图片完全相同，但对动画背景透明的设置不起作用，应在GIF Construction Set软件中设置背景的透明属性。

3）在使用Premiere软件进行视频和音频合成时，若使用较长时间的视频和音频素材时，数据量非常大，保存文件的时间会很长。

4．思考题

1）动画的节奏怎样控制？

2）制作变形动画的首、尾画面时，为什么要求采用256色模式？

3）在使用GIF Construction Set软件制作网页动画时，能实现变速播放动画吗？

4）PAL视频制式和NTSC视频制式分别每秒播放多少帧？

5）书写实验报告。

要求：

① 写出实验过程、操作要点、具体参数，以及产生的问题和解决办法。

② 对于思考题有一个清晰的分析和思考，并做出相应的结论。

③ 篇幅不少于800字，采用Word编辑，文件名"实验7_报告.docx"。

实验 8 数字音频处理实践

1. 实验目的
1) 探讨采样频率对数据量的影响、对音质的影响，以及带来的问题。
2) 学会从 CD 音乐光盘中获取素材，编辑 WAV 和 MP3 音频文件的基本手段。

2. 实验内容
（1）获取 CD 音乐
1) 把光盘插入驱动器。
2) 启动 Easy CD-DA Extractor，自动列出曲目清单，如图 B-33 所示。

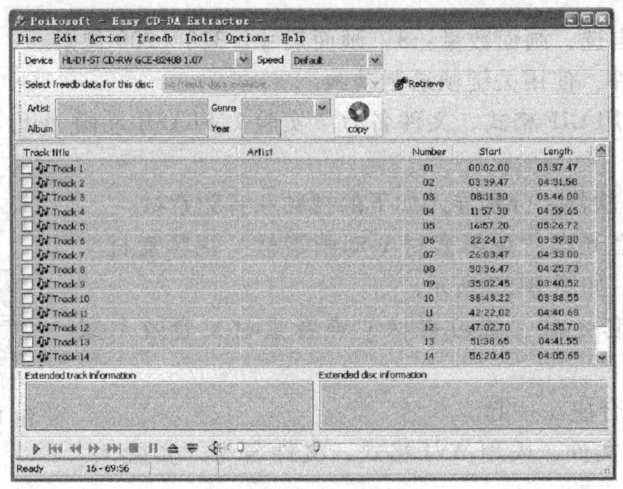

图 B-33 曲目清单

3) 选择歌曲，单击"COPY"按钮，选择 MP3 格式，指定存放的路径。

（2）音频编辑

1) 启动 GoldWave。音频素材取自配套光盘"练习素材\声音素材\MP3 音乐"文件夹中的"晚秋.mp3"。

2) 制作淡入效果。把乐曲开始部分设置成选区，时间长度为 18 秒。单击 ⬤（淡入）按钮，制作淡入效果。

3) 制作淡出效果。把乐曲结束部分设置成选区，时间长度为 20 秒。单击 ⬤（淡出）按钮，制作淡出效果。

4) 采用 MP3 格式保存，文件名为"实验 8_淡入淡出.mp3"。保留该文件，不要关闭。

（3）音频合成

1) 打开配套光盘"练习素材\声音素材\音效\自然"文件夹中的"海浪海鸥.wav"和"鸟鸣.wav"，按照图 B-34 将 3 个音频素材进行合成。

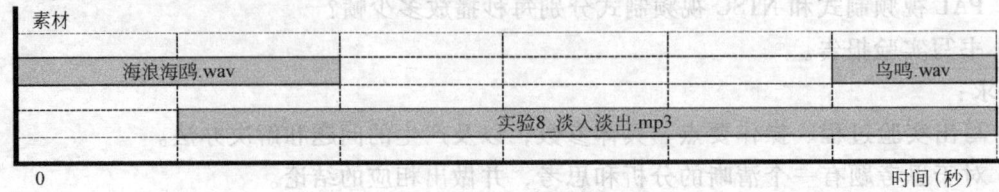

图 B-34 合成要求

2) 保存文件。采用 MP3 格式，文件名为"实验 8_合成 . mp3"。
3. 操作提示
1) 使用 Easy CD-DA Extractor 获取 MP3 格式音频文件时，要选择播放器能够接受的采样频率，一般在 96~320kbit/s 之间选取。
2) 在合成 3 个音频素材时，要注意各自的声道形式，观察其合成效果。
4. 思考题
1) 自己使用的 MP3 随身听能够接受多高的音频采样频率？
2) 数字采样频率与自然声频率具有什么关系？
3) 把单声道素材合成到立体声素材中时，怎样确定目标声道？
4) 书写实验报告。
要求：
① 写出实验过程、操作要点、具体参数，以及产生的问题和解决办法。
② 对于思考题有一个清晰的分析和思考，并做出相应的结论。
③ 篇幅不少于 800 字，采用 Word 编辑，文件名"实验 8_报告 . docx"。

实验 9　多媒体平台设计实践

1. 实验目的
1) 了解平台软件的作用，掌握基本的使用方法。
2) 学会图标的制作技术，掌握光盘自动启动文件的制作技术。
2. 实验内容
（1）图像数据优化
1) 启动 Photoshop CS 软件，打开配套光盘"随书光盘 \ 练习素材 \ 图片素材"文件夹中的"天安门广场 . tif"（23 350KB）。
2) 选择"图像/图像大小"菜单，单击"重定图像像素"选项，使其有效，将图片宽度变更为 300 像素，保持宽高比例。
3) 选择"图像/模式/索引颜色"菜单，将颜色数量转换为 256 色。
4) 保存文件，采用 GIF 格式，文件名为"实验 9_图像数据优化 . gif"。
5) 观察该图片的数据量，应为 52KB。
（2）动画数据优化
1) 启动 GIF Construction Set 32，打开配套光盘"练习素材 \ 动画素材 \ 网页动画成品"文件夹中的"光盘 02. gif"（148KB）。
2) 通过删除"IMAGE"命令行，减少画面数量。
3) 保存动画。采用 GIF 格式，文件名为"实验 9_动画数据优化 . gif"。
4) 比较原动画素材和经过减帧的动画之间数据量的差异。
（3）音频数据优化
1) 启动 Windows 的"录音机"，打开配套光盘"练习素材 \ 声音素材 \ WAV 音乐"文件夹中的"瑞典狂想曲 . wav"（13 167KB）。
2) 选择"文件/属性"菜单，将音频变更为：22 050Hz，8bit，Mono（单声道）。
3) 保存音频文件。采用 WAV 格式，文件名为"实验 9_音频数据优化 . wav"。
4) 比较处理前后音频文件数据量的差异。

（4）用 PowerPoint 制作自动演示文稿

1）表现题材：自我介绍；所有页面自动翻页；采用持续不断的背景音乐；页面：5 页，首页停留 5s，第 2 页 20s，第 3 页 20s，第 4 页 20s，第 5 页 5s。

2）页面内容：
- 首页标题：自我介绍，姓名、性别、班级。
- 第 2 页：自己的简历。
- 第 3 页：自己的专业特长。
- 第 4 页：自己的业余爱好。
- 第 5 页：感谢语，制作日期。

3）保存演示文稿。采用 PPSX 格式，文件名为"实验9_自我介绍.ppsx"。

3. 操作提示

1）进行数据优化时，以保证基本的质量为前提条件，不可过度处理。
2）制作自动演示文稿时，要想得到连续播放的背景音乐，应在"幻灯片切换"中设置。

4. 思考题

1）图像、动画和音频在进行数据优化时，如何找到数据量和质量之间的平衡点？
2）在"幻灯片切换"中设置的背景音乐是否与自动演示文稿共同保存？
3）书写实验报告。

要求：
① 写出实验过程、操作要点、具体参数，以及产生的问题和解决办法。
② 对于思考题有一个清晰的分析和思考，并做出相应的结论。
③ 篇幅不少于 800 字，采用 Word 编辑，文件名"实验9_报告.docx"。

实验 10　多媒体光盘制作实践

1. 实验目的

1）实际策划、设计、制作一个多媒体光盘系统。
2）熟悉和基本掌握全部素材的制作技巧。
3）把美学设计理念应用在产品设计上。
4）建立商品化观念，与社会需求接轨。

2. 实验内容

（1）自制图标

1）启动 Photoshop CS，打开配套光盘"练习素材\图片素材"文件夹中的"animal_11.jpg"。

2）把该图片的头部截取成正方形，如图 B-35 所示。转换 256 色，保存 GIF 格式文件。

图 B-35　截取图标素材

3）启动 IconCooleditor，选择"File/Import From Files…"菜单，制作图像图标。

4）保存图标文件。采用 ICO 格式，文件名为"实验10_图像图标.ico"。

（2）设计光盘纸袋包装

1）构图形式：点构图。
2）纸袋尺寸：13cm×13cm。
3）封面内容：

- 主标题:"自我介绍"。
- 副标题:多媒体课程设计作品。
- 个人信息:××班×××(姓名)制作"。

4)保存设计文件。使用 Word 设计时,文件名为"实验 10_光盘纸袋设计.docx";使用 Photoshop CS 设计时,文件名为"实验 10_光盘纸袋设计.bmp"。

(3)制作自动启动文件

1)在硬盘上建一个文件夹,名为"my_cd"。
- 表现题材:自我介绍和制作完成的所有实验习题。
- my_cd 的目录结构如图 B-36 所示。

2)启动 AutoPlay Menu Studio 3.0。

3)设置虚拟 CD-ROM 驱动器。选择"使用外部图标文件",指定自制图标。

4)为首页命名:"我的多媒体光盘"。

5)制作界面。
设置图像背景。
制作界面内容,自上而下:
- 主标题:"自我介绍"。
- 副标题:多媒体课程设计作品。
- 个人信息:××班×××(姓名)制作"。
- 功能按钮:按照表 B-2 设置。

提示:单击按钮 4 退出时,提示输入"Y"或"N",然后根据选择,决定是否退出。

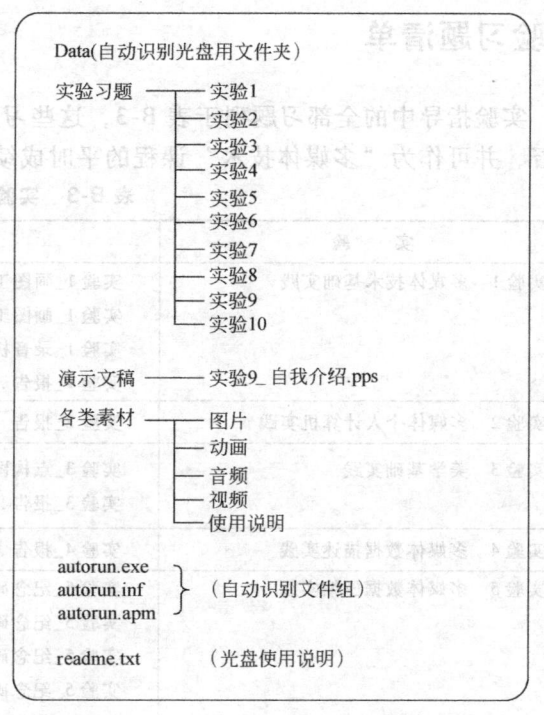

图 B-36 my_cd 文件夹的目录结构

表 B-2 按钮及其功能

按钮	按钮图形	单击按钮产生的功能	鼠标滑过按钮时显示的信息
1	自制	打开资源管理器	浏览光盘文件
2	自制	显示提示信息和播放声音	重要提示
3	自制	打开"实验 9_自我介绍.ppsx"	自我介绍
4	自制	退出(要求具有确认退出功能)	退出光盘系统

6)保存可编辑的源文件。AM3 格式,文件名为"实验 10_自动启动源文件.am3"。

7)单击 🔨(建造)按钮,正式生成自动启动文件系统。

8)刻录光盘。

3.操作提示

1)图标应采用 256 色,由于图标很小,很难辨认细节,因此使用真彩色没有什么意义。

2)设计光盘纸袋包装时,其尺寸应根据光盘和内装资料决定。

3)正式生成自动启动文件系统后,运行可能出错,这是正常的,直接刻录光盘即可。

4.思考题

1)优化数据对光盘制作有很大的影响,主要影响有哪些?

2)如果 PowerPoint 演示文稿演播结束后不能自动返回光盘自动识别程序,应如何解决?

3）书写实验报告。

要求：

① 写出实验过程、操作要点、具体参数，以及产生的问题和解决办法。

② 对于思考题有一个清晰的分析和思考，并做出相应的结论。

③ 篇幅不少于1200字，采用Word编辑，文件名"实验10_报告.docx"。

实验习题清单

实验指导中的全部习题列于表B-3，这些习题已经在实验10中刻录到光盘中，供检查和监督，并可作为"多媒体技术"课程的平时成绩。

表 B-3 实验习题清单

实验	习题
实验1 多媒体技术基础实践	实验1_画图工具练习_24位.bmp
	实验1_画图工具练习_256色.bmp
	实验1_录音机练习.wav
	实验1_报告.docx
实验2 多媒体个人计算机实践	实验2_报告.docx
实验3 美学基础实践	实验3_点构图设计.docx
	实验3_报告.docx
实验4 多媒体数据描述实践	实验4_报告.docx
实验5 多媒体数据压缩实践	实验5_纪念碑.tif
	实验5_纪念碑.jpg
	实验5_纪念碑.bmp
	实验5_纪念碑.gif
	实验5_报告.docx
实验6 图像处理实践	实验6_界面获取.bmp
	实验6_透明菜单.docx
	实验6_缩小图像.jpg
	实验6_分辨率300图像.jpg
	实验6_纠正偏色.bmp
	实验6_增加清晰度.bmp
	实验6_选区复制.bmp
	实验6_灯光滤镜.bmp
	实验6_合成.psd
	实验6_合成.jpg
	实验6_报告.docx
实验7 动画与视频制作实践	实验7_变形动画.gif
	实验7_配乐动画.ppsx
	实验7_GIF动画.gif
	实验7_FLASH动画.gif
	实验7_视音频合成.avi
	实验7_报告.docx
实验8 数字音频处理实践	实验8_淡入淡出.mp3
	实验8_合成.mp3
	实验8_报告.docx

(续)

实 验		习 题
实验9	多媒体平台设计实践	实验9_图像数据优化.gif 实验9_动画数据优化.gif 实验9_音频数据优化.wav 实验9_自我介绍.ppsx 实验9_报告.docx
实验10	多媒体光盘制作实践	实验10_图像图标.ico 实验10_自动启动源文件.am3 实验10_光盘纸袋设计.docx 实验10_光盘纸袋设计.bmp 实验10_报告.docx

附录 C 本书涉及的软件清单

为了便于教学与实验练习，本书各章所涉及的软件清单列于表 C-1。

表 C-1 本书涉及的软件清单

编号	软件名称	语种	出现的章节	说明
1	ACDSee Pro	中文	第6章	图像浏览软件
2	Adobe Photoshop CS 5	中文	第6章	图像处理软件
3	GIF Construction Set 32	英文	第7章	网页动画生成工具
4	Macromedia Flash	中文	第7章	网页动画制作软件
5	Magic Morph	中文	第7章	变形动画制作软件
6	3ds max	中文	第7章	三维造型动画制作软件
7	Adobe Premiere	中文	第7章	视频处理软件
8	录音机	中文	第8章	Windows自带的软件
9	Easy CD-DA Extractor	英文	第8章	音频CD采样软件
10	GoldWave	中文	第8章	音频编辑软件
11	Authorware	中文	第9章	多媒体平台软件
12	Microsoft Office PowerPoint	中文	第9章	Office系列演示文稿创作工具
13	AutoPlay Menu Studio	中文	第10章	光盘自动识别工具软件
14	Nero StartSmart	中文	第10章	光盘刻录软件
15	IconCool Editor	英文	第10章	图标制作软件

附录 D 配套光盘使用说明

本书的配套光盘运行在 PowerPoint 2010 环境中，主要内容见表 D-1。

表 D-1 光盘内容

电子教案			第1章.ppsx
练习素材		动画素材	第2章.ppsx
		声音素材	第3章.ppsx
		图片素材	第4章.ppsx
		剪贴画	第5章.ppsx
		演示文稿示例	第6章.ppsx
			第6章(续).ppsx
			第7章.ppsx
			第8章.ppsx
			第9章.ppsx
			第10章.ppsx
			总复习.ppsx

本书配套光盘只适用于本书第 7 版。

参 考 文 献

[1] 赵士滨. 多媒体技术与创作 [M]. 北京：人民邮电出版社，1999.
[2] 晶辰工作室. 最流行图像格式实用参考手册 [M]. 北京：电子工业出版社，1998.
[3] 赵子江. 平面设计艺术 [M]. 北京：机械工业出版社，2005.
[4] 赵子江. 变形动画制作教程 [M]. 北京：机械工业出版社，2000.
[5] 赵子江. 网页动画与三维文字动画制作教程 [M]. 北京：机械工业出版社，2000.